高等职业教育**建筑设计类**专业教材

GAODENG ZHIYE JIAOYU JIANZHU SHEJI LEI ZHUANYE JIAOCAI

ARCHITECTURAL
DESIGN

YUANLIN
GUIHUA
SHEJI

园林规划设计

主 编／宁妍妍

参 编／郭玉洁 孛 宁

重庆大学出版社

内容提要

本书是甘肃林业职业技术学院"双高"建设成果之一,是根据全国高职院校园林类专业人才培养目标以及"园林规划设计"课程标准和教学大纲的要求编写而成的。

本书以园林规划设计概述为出发点,系统地介绍了城市园林绿地系统、园林规划设计艺术原理、园林构成要素的规划设计、园林规划设计的一般程序、各类园林绿地的规划设计等内容。本书从内容到形式力求体现高职教育的特点和发展方向,内容也符合园林绿化职业技能鉴定标准的要求。书中附有大量彩色图例,每章设置有知识目标、技能目标、本章小结、复习思考题等内容,是学习和掌握园林规划设计的一本实用性非常强的教材。

本书可作为高等职业院校园林技术、园林工程、园林艺术、环境艺术等相关专业的教材,也可作为全国园林行业职工的职业鉴定培训教材,同时还可作为园林企业技术人员的参考用书。

图书在版编目(CIP)数据

园林规划设计 / 宁研研主编. -- 重庆 : 重庆大学
出版社,2024.2
高等职业教育建筑设计类专业教材
ISBN 978-7-5689-4329-1

Ⅰ.①园… Ⅱ.①宁… Ⅲ.①园林—规划—高等职业
教育—教材 ②园林设计—高等职业教育—教材 Ⅳ.
①TU986

中国国家版本馆 CIP 数据核字(2024)第 043188 号

高等职业教育建筑设计类专业教材
园林规划设计
主　编　宁妍妍
策划编辑:范春青

责任编辑:姜　凤　　版式设计:范春青
责任校对:关德强　　责任印制:赵　晟

*

重庆大学出版社出版发行
出版人:陈晓阳
社址:重庆市沙坪坝区大学城西路 21 号
邮编:401331
电话:(023)88617190　88617185(中小学)
传真:(023)88617186　88617166
网址:http://www.cqup.com.cn
邮箱:fxk@ cqup.com.cn(营销中心)
全国新华书店经销
重庆升光电力印务有限公司印刷

*

开本:787mm×1092mm　1/16　印张:20　字数:476 千
2024 年 2 月第 1 版　　2024 年 2 月第 1 次印刷
印数:1—2 000
ISBN 978-7-5689-4329-1　定价:69.00 元

前言

"园林规划设计"是高等职业院校园林技术和园林工程技术专业重要的专业骨干课程之一。

本书按照高等职业教育的主要任务和专业培养目标的要求,将内容分为上、下两篇:上篇介绍园林规划设计的理论知识,将重点放在介绍园林规划设计的基本知识和基本方法上;下篇介绍各类绿地的规划设计知识,这一部分改变了过去侧重抽象的纯理论阐述,采用项目的形式,即符合高职教育的任务驱动型模式进行知识点的介绍。本书的编写体现了以下几个特点:

一是注重理论知识的深度与广度的统筹,强调知识的科学性和系统性,体现了高职教育的特点。

二是理论知识与实践技能知识的比例适度,注重实践技能知识的应用与实践技能方面的培养训练,强调实用性和操作性。

三是注重吸收行业新知识、规划设计的新成果,强调社会性和时代性,以便学生能尽快适应园林行业的工作需要。

四是每章设置有知识目标、技能目标、本章小结、复习思考题等内容,核心技能模块均采用项目的形式展开,实例分析均有实验实训,从而加强和突出高职学生的实践能力培养。

五是教材内容系统完整,插图结合课程内容,图文并茂,体现其资料性,文字叙述详尽,适于高职高专学生和教师使用。

本书由甘肃林业职业技术学院宁妍妍担任主编,参与编写了第6—11章相关内容。甘肃建筑职业技术学院郭玉洁参与编写了第1—3章、第4章4.1—4.3节相关内容;金侨投资控股集团有限公司景观设计(工程)师字宁参与编写了第4章4.4节、第5章、第12—13章相关内容。全书由宁妍妍统稿。本书在编写过程中，参考了国内外有关著作、论文及园林设计作品，书中未一一注明，敬请谅解，谨向有关专家、学者、单位致以衷心的感谢。

由于编写水平有限，书中难免会有疏漏和不妥之处，欢迎广大读者提出宝贵的意见和建议，以便不断修正和完善。

编　者

2023 年 4 月

上篇　基础能力模块

下篇　核心技能模块

上篇 基础能力模块

第 1 章　园林规划设计概述

【知识目标】

1.掌握园林规划设计的基础知识。

2.了解中外园林的发展概况。

【技能目标】

能正确理解古今中外的园林风格,并能应用于现代园林设计中。

1.1　园林规划设计的基本知识

1.1.1　园林、园林规划设计的概念

1)园林的概念

园林即在一定的地段范围内,利用并改造天然山水地貌或者人为地开辟山水地貌、结合植物的栽植和建筑的布置,从而构成一个供人们观赏、游憩、居住的环境。园林包括各类公园、花园、动物园、植物园、森林公园及风景名胜区、自然保护区以及休养胜地等。园林的规模有大有小,内容有繁有简,但都包含 4 种基本要素:地貌、道路广场、建筑和植物。园林是由山水地貌、建筑、道路广场、植物等素材,根据功能要求、经济技术条件和艺术布局等方面综合组成的统一体。

2)园林规划设计的理解

园林规划设计包含园林绿地规划和园林绿地设计两个含义。

(1)园林绿地规划

园林绿地规划是指对未来园林绿地发展方向的设想和安排,是按照国民经济发展的需要提出园林绿地发展的目标、发展规模、速度和投资等。这种规划是由各级园林行政部门制定的。这种规划也称为发展规划,是对城市未来园林绿地发展的设想,分为长期规划、中期规划和近期规划,用以园林绿地的建设。

另一种园林规划是指对每一个园林绿地所占用的土地进行安排和对园林要素(即山水、植物、建筑、道路广场等)进行合理的布局与组合,故又称为园林绿地构图。这种构图包括已建和拟建的园林绿地。城市的园林绿地规划,要结合城市的总体规划,确定各类绿地在城市中的位置、园林绿地在城市中所占的比例等。若要建一座公园,也需进行规划,如需要划分哪些景区,各布置在什么地方,需要多大面积以及投资和完成的时间等。这种规划要从时间、空

间方面对园林绿地进行安排,使之符合生态、社会和经济的要求,同时又能保证园林各要素之间有机联系,以满足园林艺术的要求。这种规划就是园林绿地设计,即园林绿地构图是由城市园林规划设计部门完成的。

（2）园林绿地设计

园林绿地设计是满足一定目的和用途,在规划的原则下,围绕园林地形,利用植物、山水、建筑、道路广场等园林要素创造出满足一定功能,既符合园林工程技术条件,又体现园林艺术风格的园林环境;或者说,园林设计就是具体实现规划中某一工程的实施方案,是具体而细致的施工计划。

园林设计的内容包括地形设计、建筑设计、园路设计、种植设计及园林小品设计等。园林规划设计就是园林绿地在建设之前的筹划谋略,是实现园林美好理想的创造过程,受经济条件的影响和艺术法则的指导。园林规划设计的最终成果是园林规划设计图和设计说明书。

1.1.2 园林规划设计的特点和要求

1）园林规划设计的特点

（1）园林规划设计不同于林业规划设计

林业规划设计只考虑经济效益、社会效益和生态效益。园林规划设计不仅要考虑经济情况、社会功能、工程技术条件和生态问题,还要在园林艺术上考虑"园林美"的问题,要把自然美融于生态美之中,为城市居民提供良好的生活、工作、学习的空间环境。

（2）园林规划设计还要借助其他美的形式来增强自身的表现能力

例如,园林与建筑美、绘画美、文学美和人文美等之间的关系。

（3）园林规划设计是一种立体室外空间艺术造型

园林规划设计是以园林地形、建筑、山水、植物为材料的一种空间艺术创作。园林规划设计不但要考虑时间与空间的关系,还要考虑平面构图与立体层次变化以及园林的色彩搭配问题等。

2）园林规划设计的要求

（1）在规划设计前先确定主题思想（立意）

园林绿地的主题思想是园林规划设计的关键,主题思想通过园林艺术形象来表达,是园林创作的主体和核心,也就是园林的内容与形式。根据不同的主题,就可以设计出不同特色的园林景观。只有内容与形式高度统一,园林形式才能充分表达内容,体现园林主题思想。

（2）必须运用城市生态原则指导园林规划设计

随着工业的发展、城市交通的繁忙、城市人口的增加,城市生态环境受到严重的破坏,直接影响了城市人们的生存条件,所以园林规划设计的目的就是改善城市生态环境和维护城市生态平衡。园林规划设计要运用生态学的观点和手段,使园林绿地在生态上合理、构图上符合要求。城市园林绿地规划设计,应以植物造景为主,在生态原则和植物群落原则的指导下,注意选择色彩、形态、风韵、季相变化等方面有特色的植物进行绿化,使城市园林绿地景观与改善和维护城市生态环境融于一体,或以园林景观反映生态主题,使城市园林既发挥了生态效益,又表现出城市园林的景观作用。

(3)园林绿地应有自己的风格

园林风格是每一个园林绿地的独到之处,鲜明的创作特色和鲜明的个性,就是园林风格。园林的个性是对园林要素(如地形、山水、建筑、花木、时空等)在具体园林中的特殊组合,从而呈现出不同园林绿地的特色,防止千园一面的雷同现象。中国园林的风格主要体现在园林意境的创作、园林材料的选择和园林艺术的造型上。园林的主题不同,时代不同,选用的材料不同,园林风格也不同。园林风格多种多样,主要表现在民族风格、地方风格、时代风格、个人风格等方面。

①民族风格:园林民族风格的形成受历史条件和社会意识形态的影响,古代西方园林和东方园林体现出不同的民族风格,西方园林以一览无余的规则式为主要形式,而以中国为代表的东方园林则以自然式的山水园林为主要形式。

②地方风格:园林地方风格的形成,即在统一的民族风格下也受自然条件和社会条件的影响。

③时代风格:园林时代风格的形成,受时代变迁的影响。

④个人风格:园林风格的形成除受民族、地方特征和时代的影响外,还受园林设计者个性的影响。

1.1.3 园林规划设计的依据和原则

1)园林规划设计的依据

(1)遵循科学依据

园林规划设计在创作过程中,要依据有关工程项目的科学原理和技术要求进行。

园林是为了满足广大居民的精神与物质文明建设服务。园林设计者要了解广大人民群众对园林绿地的需要,了解他们对公园开展活动的要求,创造出能满足不同年龄、不同兴趣爱好、不同文化层次的游客到园林绿地能够各得其所,享受园林绿地给人们带来的愉悦。

(2)社会需求

园林属于上层建筑范畴,它要反映社会的意识形态,为广大群众的精神与物质文明建设服务。园林是完善城市四项基本职能中游憩职能的基地。因此,园林设计者要体察广大人民群众的心态,了解他们对公园开展活动的要求,创造出能满足不同年龄、不同兴趣爱好、不同文化层次游客的需要,面向大众,面向人民。

(3)符合功能要求

园林规划设计要根据居民或游客的审美要求、功能要求、活动规律等方面的内容,创造出景色优美、环境卫生、情趣健康、舒适方便的园林空间,满足游客的游览、休息和开展健身娱乐活动的功能要求。不同的功能分区,选用不同的设计手法。

（4）经济作为基础

经济条件是园林规划设计的重要依据。经济是基础,园林绿地规划设计根据不同的经济条件,可有不同的设计方案。规划设计应在有限的投资条件下,发挥最佳设计技能,节省开支,创造出理想的园林设计方案。

园林规划设计必须做到科学性、社会性、功能性、经济性和艺术性相结合,全面考虑,充分体现园林绿地系统的社会效益、生态效益和经济效益。

2）园林规划设计的原则

园林规划设计必须遵循的原则是经济、美观、适用。园林规划设计要求做到经济、美观、适用三者之间的辩证统一。三者之间的关系是相互依存、不可分割的统一体。只有相辅相成才能设计出井然有序的最佳方案。

①园林规划设计首先要考虑适用的问题。适用体现在两个方面:一方面园林规划设计是根据原有的环境条件做到因地制宜;另一方面园林绿地要满足服务对象的功能要求。但也要考虑因地制宜,应具体问题具体分析。

②园林规划设计在满足适用的前提下,应考虑经济条件。

③园林规划设计在考虑适用、经济的前提下,尽可能地满足园林布局、造景的艺术要求。

1.1.4　园林规划设计的目的和内容

城市环境质量的高低,在很大程度上取决于园林绿化,而园林绿化的质量又取决于对城市园林绿地进行科学的布局。园林规划设计是对城市园林绿地进行科学布局的一门技术。通过园林规划设计,可以使园林绿地在整个城市中占有一定的位置,在各类建筑中有一定的比例,从而保证城市园林绿地的发展和巩固,为城市居民创造一个良好的工作、学习和生活环境。园林规划设计是上级部门批准园林绿地建设费用的依据和园林绿地施工的依据,也是对园林绿地建设检查验收的依据。

园林规划设计内容包括中外园林发展概况、城市园林绿地系统、园林规划设计的基本原则、园林绿地规划设计程序、道路绿地规划设计、居住区绿地规划设计、专用绿地规划设计、公园规划设计、屋顶花园设计等。

1.1.5　园林规划设计课程的学习方法

①学习"园林规划设计"课程要善于吸收古今中外园林规划设计的精华,做到继承和发展相结合,不断提高自己的园林设计水平。

②理解和掌握园林规划设计的原则、方法及要求是学好"园林规划设计"课程的关键。本书从不同角度、不同方面贯穿园林规划设计的原则、方法和要求,在学习时要把握好它,这样才能领会所有内容。

③注意对园林专业相关课程的学习。园林规划设计是一门综合性极强的学科,它必须以其他专业课程为基础,对园林相关知识的运用显得非常重要。这样才能提高园林规划设计课

程的学习效率和学习效果。

④学习"园林规划设计"课程要做到"四勤"。"园林规划设计"是一门实践性很强的课程,在学习过程中要勤动脑、勤动口、勤动手、勤动腿,勇于实践,敢于创新。

1.2 中国园林概述

1.2.1 中国园林发展概况

中国园林从时间上说,分为中国古典园林和中国近现代园林。在中国园林的发展过程中,中国古典园林占据了一个重要位置,为中国园林的发展奠定了坚实的基础。

1)中国古典园林的发展概况

上古时代由于社会条件的限制和人们意识水平的低下,园林尚处于朦胧的孕育阶段。当时的大自然在人们的心目中保持着一种浓厚的神秘性而让人产生敬畏,因而人们极少对大自然进行改造,中国古典园林从一开始就奠定了自然式风景园林的基础。这一时期的园林观非常朴素自然,园事活动也仅限于再现自然、追求自然。

周朝建立了营国制度,这奠定了中国古代都城以"前朝后寝,左庙右社"为主体的规划体系基础,同时开始了皇家园林的兴建。公元前 11 世纪周文王在灵囿里造了灵台,挖了灵池以观天象,也便于远眺及宴游玩乐,其中体现了人为艺术加工与自然风景的结合(图 1.1)。一般认为,台囿结合标志着中国古典园林的开始。这一时期人们因受到儒家"君子比德"思想的影响,对自然风景园林还没有形成完全自觉的审美意识,人们只是单纯地对大自然进行模拟缩写,而没能达到高于自然的效果。

图 1.1 周文王灵囿

秦汉时期宫苑兴盛,而且得到了空前发展,如秦代的阿房宫、汉代的建章宫(图 1.2)和未央宫等即为见证。秦汉这一时期的主流仍然是皇家园林,还不完全具备中国古典园林的全部类型(皇家园林、私家园林、寺观园林),而且园林的功能也以早期的狩猎、通神、生产为主,转向后期的观赏为主。这一时期宫苑的巨大规模和新的建筑风格以及山水组合等形式为以后皇家园林的发展奠定了基础。从西汉起就有了皇族及富人的私家园林出现,到了东汉有所发展,著名的有梁孝王的梁园和富户平民袁广汉园,但汉代的私园仍处于发展的初期。

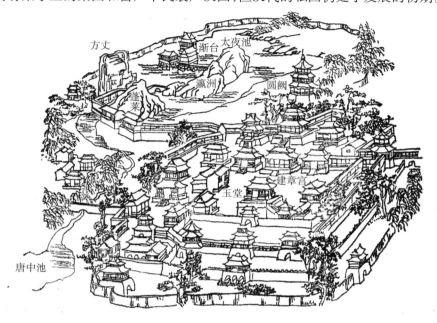

图 1.2　汉代的建章宫

魏晋南北朝时期,是中国古典园林发展史上的一个重要转折阶段。这些园林在以"无为而治,崇尚自然"等思潮的影响下,中国古典园林也由再现自然到表现自然,由简单模仿到适当概括提炼,完成从源于自然到高于自然的转变。这一时期已经具备了东方园林的绝大部分类型,并分别得到了发展。私家园林在这一时期得到极大发展,此时私家园林也是一种自然山水的再现。但这时的私家园林不像汉代那样宏大,园林的内容也由粗放向精致迈进了一步。寺观园林在这一时期也得到了空前发展,构成了园林系列中的重要组成部分。

隋唐园林在魏晋南北朝时期所奠定的风景园林艺术的基础上,随着当时经济和文化的进一步发展而达到全盛时期。这一时期的皇家园林不仅表现为规模宏大,而且内容非常丰富,向着苑园和离宫别馆的方向迈进了一步。同时形成了宏大的皇家气派,皇家宫苑山水林泉的内容比前代有所增加。总之,在这一时期的园事活动中,不仅有明确的构思、立意和美好的意境,而且将人的主观感情寄托于自然,既源于自然,又高于自然。通过对多种学科和艺术的综合运用,化情于物,寓情于景,从此中国古典园林的诗画情趣开始形成。

五代、宋时期的皇家园林趋于小型化、多样化,与历代相比皇家气派最少,更多地接近私家园林,以改造地形、诗情画意的规划设计为主,写意山水成为显著特色,还出现了"寿山艮岳"这一具有划时代意义的皇家园林作品(图 1.3)。

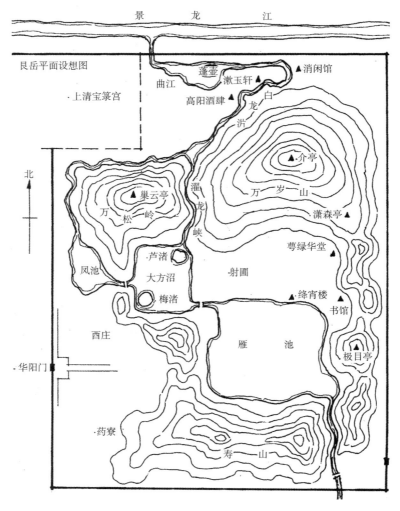

图1.3　寿山艮岳(想象图)

宋代由于士大夫、文人、画家参与了园林的营建,对园林的发展有着重大的影响,因此被称为"文人园"的成熟时期。这一时期山水景的创造更加尊重自然风貌,在寿山艮岳中达到了"山脉之通按其水径,水道之达理其山形"的最理想的山嵌水抱之势。在造景上更多地用写意、诗词等文字增加景观意境和信息量,而且品石也成了当时的时尚。山、水、植物、建筑四要素达到并重的程度,使园林更接近于自然并具有诗情画意。

辽、金、元时期主要靠强兵实行武力镇压,文化方面没有取得更大的发展,造园方面也多继承宋代的传统。但元代的万岁山、太液池是人工再现自然山水的典范,对后世皇家园林的发展具有深远的意义。

明清的宫苑都是艺术水平很高的山水宫苑。明清是我国古代造园发展的鼎盛时期,也是整个中国古典园林创作的总结。正是皇家园林这些新的发展和创造,为后期园林的发展奠定了坚实的基础。明清时期私家园林直接受当时社会文化的影响,多具诗情画意,在意境创作方面,更近含蓄,用截取大山一角的写意代替全景山水,便是见证。这一时期园林的审美多倾向于清新高雅的格调,并形成了南、北、岭南不同风格的园林派系。对后世影响巨大的园林有无锡寄畅园,苏州拙政园、留园,扬州个园等许多优秀的园林作品。

总之,中国古典园林的发展是循序渐进的、自然的,是从崇拜自然—模拟自然—师法自然—写意自然而逐渐成熟的。

2)中国近代园林的发展概况

中国近代园林被深深地打上了时代的烙印,在崎岖中追求着美好。用历史的放大镜对准近代园林发展史,我们会发现这一阶段的城市园林有 3 个重要的、鲜明的标志特征:一是北京皇家园林 1860 年和 1900 年经历了 2 次劫难,以及慈禧太后用海军经费重建颐和园;二是租界和洋务运动带来的西方城市规划、建筑、园林的理论与实践同中国的嫁接、融合,出现了一大批西式的,特别是中西合璧的建筑和庭院园林,其平面布局、建筑风格和艺术特征都带有鲜明的民国特色;三是城市公园开始批量出现。

3)中国现代园林的发展概况

1949 年以来,我国现代园林的发展大致经历了 5 个阶段:

①1949—1952 年,国民经济处于恢复时期,全国各城市以恢复、整理旧有公园和改造、开放私园为主,很少新建园林景观。

②1953—1957 年第一个五年计划期间,全国各城市结合旧城改造、新城开发和市政工程建设,大量建造新公园。

③1958—1965 年,园林建设速度减慢,强调普遍绿化和园林结合生产,出现了公园农场化和林场化的倾向。

④1966—1976 年"文化大革命"期间,全国各城市的园林建设陷于停顿。

⑤从 1977 年特别是 1979 年开始,全国各城市的园林建设在原有基础上重新起步,建设速度普遍加快。

1.2.2 中国园林的流派

根据中国园林的风格特色,一般把中国园林划分为皇家园林、私家园林、自然园林和寺庙园林四大类。其中,私家园林和皇家园林是中国园林的两大组成部分。中国园林根据人文地理的差异,主要分为四大流派:

1)北方园林

北方园林体现北方水土、人文地理,以皇家园林为代表。其特点是:从文化立意、规划格局、建筑特点上以旷放、浑厚、写实的手法体现"大气""霸气"和"皇家气",非常注重外表和用材,对意境空间要求次之。

2)岭南园林

岭南园林以体现"富贵吉祥"为特点,中国的"岭南园林"虽说历史不长,但出于人文历史、地理气候的特殊原因和经济的快速繁荣,使岭南富商们对中国哲学理念,可升华为人的境界的"中国园林"有了极大的兴趣,并在不算漫长的时间内形成了个性化特色。岭南园林在立意上主要体现"富贵"和"吉祥",在用材和色彩方面受皇家园林的影响较深,常用"皇家园林"的黄色和琉璃瓦以写实的手法营造一个金碧辉煌的气象,处处体现"富贵"之气,对意境空间也非常重视。

3)江南私家园林

江南私家园林以体现江南山水的恬静、才子佳人的倜傥为特点,是明清文人士大夫们文艺鼎盛时期的佳作,处处体现"文气",是中国私家园林的代表。其核心特点是用简朴的材料、淡雅的色调,营造出变化万千的意境空间,贵在以意境取胜于堆金砌玉、金碧辉煌的写实手法。

4)西南园林

西南园林以体现巴山蜀水、仙山仙境为特征,以潇洒浪漫、仙风道骨的四川园林为代表。中国道家发源地——锦水蜀山,大自然赋予了仙山仙境,"四川园林"以人文方式表现了道家的"天人合一,顺应自然"的理念。以"清幽寒静"的方式体现四川人的仙风道骨的浪漫"仙气"和"文气"。

西南园林与江南园林的共同之处是,以写意为核心,同样以简朴的材料、淡雅的色调去营造意境,在空间上次于江南园林,但在"自然""大气"上又胜于江南园林。与蜀地的山水画一样,四川园林在咫尺的空间里,虚出传神的意境力,由此可见四川人豪气万丈的情怀。

1.2.3 中国古典园林的特点

1)师法自然的布局

从总体布局来看,中国园林是以山水为骨干构成的自然山水园。在以山水为骨干的基础上,随着形势的发展和生活内容的要求,因地制宜地布置亭台楼阁、树木花草,互相协调地构成贴合自然的生活空间环境,"虽由人作,宛自天开",并达到"妙极自然"的艺术效果。

2)诗情画意的构思

中国园林与诗词、书画密切相关,注重意境的创造。园林中的"景"不是单纯模仿自然,而是高于自然,天人合一,将自然山水景物经过艺术的提炼加工,蕴诗情画意于其中,增加园林的"书卷气",赋予园林以人一般的文化素养,呈现出自己的历史足迹。从而将景象升华到精神高度,启发游客丰富的想象力,使园林意境得到更进一步的提升。

3)小中见大的手法

中国园林的创作手法有很多,如"小中见大""园中有园"等造园手法,使得在较大的园林中出现了园中有园,景外有景,汇演出一个个景区和空间,各具特色;较小的园中,布景层次分明,小径幽回,亭台楼阁错落有致,一草一木各领风骚,一石一山各持灵气,其精巧的安排,扩大了小园的容量,拓宽了小园的空间,使游客有"身在小园中,神驰满天下"之感,充分展现了小园的艺术魅力。

4)以建筑为主的组景

中国园林中建筑所占的比重较大,在一个园林中多为主景或起控制作用,是全园的艺术构图中心,往往成为该园的标志。

5)因地制宜的处理

中国的地形地貌较为复杂,但中国园林善于随势生机,使造园立意在不同的环境条件下,因地制宜地体现出优美的意境,所以中国园林在其发展过程中,由于自然地理等因素的差异,逐步形成了不同风格的园林形式。

1.2.4 中国现代园林的特点

①把过去孤立的、内向的园转变为开敞的、外向的整个城市环境。从城市中的花园转变为花园城市。

②园林中的建筑密度减少了,以植物为主的景观取代了以建筑为主的景观。

③丘陵起伏的地形和草坪代替大面积挖湖堆山,减少对土方工程和增加环境容量。

④新材料、新技术、新的园林机械在园林中运用广泛。

⑤增加了相应的生产内容。

⑥强调功能性、科学性与艺术性相结合,用生态学的观点进行植物配植。

⑦体现时代精神的雕塑在园林中的应用日益增多。

1.3 外国园林概述

各国园林艺术风格的形成,受到各国文化、背景、发展速度等因素的影响,导致各国园林在长期的演变和建设中形成了各自的特色。学习外国园林艺术,有助于了解外国园林的形成、内容及其产生发展的社会、历史背景和自然条件,掌握园林的基本艺术特征,取其精华、洋为中用。

外国园林就其形成历史的悠久程度、风格特点及对世界园林的影响,具有代表性的有东方的日本园林。15世纪中叶,意大利文艺复兴时期后的欧洲园林,包括法国、意大利、英国园林。近代又出现了美国园林。

1.3.1 日本园林

日本气候湿润多雨,山清水秀,为造园提供了良好的客观条件,日本民族崇尚自然,一般居室开敞通透,庭院成为居室的主要延伸部分。

日本庭院将自然界的景观要素巧妙地组织到园林中,创造出超凡脱俗、可供静思和漫游的、富有哲理的园林。日本庭院具有以下主要特点:

①在日本,除极少数皇家宫廷园林外,都是不规则的自然式园林,通过庭园中山水的营建,表现海、山、瀑布、溪流等自然景观,创造寓身自然的意境,唤起宁静脱俗的心境。

②日本庭院大多运用缩景技巧,对主要造景树木进行自然修剪造型,使得其小而姿态古雅,在不大的空间中可配置较多的植物。

③园内的置石和理水常遵循一定的法式,山石一般不堆叠,以石组的形式布置,并依据不同庭园大小和地形灵活运用,因此,使得造园技术易于普及,广泛流传。

④园中植物造景常以绿篱或墙垣围绕或作背景,地被植物除草皮外,常用苔藓或小竹,一般不种草花。

⑤园中十分重视园路铺装的应用以及步石、汀步、桥、栏杆、雨落、洗手钵的造型艺术,石灯笼成为日本园林的代表装饰物。

⑥园中景观建筑采用散点式布置,平面自由灵活,外墙的纸格扇可以拉开,使内外空间连成一体,利于通风和观赏园景。建筑风格素雅,屋面多用草、树皮、木板覆盖,墙面以素土抹灰,整个建筑格调细腻而雅致。

1.3.2 法国园林

16 世纪末,法国在和意大利的频繁战争中,接触到了意大利文艺复兴的新文化。在建筑和园林艺术方面开始受其影响,使法国园林发生了巨大变化。在继承法国传统园林形式的同时,根据法国地形平坦和自然条件的特点,吸收了意大利等国园林艺术的成就,创造出具有法国民族特色的、精致开朗的规则式园林艺术风格。其代表作是当时法国最杰出的造园艺术家勒诺特为路易十四设计和主持营造的凡尔赛宫苑。

凡尔赛宫苑是法国古典建筑与山水、丛林相结合的规模宏大的一座园林。在理水方面,运用水池、运河及喷泉等形式,水边有植物、建筑、雕塑等,丽景映池,增加园景的变化。在植物处理上充分利用乡土阔叶落叶树种,构成天幕式丛林背景;应用修剪整形的常绿植物做图案树坛;用花卉构成图案花坛,色彩较为丰富;并且常采用大面积草坪等作为衬托,行道树多为悬铃木。

1.3.3 意大利园林

意大利是古罗马帝国的中心,具有悠久的文化艺术历史,数百年前的园林古迹至今保存完好,是世界上著名的园林古国之一。意大利园林在继承古罗马传统的同时又注入了新的人文主义,形成了独特风格的园林形式——台地园。

文艺复兴时期,意大利的佛罗伦萨、罗马、威尼斯等地建造了许多别墅园林,以别墅为主体,利用意大利的丘陵地形,开辟成整齐的台地。园林中轴线突出,采用几何对称式平面布局形式,通过逐步减弱规则式风格的手法达到布局整齐的园地和周围自然风景环境的过渡;逐层配置灌木,并将其修剪成图案形的种植坛,而很少用色彩鲜艳的花卉;多采用树墙、绿篱等,园路非常注意遮阴;顺山势运用各种水法,如流泉、壁泉、瀑布、喷泉等,雕塑成为水池或喷泉的中心;建筑上多用曲线和曲面,多雕刻、装饰,讲究细部形态设计,如台阶、栏杆、水盘等;台地园在地形整理、植物修剪艺术和手法技术方面都有很高的成就。

1.3.4　英国园林

英国是海洋包围的岛国,气候潮湿,国土基本平坦或为缓丘地带。古代英国长期受意大利政治、文化的影响,受罗马教皇的严格控制。但其地理条件得天独厚,民族传统观念较稳固,有其自己的审美传统与兴趣、观念,尤其对大自然的热爱与追求,形成了英国独特的园林风格。17世纪之前,英国造园主要模仿意大利的别墅、庄园,园林的规划设计为封闭的环境,多构成古典城堡式的官邸,以防御功能为主。14世纪起,英国所建庄园转向了追求大自然风景的自然形式。17世纪,英国模仿法国凡尔赛宫苑,将官邸庄园改建为法国园林模式,一时成为其上流社会的风尚。18世纪,英国工业与商业发达,英国成为世界强国,其造园吸取了中国园林、绘画与欧洲风景画的特色,探求本国的新园林形式,出现了自然风景园。

1）英国传统庄园

英国从14世纪开始,改变了古典城堡式庄园而成为与自然结合的新庄园,这对其后园林传统影响深远。新庄园基本上分布在两处:一是庄园主的领地内丘阜南坡之上;二是城市近郊。

2）英国整形园

17世纪60年代起,英国模仿法国凡尔赛宫苑,刻意追求几何整齐植坛,而使造园出现了明显的人工雕饰,破坏了自然景观,丧失了自己优秀的传统,也为英国自然风景园的出现创造了条件。但是,其整形园后世也并未绝迹,在英国影响久远。

3）英国的自然风景园

18世纪,英国产业革命使其成为世界上头号工业大国,国貌大为改观,人们更为重视自然保护,热爱自然。当时英国生物学家也大力提倡造林,文学家、画家发表了较多颂扬自然树林的作品,并出现了浪漫主义思潮,而且庄园主对刻板的整形园也感到厌倦,加上受中国园林等的启迪,英国园林师注意了从自然风景中汲取营养,逐渐形成了自然风景园的新风格。

1.3.5　美国园林

由于美国的地理环境及气候条件较好,森林与植物资源丰富,具有发展天然公园的良好自然基础,所以美国的现代公园和庭园比较注重自然风景。

美国提出了"国家公园"的概念,创立了世界上第一个国家公园。

美国提出了"风景建造"的概念,建造了较有影响的现代城市公园。美国近代造园家欧姆斯特德提出纽约中央公园的设计方案,美国纽约中央公园的兴建,是世界正规的现代城市公园典范,随后美国的其他城市也相继兴起了现代城市公园的建设,并对世界上其他国家的城市公园建设产生了积极的影响。

美国提出了"城市森林"的新概念。目前美国正在开展这种"城市森林"的运动。最深刻的含义是处理人与自然、人类与环境之间的直接关系,即克服环境污染,重视环境生态,保护自然,最终回归大自然的怀抱。

1.3.6 世界园林的发展趋势

世界园林的发展趋势表现在以下几个方面:

①各国既保持自己优秀的传统园林艺术和特色,又不断相互学习和借鉴。

②综合运用各种新技术、新材料、新工艺、新艺术、新手段,对园林进行科学规划、科学施工,创造出丰富多样的新型园林。

③园林绿化的生态效益与社会效益、经济效益的相互结合、相互作用将更加紧密,向更高程度发展,在经济发展、物质与精神文明建设中发挥更大、更广的作用。

④在园林绿化的科学研究与理论建设上,将园艺学与生态学、美学、建筑学、心理学、社会学、行为学、电子学等多种学科有机地结合起来,并不断有新的突破和发展。

⑤公园的规划布局普遍以植物造景为主,建筑比例逐渐缩小,追求真实、朴素的自然美。

⑥在园林规划设计和园容的养护管理上广泛采用先进的技术设备和科学的管理方法,植物的园艺养护、操作一般都实现了机械化,广泛运用电脑进行监控、统计和辅助设计。

⑦园林界世界性的交流越来越多。各国纷纷举办了各种性质的园林、园艺博览会、艺术节等活动,极大地促进了园林绿化事业的发展。

本章小结

本章主要讲述了园林规划设计的相关概念、中外园林的发展概况以及园林规划设计的特点和发展趋势;重点讲述了园林规划设计的依据、原则和方法。

复习思考题

1. 中国古典园林有哪几种类型?
2. 简述中国园林的特点。
3. 简述世界园林的发展趋势。

第2章 城市园林绿地系统

【知识目标】

1. 了解城市园林绿地的作用及类型。

2. 熟悉城市绿地主要定额指标的计算方法。

3. 掌握城市绿地系统的布局形式。

【技能目标】

1. 能进行城市绿地指标的计算。

2. 能运用各项指标对城市绿地进行合理的评价。

2.1 城市园林绿地系统的功能

为了做好园林规划设计,科学地评价园林绿地的质量标准,我们必须对园林绿地的功能有清晰的了解和认识。

2.1.1 生态功能

1)改善城市气候环境

园林绿地对整个城市或城市局部的气候在温度、湿度、气流等方面有一定的影响。

(1)调节温度

园林绿地对温度的影响主要表现在空气气温、物体表面温度、太阳辐射强度等方面。园林绿地对空气气温和物体表面温度的调节表现在:夏季的绿地物体表面温度比裸露的土地、铺装的路面、建筑物等表面温度低,气温效应也是如此;在冬季其表现则相反。

(2)调节湿度

绿色植物,尤其是乔木林具有较强的蒸腾能力,使绿地区域范围内空气的相对湿度和绝对湿度都比没有绿化的区域要大。据测定,1 hm² 阔叶林在夏季可蒸腾 2 500 t 水,比同等面积的裸露土地蒸发量高 20 倍。夏季园林绿地的相对湿度较未绿化的土地高 10% ~20%,因为夏季温度高,植物通过较强的蒸腾作用向空气中散发水蒸气使得湿度增大。冬季园林绿地的相对湿度较未绿化的土地高 10% ~20%,因为城市有园林绿地可以降低风速,风速小了当然气流交换就弱,空气中原有的水分不容易散失。可见,城市园林绿地中凉爽而舒适的气候环境与绿色植物对空气湿度的调节作用有关。

(3)调节气流

城市带状绿地(包括城市道路和滨河绿地)是城市绿色的通气走廊。特别是当城市带状绿地走向与夏季季风风向一致时,在炎热的夏季可将城郊凉爽的气流引入城市内部,为城市创造良好的通风条件。在寒冷的冬季季风风向与城市带状绿地相垂直,可将寒冷的气流拒之城郊,可见城市园林带状绿地调节和改善城市气流方面的作用显著。

2)保护和改善城市环境

随着城市现代工业的迅速发展,交通运输日益繁忙,城市人口密度的不断增加,城市生态环境污染破坏严重,保护和改善城市生态环境已刻不容缓。这项工作应从两个方面入手:一是从根本上杜绝污染源;二是通过各种途径采取积极有效的措施加以防治。园林绿地对城市环境保护、防止污染起明显作用,主要表现在以下几个方面。

（1）吸收二氧化碳,释放氧气

人类的生存时刻都离不开氧气。在日常生活中,如呼吸、物质燃烧等,不但要消耗大量的氧气,还会排出大量二氧化碳气体,当二氧化碳气体在空气中的含量达到一定程度时,就会影响人的身体健康,甚至危及生命。绿色植物在解决空气中的二氧化碳过量而氧气不足方面有着显著的作用。

因为绿色植物通过光合作用,能从空气中吸收二氧化碳,释放氧气,所以绿色植物是氧气的天然制造工厂。根据测定的数据表明,每公顷公园绿地每天能吸收 900 kg 的二氧化碳,生产 600 kg 氧气;每公顷阔叶林在生长季节每天能吸收 1 000 kg 的二氧化碳,生产 750 kg 氧气,可供 1 000 人一天呼吸所用。因此,增加城镇中的绿地面积能有效解决城镇中的二氧化碳过量和氧气不足等问题。

（2）吸收有害气体

由于工业的发展,工厂常常排放出很多有害气体污染空气,影响人类的健康。这些有害气体种类繁多,如二氧化硫、氯气、氟化氢、氨气等,其中,以二氧化硫的污染最为广泛。这些有害气体对植物生长是不利的,甚至引起植物枯萎死亡。而当有害气体的浓度较低时,某些植物对它则有吸收和净化作用,且不会导致其自身枯死。因此,在有害气体的污染源附近,选择对其吸收和抗性强的树种作为绿化主栽树种,可降低污染程度,达到净化空气的目的,如图 2.1、图 2.2 所示。例如,刺槐、丁香、女贞、大叶黄杨、泡桐、垂柳、榉树、榆树、桑树、紫薇、石榴、广玉兰、夹竹桃、紫穗槐等。

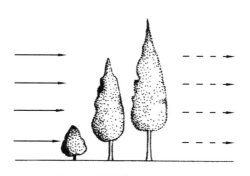

图 2.1　树木起净化器作用

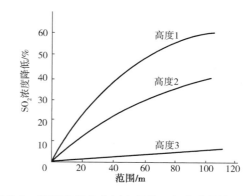

图 2.2　不同高度绿化树木吸收二氧化硫的效应曲线

（3）吸滞尘埃

城镇空气中含有大量的粉尘、烟尘等尘埃。由于它们的存在大大降低了太阳的照明度和辐射强度，减弱了紫外线，给人们的健康带来不利影响，当人呼吸时，尘埃进入肺部，并附着在细胞壁上，容易引发气管炎、尘肺等疾病。

绿色植物具有阻挡、吸附尘埃的作用，树木由于枝冠茂密，能较大限度地降低风速，控制尘粒的飞扬和扩散；植物的叶面不平或有绒毛，有的还会分泌黏液，当空气流动受叶面阻挡时，叶面可吸收大量的飘尘，植物黏附的尘埃经雨水冲洗后，叶面又能恢复其吸尘功能。根据研究，裸露的土地易被扬起飞尘。如某工厂区粉尘（$d>10~\mu m$）降尘量是附近公园的 6 倍，而绿地中的含尘量比城镇街道少 1/3 ~ 2/3，可见，草坪或地被植物可以固定尘土、滞留尘埃。因此，多种植树木、花卉、铺设草坪，尽可能地扩大绿地面积，可达到防止尘埃污染、净化空气的目的。例如，刺槐、国槐、泡桐、木槿、悬铃木、臭椿等。

（4）杀菌作用

空气尘粒中含有大量的细菌，而绿地植物能有效吸附尘埃，进而减少细菌在空气中的传播。还有一些植物本身可分泌某种杀菌素，所以增加园林绿地可减少空气中的细菌含量。法国的一个测定数据表明：百货商店内，每立方米空气含菌量达 400 万个，林荫道为 58 万个，公园内为 1 000 个，而林区内只有 55 个，从中可以看出，绿化对减少或消灭空气中的细菌起着重要的作用。

具有较强杀菌能力的树种有悬铃木、紫薇、圆柏等，在疗养院的选址及树种设计上，应充分考虑绿化效能，以求更大限度限制发挥杀菌功能。有的花卉和草本植物也能分泌一定的杀菌素，如景天科的植物和红狐茅草等。

（5）降低噪声

由于现代城市交通运输繁忙，工程建设的不断增加，城市噪声不断扩大，已成为现代化大城市的一大公害，严重影响城市居民的生活和工作环境，噪声影响人的情绪、听力，使人容易疲劳，严重时可引起心血管、中枢神经系统等方面的疾病。

城镇绿化对降低噪声有一定的作用，因为当声波投射到树木叶片上后，有的被吸收，有的被反射到各个方向，造成树叶微振，使声的能量消耗而减弱。据统计，40 m 宽的林带可降低噪声 10 ~ 15 dB，30 m 宽的林带可降低噪声 6 ~ 8 dB。一般来说，城镇街道上散植的树木无显著的降低噪声作用；分枝低，枝叶茂盛的乔木降低噪声的效果较好。而叶茂疏松的树群其减噪效能尤为显著，如图 2.3 所示。例如，金银木、白桦、红瑞木、连翘等。

（6）净化水体

研究证明，园林树木可以吸收水中的溶解质，减少水中含菌数量。30 ~ 40 m 宽的林带树根可将 1 L 水中的含菌量减少 1/2。水葱可吸收污水池中的有机化合物，水葫芦（凤眼莲）能从污水中吸取汞、银、金、铅、铬等重金属物质，并能降解酚、苯等有机化合物。例如，芦苇、泽泻、水生薄荷等。

（7）净化土壤

园林植物的根系能吸收土中的有害物质起净化土壤的作用。植物根系能分泌使土壤中大肠杆菌死亡的物质,并促进好气细菌增多几百倍甚至几千倍,使土壤中的有机物迅速无机化,从而提高土壤肥力。

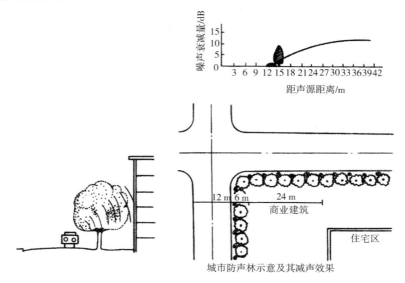

城市防声林示意及其减声效果

图2.3 园林植物降低噪声示意图

2.1.2 社会功能

城镇园林绿地的使用与其社会制度、历史传统、民族习惯、科学文化、经济生活以及地理环境等因素密切相关。园林绿地为广大民众的社会生活服务,表现出了明显的社会效益。

1) 日常游憩活动

人们在紧张的工作之后,需要消除疲劳、恢复体力、振奋精神,以便更好地工作、学习,而城镇园林绿地为之提供了一个良好的场所。园林绿地中的游憩活动内容丰富多彩,文艺活动有弈棋、听音乐、观戏剧、看电影、绘画、摄影等;体育活动有游泳、打球、划船、溜冰等;儿童活动有玩滑梯、玩电动飞船、坐碰碰车、荡秋千、戏水等;安静休息如散步、钓鱼、品茶、赏景等。

2) 文化宣传、科普教育

城镇园林绿地是进行文化宣传、科普教育的良好场所,在综合性公园、名胜古迹风景点可设置展览馆、陈列室、宣传廊、园林题咏等进行多种形式的活动。

3) 为旅游服务

我国历史悠久,风景资源丰富,文物古迹众多,园林艺术饮誉天下,这些均是发展旅游业的优越条件。近年来,城镇园林绿地、自然风景区的游客人次正逐年增多,随着物质水平的提高、旅游业的日益发展,城镇园林绿地和自然风景区将会发挥更大的作用。风景区景色优美,气候宜人,可为人们提供良好的休、疗养环境,故许多风景区都开发了休、疗养项目,如北戴河、庐山、黄山等。

4）美化城镇

①园林绿地可以代表城市形象，能够反映城市居民的生活水平。城镇的车站、码头、机场等可谓城镇之门，最先表现出一个城镇的风貌、形象，充分发挥园林绿地的美化作用就显得尤为重要，使人在这些城镇入口处便可看到整个城镇的风格面貌，并可丰富城镇建筑群体的轮廓线，达到美化效果。

②园林绿地可以起到美化市容的作用。城镇中的道路、广场可称为城镇的风景走廊，通过它可饱览城镇的风姿。因此充分利用不同植物的色彩、姿态等对城镇进行道路、广场绿化，可形成各具特色的城市景观，起到美化市容的作用。

③园林绿地还可以起到衬托建筑、对城市建筑起到立体装饰的作用，增加其艺术效果，通过采取园林艺术的各种对比手法，利用植物来突出建筑物的个性，增加建筑物的艺术感染力。

2.1.3 经济功能

城镇园林绿地在保护环境、满足社会效益的前提下，可结合生产，直接增加城市经济效益。城市园林绿地的生态效益、社会效益和经济效益是不可分割的统一体，在城市园林绿地系统的规划中，三大效益的体现成为园林建设策略和园林工作者的共识。经济效益包括直接经济效益和间接经济效益。

1）直接经济效益

（1）大力发展种植业、养殖业

种植果树，如柿子、枇杷等植物，不仅观赏价值高，还有一定的经济价值；还可以在园林中饲养动物等，同样具有双重效益。

（2）搞好园林服务行业

园林服务既能丰富游园活动内容，又有经济效益。城市园林绿地的经济效益还表现在园林门票、服务等直接经济收入上。园林与旅游业的有机结合使各种类型的园林在全国各地应运而生，主题文化园、游乐园、缩景园、科普园、体育公园、民族风情园、海滨休闲园等相继出现在各大中城市。随着旅游业的迅猛发展，园林投资回收较快，经济效益也越来越好。

2）间接经济效益

在城市中，园林绿地所形成的良好生态环境可带来生态效益和社会效益。城市环境的改善为人们提供的生产、生活、工作、学习环境所能够发挥的价值效益是不可代替的，城市环境的改善可对吸引国内外企业的投资产生积极的推动作用。这些成果最终都将反馈到经济效益上。

城市园林绿地的规划是根据城市特点，合理布局城市各类绿地，使其最大限度地发挥生态效益、社会效益和经济效益。

2.2 城市园林绿地的分类及特征

2.2.1 城市园林绿地的分类

城市园林绿地的分类方法,各国没有统一标准,各种分类方法繁多。在园林绿化的生产实践中,常用的分类方法有以下几种。

1)按绿地位置分类

①城区绿地:指城区范围内的绿地。
②郊区绿地:指郊区范围内的绿地。

2)按规模分类

①大型绿地:面积在 50 hm² 以上。
②中型绿地:面积在 5~50 hm²。
③小型绿地:面积在 5 hm² 以下。

3)按服务范围分类

①全市性绿地:指为全市市民服务的公园绿地。
②区域性绿地:指为地区服务的公园绿地。
③局部性绿地:指为小地区局部服务的绿地。

4)按绿地类型分类

目前,根据我国城镇绿地系统规划及城镇园林绿化工作的需要,一般将城镇各类绿地分为公共绿地、居住区绿地、交通绿地、单位附属绿地、生产防护绿地、风景区名胜绿地。

2.2.2 各类城市园林绿地的特征

1)公共绿地

公共绿地是指为全城镇居民提供休息、游览的公园绿地。它包括市、区级综合公园,花园,动物园,植物园,儿童公园,体育公园,纪念性园林,名胜古迹园林,游憩林荫带,城市广场等。

(1)市、区级综合公园
市、区级综合公园是市、区范围内供居民游览休息、开展文化娱乐活动的具有综合性功能的大中型绿地。大城市可设置几个为全市居民服务的市级公园;中小城市可能只有一个市级的综合性公园。市级公园面积一般在 10 hm² 以上,服务半径为 2~3 km,乘车 30 min 可以到达,步行 30～50 min 可以到达,可供居民一天游玩。区级公园在 10 hm² 左右,服务半径为 1.5 km,步行 15 min 可以到达,可供居民半天游玩。一般综合性公园规模较大,内容、设施较为完备,质量较好,园内功能分区明确,如文化游乐区、体育活动区、安静休息区、儿童游戏区、园务管理区等。这类公园要求有风景优美的自然条件、丰富的植物种类、开阔的草坪与浓郁的林地,四季景观丰富。

（2）花园

花园是比公园规模次一级的绿地,比区级综合公园小,不属于某一居住区,又比居住区小,游园面积大,设施简单,可供居民作短时休息之用,面积在 5 hm² 左右,步行 10 min 可以到达,服务半径为 1.5 km 左右,零散均匀地分布在城镇各地区。

（3）动物园

动物园是集中饲养和展览种类较多的野生动物及品种优良的家禽家畜的城镇公园的一种,主要供游览休息、文化教育、科普科研及保护珍稀濒危的动物种源之用;在大城市一般独立设置,而在中小城市多附设在综合性公园之中。

（4）植物园

植物园是广泛收集和栽培植物种类,并按生物学要求种植、布置的一种特殊绿地。它既是科普科研场所,又可供人们游览之用,不同于苗圃和农林园艺场。其主要任务是广泛收集植物种类,进行引种驯化、培养新品种和进行综合利用及保存珍稀濒危植物种源等方面的工作,为生物科学研究及教学服务,同时也向群众开放,供游览、科普之用。植物园的布局既要考虑植物分类、生态和地理分布特点,又要符合园林艺术的要求,使科学内容与园林外貌融为一体,内置必要的园林设施,以方便游览。植物园的类型按性质分为综合性植物园和专业性植物园。综合性植物园如南京中山植物园、杭州植物园、上海植物园等;专业性植物园如浙江农业大学植物园、广州中山大学标本园等。

（5）儿童公园

儿童公园是独立的儿童专类公园,其服务对象主要是少年儿童。公园中的娱乐设施、运动器械等,首先要考虑少年儿童的安全和心理,力求达到尺度合适,色彩明亮,造型活泼,装饰丰富,植物无刺、无毒、无臭味;同时还应根据儿童的生理特点分设学龄前儿童活动区、学龄儿童活动区和幼儿活动区等。公园位置应邻近居民区,并避免穿越交通频繁的干道。儿童公园的类型有综合性儿童公园、特色性儿童公园、一般性儿童公园和儿童乐园。

（6）体育公园

体育公园主要是进行各类体育比赛活动和练习的园林绿地,符合一定技术标准的体育运动设施,又有较充分的绿化布置,供全民健身活动和游憩之用。体育公园用地面积较大,其投资、建设、经营管理由各级体育部门负责,或与园林部门共同管理养护,属社会体育设施与城市公园二者的融合。

（7）纪念性园林

纪念性园林是以革命活动故址、烈士陵园、历史名人活动旧址及墓地等内容为中心的园林绿地,供人们瞻仰、凭吊及游览之用。功能分区包括纪念区和园林区两部分。如南京的中山陵和雨花台,广州的烈士陵园,成都的杜甫草堂等均属于纪念性园林。

(8)名胜古迹园林

名胜古迹园林是具有悠久历史文化的、有较高艺术水平、有一定价值的古典名胜园林绿地,通常是各级文物保护单位。如北京的颐和园、北海、天坛,苏州的拙政园、沧浪亭、留园、网师园等均属于名胜古迹园林。

(9)游憩林荫带

游憩林荫带是指城镇中有一定宽度与车行道相平行的带状公共绿地,供城镇居民游憩之用。其中,可有小型的游憩设施,还可有简单的服务设施等。许多游憩林荫带是设在城镇水域边的,如杭州的湖滨绿地,上海的外滩绿带等。

(10)城市广场

城市广场是城市空间环境中最具有公共性、最富有艺术魅力、最能反映城市文化特征的开放空间。城市广场是城市中公共活动的场所,也是城市建筑艺术及园林艺术的集中表现。城市广场按性质、功能可划分为集会广场、纪念性广场、文化娱乐广场和交通广场、商业广场等,如图2.4所示。

图2.4 城市商业广场效果

2)居住区绿地

居住区绿地是城市园林绿地系统的重要组成部分,在城市中分布最广、与人的关系最密切、服务对象最广泛、服务时间最长的一类绿地。居住区绿地是居住用地的一部分。它包括居住区公园、小游园、居住区组团绿地、宅旁绿地、居住区道路绿地等,其功能是改善居住区的环境卫生条件和小气候,美化环境,为居民日常游憩活动创造良好的条件。它是衡量城市现代化水平和居民生活环境质量的重要标志,如图2.5所示。

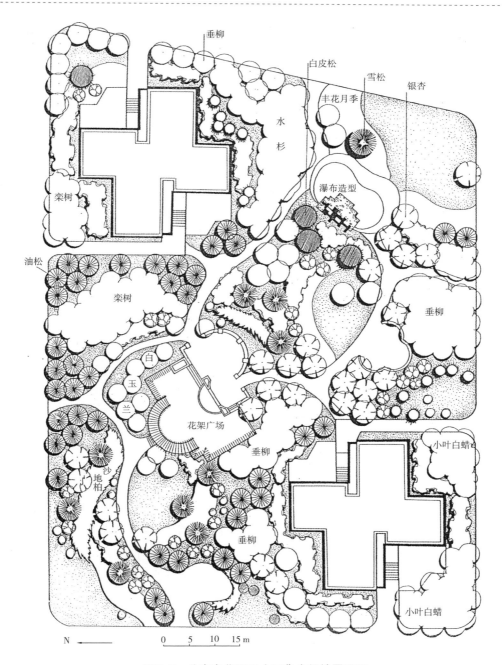

图 2.5 北京安华西里小区集中绿地平面图

3）交通绿地

城市道路是一个城市的骨架，而城市道路绿化水平的高低影响着整个城市面貌，更能反映城市绿化的整体水平。道路交通绿地在改善城市气候、丰富城市艺术形象、组织城市交通方面起积极的作用。交通绿地包括街道绿化用地和公路、铁路防护绿地。

（1）城市街道绿地

城市街道绿地是城市园林绿地系统的重要组成部分，是城市文明的重要标志之一。街道绿地在城市中以线条的形式广泛分布于全城,连接城市中分散的"点"和"面"的绿地,从而形成完善的城市园林绿地系统,包括人行绿化带、行道树、分隔带、交通岛、街头绿地、滨河绿化带、立交桥绿地等。行道树与分隔带绿地和其他各类绿地组成城镇的绿地网络,对改善城镇卫生条件、美化市容起积极作用,并有利于延长路面的使用寿命。

（2）公路、铁路防护绿地

公路、铁路防护绿地是指对外交通用地的一部分,特别是穿越城区的铁路线两侧,沿线设置一定宽度的林带,对减少噪声和安全都有很大的作用。

4）单位附属绿地

单位附属绿地是指专属某一部门、单位使用的,不对城镇居民开放的绿地,是由本单位投资、建设、使用、管理的绿地,又被称为专用绿地。单位附属绿地分布广、范围大,对改善城市气候,防止污染,保护生态环境同时可美化环境,体现单位面貌和形象。它包含以下几种类型:

（1）单位绿地

单位绿地可以减轻有害物质对工人和附近居民的危害,能调节内部气温和湿度,降噪、防风等,这类绿地有利于安全生产,改善劳动条件,如图2.6所示。

（2）公用事业绿地

如公共交通车辆停车场、水厂、污水及污物处理厂等的内部绿地均属于公用事业绿地。

（3）公共建筑庭园绿地

如机关、学校、医院、商业服务、影剧院、体育馆等的绿地均属于公共建筑庭园绿地。

5）生产、防护绿地

生产、防护绿地包括苗圃、花圃、卫生防护林等,其中,苗圃、花圃是城镇绿化的生产基地,包括各单位自用的苗圃和属于城镇园林部门的大片苗圃、花圃。有的花圃布置成园林式的,可供人们游憩之用。防护绿地包括防风林带、防尘林带、水土保持林带、降低噪声林带等,其主要功能是改善城镇的自然条件和卫生条件。

6）风景名胜区

风景名胜区是指具有特色的大面积自然风景,多位于郊外,经开发修整,可供游客进行一天以上游憩的大型绿地,如安徽黄山、山东泰山、江西庐山、南京钟山、四川九寨沟、无锡太湖、杭州西湖等,有的风景地内划有休、疗养区。另外,我国建立了大量的"自然保护区"绿地,是为了保护自然生态条件和珍贵的稀有野生动植物以及原始森林等专门设立的,这些自然保护区的部分地区经整理后,可供人们有组织地游览参观,如云南的西双版纳、湖北的神农架、四川的卧龙等地。

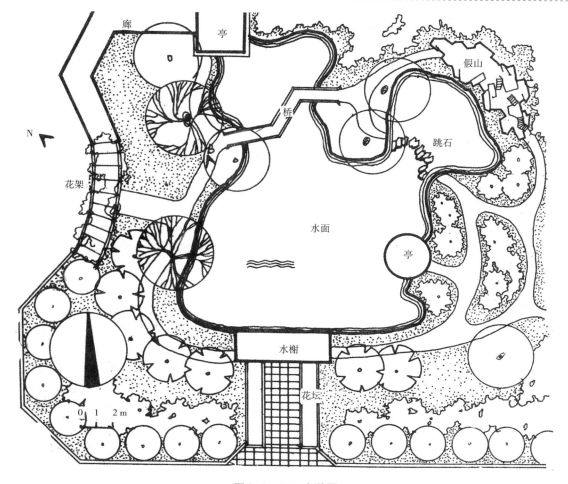

图 2.6　工厂小游园

2.2.3　城市绿化用地的选择

城市公共绿地、防护绿地、生产绿地与地形、地貌、用地现状和功能关系密切,根据条件认真考虑,合理布局。街道、广场、滨河绿地、工厂区、居住区、公共建筑地段上的绿地都是按照属性的用地范围,无须选择,但必须充分利用周围的环境条件,做到因地制宜。

1)公共绿地的选择

①应选用各种现有公园、苗圃等绿地或现有林地、树丛等加以扩建、充实和改造,增加必要的活动设施和服务设施,提高园林艺术水平,满足人们的功能需要。

②要充分选择河、湖所在地,利用河流两岸、湖泊的外围创造带状、环状的公园绿地。因为地下水位高、地形起伏大等不适宜于建筑而适宜绿化的地段,创造丰富多彩的园林景色和开阔的水域空间。

③尽量选择在名胜古迹、革命遗址等地,既能显出城市绿化特色,又能丰富园林的内容,同时起到教育广大群众的作用。

④结合旧城改造,在旧城建筑密度过高的地段,有计划地拆除部分劣质建筑,规划、建设

为公共绿地、花园,以改善环境。

⑤要充分利用城市街道的空余地段,开辟多种中小型公园或小游乐园,方便居民就近休息、散步赏景等。

2)生产绿地的选择

（1）防风林

防风林一般布置在城市的边界地段,选择城市外围上风向与主导风向位置垂直的地方,以利于阻挡风沙对城市的侵袭。防风林可分为透风结构、半透风结构、不透风结构。

（2）卫生防护林

根据工厂排放的有害气体、噪声等对环境影响程度的不同,选定有关地段设置不同宽度的防护隔离带。隔离带应选择对有害气体或物质抗性强或吸附作用强的树种。通过树木的过滤和吸附作用,可以减少污染,净化空气。

（3）农田防护林

农田防护林应选择在农田附近、利于防风地段营造林网。

（4）水土保护林带

水土保护林带应在河岸、山腰、坡地等种植树林,固土、护坡、涵蓄水源,减少地径流,防止水土流失;种植树冠大、深根性的乔木或分支点低,枝叶繁茂的灌木,并在树冠下种草坪或地被植物,多层次配置作用显著;宽度一般不小于 10 m。

3)郊区风景名胜区、森林公园绿地的选择

尽可能地利用原有自然山水、森林地貌,即原有植被类型丰富,地形复杂,交通方便的地段,规划风景旅游、休养所、森林公园、自然保护区等。

2.3 城市园林绿地的指标及其计算

城市园林绿地定额指标是指城市中平均每个居民所占有的城市公共园林绿地面积。它是反映一个城市绿化数量和质量水平高低的一个尺度,是一个时期的城市经济发展、城市居民生活水平的反映,也是评价城市环境质量的标准和城市居民精神文明的标志之一。

2.3.1 城市园林绿地指标的表示方法

1)城市园林绿地总面积

城市园林绿地总面积就是城市各类绿地的总和。其计算式为

城市园林绿地总面积=公共绿地面积+专用绿地面积+道路交通绿地面积+

郊区风景名胜区绿地面积+防护绿地面积+生产绿地面积

2）城市绿地率

城市中各类园林绿化用地总面积占城市总用地面积的百分比,表示全市绿地总面积的大小,是衡量城市规划的重要指标。其计算式为

$$绿地率 = \frac{绿地面积}{城市总面积} \times 100\%$$

环境学家认为,绿地 50% 以上才有舒适的休养环境。城乡建设环境保护部门有关文件中规定:城乡新建区绿化用地应不低于城市总用地面积的 30%;旧城改建区绿化用地应不低于总用地面积的 25%;一般城市的绿地以 40% ~60% 较好。

3）城市绿化覆盖率

城市中各类绿地的绿色植物覆盖面积占城市用地面积的百分比,是衡量一个城市绿化现状和生态效益的重要指标,它随着时间的推移、树冠的大小而变化。其计算式为

$$城市绿化覆盖率 = \frac{植物的垂直投影面积}{区域总面积} \times 100\%$$

林学上认为,一个地区的绿色植物覆盖率至少应为 30% ,才能对改善气候发挥作用。城乡建设环境保护部 1982 年文件指出:凡有条件的城市,绿化覆盖率近期达到 30% ,远期达到 50% 。根据国家林草局发布的数据,2023 年我国城市建成区绿化覆盖率已达到 42.69% 。

4）人均绿地面积

人均绿地面积是指城市绿地总面积与城市人口数之比。其计算式为

$$人均绿地面积 = \frac{城市绿地总面积}{城市人口数}$$

我国人均公共绿地面积的指标要求从观赏角度看,应不低于 6 m^2/人,从改善二氧化碳和氧气的平衡角度来看,人均绿地面积不低于 30 ~40 m^2/人;从吸收有害气体方面来看,人均绿地面积不低于 72 m^2/人。

5）城市苗圃拥有量

城市苗圃拥有量是指城市苗圃的总面积占城市建成区总面积的百分比。其计算式为

$$城市苗圃拥有量 = \frac{城市苗圃的总面积}{城市建成区总面积} \times 100\%$$

2.3.2　影响城市园林绿地指标的因素

1）国民经济发展水平

随着国民经济的发展,人们的物质文化生活水平得以改善和提高,对于环境绿地的要求也会不断提高,这就促进了我国城镇园林绿地在数量和质量上要向更高的水平发展。

2）城镇性质

不同性质的城镇对园林绿地的要求不甚相同,如旅游城市或园林城市以风景游览为主,为了满足旅游和绿化功能的要求,绿化指标应高些;工业城市或交通枢纽城市等,从其功能和环境要求来看,绿地面积需要大些,绿化指标应高些;以农业生产或农副产品加工为主的城市,因其周边自然环境条件好,故绿化指标可低一些。

3）城镇规模

从理论上讲,大中城镇由于市区人口密集、建筑密度高,应在市区内有较多的绿地,指标应比小城镇高。大中城市中绿地的类型丰富,绿地面积较大,绿化指标应高些。目前,我国大中城镇在用地都较紧张的情况下,开辟大面积的绿地还有一定的难度。小城市绿地类型不会像大城市齐全,绿化指标可低一些。

4）城镇自然条件

我国地域辽阔,南北气候差异较大。因为南方城镇气候温暖,土壤肥沃,水源充足,树种丰富,所以绿地面积应较大一些;而北方城镇气候寒冷,干旱多风,树种较少,绿地面积总体上要比南方城镇要小些。

5）城市用地的分布现状

当城市用地呈带状分布时,为了使居民能方便利用园林绿地,绿地就应分布在较长地段上,同时能够保证居民在最短的时间内享受到绿地效益。为了满足功能要求,每块绿地还应有一定数量的面积,这样的城市绿地面积会比城市用地紧凑的城市需要更多的绿地。如我国的兰州市、西宁市均属于狭长地带的城市类型。

2.4　城市园林绿地系统布局的形式

2.4.1　城市园林绿地系统的概念

系统一词经常见到,如工业系统、农业系统、文教系统、人体消化系统等。一个系统是由若干个要素组成的。科学家钱学森把系统定义为由互相作用和互相联系的若干部分结合而成,具有特定功能的整体就是系统。

园林绿地是一个系统,因为园林绿地是由若干个要素(植物、建筑、山水等)组成的,各要素之间有机地结合在一起,互相联系、互相制约,并提供人们游憩的场所。例如,一座公园,它就是由景观子系统、游客子系统、管理子系统所组成的复杂系统。

一块绿地、几个公园或几条林荫道是很难发挥其保护环境的功能的,必须按照客观规律科学地规划、安排各类绿地,使它们之间相互联系,协调配置。通过一次性规划,分期实施,逐步形成园林绿地系统,才能更好地发挥园林绿地的重要作用。园林绿地系统规划也是城镇总体规划的一个重要组成部分。

2.4.2　城市园林绿地系统规划的目的和任务

1)城市园林绿地规划的目的

城市园林绿地系统规划的最终目的:调节城市小气候,保护和改善城市环境,维护城市生态平衡,丰富城市景观效果,从而创造优美自然、清洁卫生、安全舒适、科学文明的现代城市的最佳环境系统,为城市提供生产、生活、娱乐、健康所需的优越条件。现代工业、商业、科学技术的发展,社会结构的不断更新,城市规模的扩大,人口的集中,自然环境质量逐渐下降,给城市生活造成很大压力与威胁。这就对城市园林绿地的规划提出了客观要求。要求城市园林绿地形成以完整的系统,才能发挥其三大效益的作用。

2)城市园林绿地规划任务

规划目的决定了规划任务。总的任务是规划出切实可行的适应现代化城市发展的最佳绿地系统。具体任务包括以下几个方面。

①根据本城市实际条件与发展的需求,确定本市园林绿地系统的总原则、总目标。

②根据国民经济发展计划、发展规模、建设速度和水平,决定园林绿地的性质,并拟定园林绿地分期建设的各项指标。

③根据要求合理选择和布局城市各类绿地,确定各类绿地的位置、范围和面积。

④提出全市绿地调整、充实、改造与提高的设想,划出应控制、保留的绿化用地,定出分期建设与项目的实施计划。

⑤制订出规划方案,绘出绿地系统规划示意图,写出规划设计任务书等。

2.4.3　城市园林绿地系统规划的原则

城市园林绿地系统规划要以城市总体规划为基础,必须按照国家和地方有关城市园林绿化的法规。根据城市的特点和要求,因地制宜,综合考虑,全面安排,合理布局。在城市园林绿地规划中应考虑以下原则:

1)全面考虑,合理规划

城市园林绿地类型多样、分布广,无论从总体与局部规划,都需从实际出发,紧密结合当地自然条件,以原有树林、绿地为基础,充分利用山丘、坡地、水旁、沟谷等处,尽可能地少占粮田,节约人力、物力,并与城市总体规划的城市规模、性质、居住区、工业区、公共建筑、道路系统、地上地下设施等密切配合,统筹兼顾,做出全面合理的绿地规划。

2)功能多样,均衡分布

规划时应将园林绿地的多功能综合设计,形成有机联系的整体。各绿地应均衡、协调地分布于全市,并使服务半径合理、方便市民活动。大小公园、绿地、林荫路、小游园的布局都要满足市民使用等多种需要。城区绿地与城郊绿地既有明显分割,又能连成完整的绿地体系,以便充分发挥最佳生态效益、经济效益和社会效益。

3)远近结合,创造特色

根据城市的经济能力、施工条件、项目的轻重缓急定出长远目标,做出近期安排,使规划能逐步得到实施。

各类城市园林绿化应各具特色,才能显出各自的不同风貌,发挥出各自的应有功能。例如,北方城市的园林绿地规划,以防风沙为主要目的,园林绿化就要根据防护功能进行建设;南方城市,则以通风、降温为主要目的,园林绿化要具有透、阔、秀的特色;工业城市园林绿地规划应以防护、隔离为主要特色;风景疗养城市应以自然、清秀、幽雅为主要特色;文化名城应以名胜古迹、传统文化及相应的绿地配置为主要特色。

4)结合生产,增收副产

城市园林绿地系统规划应在满足生态功能和社会功能的前提下,考虑结合生产,创造经济效益。

2.4.4 城市园林绿地布局手法

城市园林绿地布局应采用点、线、面结合的方式,把绿地形成一个统一的整体,才能充分发挥其改善气候、净化空气、美化环境等功能。

1)点

点是指城市中的公园、花园布局。一般绿化质量要求较高。在规划时,首先应做到因地制宜,充分利用原有公园,加以改建或扩建并增设活动内容,功能分区明确,具有良好的景观效果。其次,在自然条件较好的具有开阔的水域空间的河、湖沿岸和交通方便之处,新开辟公园、动物园、植物园、体育公园、儿童公园或纪念性陵园等。但要注意使各个公园能均匀分布、合理布局在城市的各个区域。一般来说,服务半径以居民步行 10~20 min 能到达为宜。儿童公园要注意安排在居住区附近,便于儿童们就近游玩。动物园要稍为远离城市,布局在城市的下风向,河流的下游,防止污染城市和传染疾病。植物园要远离工矿区,城市的上风向,河流的上游,防止污染城市和保证植物的正常生长。在街道两旁、湖滨河岸,可适当多布置一些小花园等,供人们就近休息、散步和做轻微体育锻炼。

2)线

线主要是指城市道路两旁、滨河绿带、城市防护林带等,将它们相互联系组成纵横交错的绿带网,丰富了城市景观,美化街道,保护路面,具有防风、防尘、防噪声等功能。

3）面

面是指城市中专用绿地和风景游览绿地。城市中的居住区、工厂、机关、学校、卫生等单位专用的园林绿地,是城市园林绿地中面积最大、分布最广、使用频率最高的部分。

城郊风景游览绿地绿化布局在规划时应尽量少占用郊区农田,充分利用郊区的山、川、河、湖等自然条件和风景名胜区,因地制宜地创造出各具特色的绿地,应与农、林、牧的规划相结合,将城郊土地尽可能地披上绿装,形成围绕城市的绿色环带。使城区绿地和城郊绿地形成一个完整的系统,从而发挥更大的作用。

2.4.5　城市园林绿地布局的形式、方法和要求

1）园林绿地布局的形式

常见的城市绿地布局有 8 种基本模式,如图 2.7 所示。从绿地与城市其他用地关系来分析,如图 2.8 所示。我国的城市绿地系统,从形式上可归纳为以下 4 种:

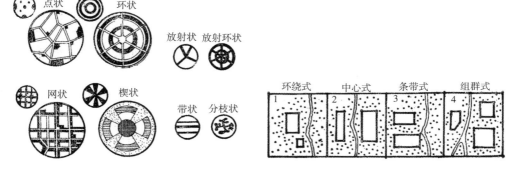

图 2.7　城市绿地布局的 8 种基本模式　　　　图 2.8　绿地分布形式

（1）块状绿地布局

在城市绿地系统规划中,公园、城市广场绿地大多数为块状绿地布局。这种绿地布局形式,均匀分布,方便居民使用,但对构成城市整体的景观效果作用不大,对改善城市小气候条件的作用也不显著。这类情况都出现在旧城改建中,如上海、天津、武汉、大连、青岛等。

（2）带状绿地布局

这种布局大多数是沿城市河、湖水系布局的滨河绿化带、城市道路绿带等,构成城市绿地的骨架,形成纵横向绿带、放射状与环状绿地交织的绿地网,如哈尔滨、苏州、西安、南京等地。带状绿地的布局形式容易表现城市的艺术面貌。

（3）楔状绿地布局

凡城市中由郊区伸入市中心的由宽到狭的绿地,称为楔状绿地,如合肥市。这类绿地一般都是利用河流、起伏地形、放射干道等结合市郊农田防护林来布置。其优点是能够调节城市气流,改善城市通风条件,能够很好地将城区绿地和郊区绿地结合起来,有利于城市艺术面貌的体现。

（4）混合式绿地布局

混合式绿地布局是块状、带状和楔形 3 种绿地布局的综合运用,可以做到城市绿地点、线、面结合,组成较完整的绿地体系。其优点是可以使居住区获得最大的绿地接触面,方便居民游憩,有利于调节小气候,改善城市环境卫生条件,有利于丰富城市总体与各部分的景观体现。例如,北京市的绿地系统规划布局就是按照此种形式来发展的。

2）绿地布局的目的与要求

随着城市建设的发展,绿地布局也要符合城市生态系统原理的要求。要体现出城市园林绿地的多样化,不仅表现出绿地面积的增加,也表现出园林绿地布局的目的性。因此,城市园林绿地布局首先应从功能上考虑形成系统,而不是单从形式上去考虑。城市园林绿地布局,总的目标是要保持城市生态系统平衡。其基本要求要达到以下条件:

（1）布局合理

按照合理的服务半径,均匀分布各级公共绿地和居住区绿地,使居民都能在最短的时间内到达绿地,各得其所,享受绿地的效益。城市道路可与水系相结合,开辟纵横分布的带状绿地,使各类绿地相互联系起来,组成完整的绿地系统。

（2）达到绿化指标

城市绿地各项指标不仅要分别列出近期的和远期的,还要分别列出各类绿地的指标。如居住区绿地的指标:新建居住区绿地率不低于30%,旧区改造不低于25%。居住区人均绿地面积不少于 1.5 m²/人。居住区绿化指标是在近期达到 1.5 m²/人,远期达到 3 m²/人。大专院校的绿化指标在近期达到 4~6 m²/人,远期达到 7~11 m²/人。

（3）优美的景观效果

城市绿地类型不仅要多样化,以满足城市生活与生产活动的需要,还要有丰富的园林植被类型,充分体现园林艺术水平,充实文化内容,丰富活动内容和完善服务设施。

（4）良好的环境条件

通过合理布局城市各种绿地形式,维护城市生态平衡,保护和改善城市环境。例如,在居住区与工业区之间要设置卫生防护林带,设置改善城市气候的通风林带,以及防止有害风向的防风林带,起到保护和改善环境的作用。

（5）要有防灾避难措施

从城市规划中需要考虑城市防灾避难绿地,在居住区或工业区需要设计隔离缓冲绿地,以保证在灾害发生时有利于保护居民生命安全和财产安全。

2.5　城市园林绿化树种规划

树种规划是城市园林绿地系统规划的重要内容之一。它关系到绿化建设的成败、绿化成效的快慢、绿化质量的高低、绿化效应的发挥。树种规划得好,可以提高绿化速度,有效地改善城市环境质量,丰富城市景观效果。反之,如果树种规划不当,影响绿化建设的时间和绿化效应的发挥,还会造成经济上的重大损失。因此树种规划是城市绿化建设的关键,在树种规划时要遵循一定的原则。

2.5.1　树种规划的一般原则

1)因地制宜,满足生态要求

我国幅员辽阔,南北气候各不相同,特别是各地城镇内土壤状况更是复杂。而树木种类繁多,生态特性各异,因此树种规划必须根据本城市的自然条件,环境条件从本地实际情况出发,满足树种生物学特性和不同的生态学要求,遵循城市生态学原则,运用植物生态学原理,因地制宜、因树制宜地进行规划。

2)以乡土树种为主

乡土树种最适应当地的自然条件,生长健壮,具有抗性强、耐旱、抗病虫害等特点,也能体现地方风格且管理粗放。但是为了丰富城市绿化景观效果,还要注意对外来树种的引种驯化和试验,对当地生态条件比较适宜,也应积极采用,但不能盲目引种不适于本地生长的树种。

3)能充分表现地方风格

在树种规划中根据城市的性质,树种选择要能够体现城市的特点和要求。即选择几种当地人们所喜爱的树种来表现地方特色;选择树形美观、色彩、风韵、季相变化上有特色的和抗性较强的树种,以更好地美化市容,改善环境,促进人们的身体健康。

4)展示植物的立体层次和季相变化

要根据植物群落学的原则进行规划,使城市绿地具有丰富的林冠线和林缘变化,在不同的季节能够有不同的植物景观效果。在树种规划时应以乔木、灌木为主,乔木、灌木和草本相结合形成复层绿化,应着眼于慢生树种和速生树种的合理配置,即可取得绿化效果,又能保证绿化长期稳定。注意常绿树和落叶树的比例,应以常绿树为主,以达到四季常青又富于变化的景观。

5)要有经济效益

在提高各类绿地质量和充分发挥其各种功能的情况下,还要注意选择那些经济价值较高的树种,以便今后获得木材、果品、油料、香料、种苗等经济收益。

2.5.2　树种规划的准备与规划程序

1)调查研究

调查研究是树种规划的重要准备工作,主要调查自然条件、环境条件以及社会条件等。

调查当地原有树种和外地引种驯化的树种,主要是这些树种的生态习性、对环境条件的适应性、抗污染性和生长情况。除了调查本地区外,还应调查相邻近地区,因为不同的小气候条件下,各种树种生长情况不同,以便作进一步扩大树种应用的可行方案的基础资料。但调查的范围应以本城市中各类园林绿地为主。调查的重点是各种绿化植物的生长发育状况、生态习性、对环境污染和病虫害的抗性以及园林绿化中的作用等。具体内容有城市乡土树种调查、古树名录调查、外来树种调查、边缘树种调查、特色树种调查、抗性树种调查、附近的"自然保护区"森林植被调查或附近城市郊区山地野生树种调查。

2)树种选定,确定骨干树种

在广泛调查研究及查阅历史资料的基础上,准确、稳妥、合理地根据本地自然条件选择骨干树种和基调树种。一般确定 1~4 种基调树种、5~12 种骨干树种作为重点植物材料。骨干树种名录的确定需经过多方面慎重研究才能制定出来。另外,根据本地区中不同生境类型分别提出各区域中的重点树种和主要树种。与此同时,还应进一步做好草坪、地被及各类攀缘植物的调查和选用,以便裸露地表的绿化和建筑物上的垂直绿化。

3)制订主要的树种比例

由于各个城市所处的自然气候不同,土壤水文条件各异,各城市树种选择的数量比例也应具有各自的特色。制订合理的树种比例,主要是有计划地生产苗木,使苗木的种类及数量都能符合各类型绿地的需要,需要安排好下面几个比例。

①乔木、灌木、藤本、草本、地被物之间的比例。乔木与灌木的比例,以乔木为主,一般占 70% 。

②落叶树与常绿树的比例。落叶树一般生长较快,对保护和改善城市环境作用明显而且适应城市环境较强。常绿树则能使城市具有良好的绿化效果及防护作用,具有丰富的季相变化,但常绿树生长较慢,投资也较大。因此一般在城市中落叶树比重应大些。当前各地有逐步提高常绿树比重的趋向,可根据各地自然条件、经济和施工力量来确定比例。

③阔叶树种与针叶树种的比例。

2.5.3 树种规划文件编制

树种规划文件编制包括前言、城市自然地理条件概述、城市绿化状况分析说明、城市园林绿化树种调查、城市园林绿化树种规划、附件。

本章小结

城市园林绿地系统是城市各类绿地相互联系、相互作用的统一体,具有其他城市系统不可代替的作用和功能,并为其他城市系统服务。城市绿地系统的功能是:调节城镇小气候、改善和保护城市环境、为城市居民提供生活、工作、学习和日常游憩活动的空间境地。因此,园林具有明显的生态功能、社会功能和经济功能。

复习思考题

1. 简述城市园林绿地系统的概念。

2. 简述城市园林绿地的分类。

3. 简述城市园林绿地系统规划的任务。

4. 简述城市园林绿地系统规划的原则。

5. 简述城市园林绿地树种规划的方法。

6. 论述城市园林绿地的功能。

7. 论述城市各类园林绿地的特征。

8. 论述城市园林绿地规划布局的形式、方法和要求。

第3章 园林规划设计艺术原理

【知识目标】

1. 了解园林中景的含义。
2. 掌握园林艺术构图法则。
3. 熟悉园林规划布局的形式。
4. 理解园林空间的构成。

【能力目标】

能够灵活应用园林规划设计原理进行园林景观创造。

3.1 园林美的特征

3.1.1 园林美的特征

园林美是指应用天然形态的物质材料,依照美的规律来改造、改善或创造环境,使之更自然、更美丽、更符合时代社会审美要求的一种艺术创造活动。园林美是设计者对生活(自然)的审美意识和优美的园林形式的有机统一,是自然美、生活美、艺术美的高度融合。

1)园林艺术中的生活美

园林艺术中的生活美使其能保证游客在游园时感到非常舒适。

①应保证园林的空气清新,不受烟尘污染,卫生条件良好,水体清洁。

②应创造出最适于人们生活的小气候,使园林在温度、湿度、气流综合作用所形成的环境达到比较理想的要求。

③应有方便的交通、完善的生活福利设施,有广阔的户外活动场地,有进行安静休息和各种体育活动的设施,有各种展览、舞台艺术、音乐演奏等丰富的文化生活。

2)园林艺术中的自然美

园林艺术中的自然美是园林中自然事物、自然现象的美。园林艺术中的自然美可归纳为以下5点:

(1)天象美

大自然的晦明、阴晴、晨昏、昼夜、春秋以及风云雨雪、日月星辰等能产生虚实相生、扑朔迷离的美感。天象美是一种特殊的表现形态,给游赏者留有较大的虚幻空间和思维余地。

(2)声音美

园林中的声音也是一种自然美,园林里真正发出的声音有很多。从水景上看,海潮击岸如咆哮声,瀑布发出的轰然如雷鸣声,峡谷溪涧的哗哗声、清泉石上流的淙淙、雨打芭蕉的嗒嗒、小河潺潺、滴潭咯咯,山里的空谷传声、风摇松涛、林中蝉鸣、树上鸟语、池边蛙奏、麋鹿长啸等都是大自然的演奏家给予游客的音响享受。

（3）色彩美

色彩具有联想性、象征性和感情性,园林植物色彩丰富。如红色意味着热情、奔放、活泼、勇敢等,使人联想到红日、鲜血与火等;蓝色使人联想到蓝天和碧海,显得平和、稳重、冷静;绿色在色感上居于两者之间,"绿杨烟外晓寒轻",给人以安宁、清爽、放松的感觉,是生命和友谊的象征。

（4）姿态美

园林中的植物为适应环境自然形成了各种各样优美的姿态,如黄山松的奇特、大王椰子的挺拔、雪松的秀丽等。

（5）芳香美

园林中还有很多香花、香叶植物,它们能产生特性各异的芳香气味,如茉莉花的清香、兰花的幽香、含笑的甜香、桂花的浓香、紫罗兰的醉香等,还有松柏类、桉树、樟树等树木散发出来的香气,都能引起游客美好的嗅觉感受。

3）园林艺术中的艺术美

运用种种造园手法和技巧,合理布置造园要素,巧妙安排园林空间,灵活运用形式美的法则来传述人们的特定思想感受,抒写园林意境,创造艺术美。园林艺术中的艺术包括造型艺术美、联想意境美等内容。

（1）造型艺术美

园林中的建筑、雕塑、瀑布、喷泉、植物等都讲求造型,常常运用艺术造型来表现某种精神、象征、标志、纪念意义以及某种体形、线条美(图3.1)。

（2）联想意境美

重视意境的创造,这是中国古典园林在美学上的最大特点。中国古典园林的美可以说主要是园林意境的美。例如,拙政园西部的扇面亭(图3.2),仅一几两椅,但却借宋代大诗人苏轼"与谁同坐? 明月、清风、我"的佳句,抒发出一种高雅的情操与意趣。

图3.1　造型艺术美

图3.2　联想意境美

（3）建筑艺术美

为了满足游客休息、赏景驻足、园林管理等功能的要求和造景要求，修建园林建筑。如亭、廊、花架、栏杆、厕所等，往往成景能够起到画龙点睛的作用。

（4）文化景观美

园林借助人类文化中的诗词、书画、对联、匾额、题咏、石刻、文物古迹、历史典故、神话传说等创造诗情画意的境界。

（5）工程设施美

园林中，道廊桥、假山水景、电照光影、给水排水、挡土墙等各种设施必须配套，应在艺术处理上区别于一般的市政设施，在满足工程需要的前提下进行适当的艺术处理，形成独特的园林美景。

3.1.2　形式美的表现形态

自然界常以其形式美取胜而影响人们的审美感受，各种景物都是由外形式和内形式组成的。外形式由景物的材料、质地、线条、体态、光泽、色彩和声响等因素构成；内形式由上述因素按不同规律而组织起来的结构形式或结构特征所构成。形式美的表现形态可概括为线条美、图形美、体形美、光影色彩美、朦胧美等方面。

1）线条美

线条是构成景物的基本因素。线的基本线型包括直线和曲线，直线又分为垂直线、水平线和斜线；曲线又分为几何曲线和自由曲线。人们从自然界中发现了各种线型的性格特征，它有力度和稳定感。直线给人以单纯庄重感。水平线给人以平和寂静感，垂直线给人以挺拔和崇高感；斜线给人以速度和危机感；曲线具有丰满、柔和、优雅、细腻感；曲线中的几何曲线具有对称和规整感，曲线中的自由曲线具有自由和细腻感。线条是造园的主要手法，用它可以表现起伏的地形、曲折的道路线、蜿蜒的驳岸线、丰富的林冠线等。

2）图形美

图形是由各种线条围合而成的平面形，一般分为规则式图形和自然式图形两大类。它们是由不同的线条采用不同的围合方式而形成的。

3）体形美

体形是由多种界面组成的空间实体。风景园林中包含着绚丽多姿的体形要素，表现在山石、水景、建筑、雕塑、植物造型等。不同类型的景物有不同的体形美，同一类型的景物，也具有多种状态的体形美。

4）光影色彩美

色彩是造型艺术的重要表现手法之一，通过光的反射，色彩能引起人们的生理和心理感应，从而获得美感。色彩表现的具体要求是对比与和谐，人们在风景园林空间中对景物色彩的冷暖、光影的虚实都能产生丰富的联想。

5)朦胧美

朦胧美在自然界中常见的有雾中景、雨中花、烟云细柳等,它是形式美的一种特殊表现形态,能产生虚实相生、扑朔迷离的美感。

3.2　园林艺术构图

3.2.1　园林艺术构图的含义

园林艺术构图是在工程、技术、经济可能的条件下,组合园林物质要素(包括材料、空间、时间),联系周围环境,并使其协调,取得美的绿地形式与内容高度统一的创作技法,也就是规划布局。园林绿地的内容,即性质、功能用途,是园林绿地构图艺术的依据。园林绿地建设的材料、空间、时间是构图的物质基础。

3.2.2　园林艺术构图的特点

1)园林艺术构图是一种立体空间艺术

园林绿地构图是以自然美为特征的空间环境规划设计,绝不是单纯的平面构图和立面构图。因此,园林绿地构图要善于利用山水、地貌、植物、园林建筑、构筑物,并以室外空间为主,又与室内空间互相渗透的环境创造景观。

2)园林艺术构图是综合的造型艺术

园林美是自然美、生活美、艺术美的综合。它是以自然美为特征,有了自然美,园林绿地才有生命力。因此,园林绿地常借助各种造型艺术加强其艺术表现力。

3)园林艺术构图与时间的关系

园林绿地构图的要素如园林植物、山、水等的景观都随时间、季节而变化,春、夏、秋、冬植物景色各异,山水变化无穷。

4)园林艺术构图受自然条件的制约性很强

不同地区的自然条件,如日照、气温、湿度、土壤等各不相同,其自然景观也不相同,园林绿地只能因地制宜,随势造景,景因境出。

3.2.3　园林艺术构图的基本法则

1)多样与统一

多样是指园林构成整体的各个部分形式因素的差异性;统一是指这种差异性的协调一

致。多样统一是客观事物本身所具有的特性。在园林中,使各景物之间存在差异性,同时各景物之间又具有一定的协调性。园林艺术应用统一的原则是指园林中的组成部分,它们的体形、体量、色彩、线条、形式、风格等,要求有一定程度的相似性或一致性,给人以统一的感觉。因此,园林中常要求统一中有变化,或是变化中有统一,才使人感到优美而自然。

(1)内容与形式的统一

不同的内容要以一定的形式表现出来,一定的形式能够反映内容二者是相辅相成的。首先,应明确园林的主题与格调,然后决定切合主题的局部形式,选择对这种表现主题最直接、最有效的素材。例如,在西方规则式园林中,常运用中轴对称,修剪成整齐的树木来创造园林,元素与园林、局部与总体之间便表现出形状上的统一;在自然式的园林中,园林建筑必须围绕自然的性质,作自然式布局、自然的池岸、曲折的小径、树木的自然式栽植和自然式整形,以求得风格的协调统一。

(2)材料与质地统一

园林中非生物性的造景材料,以及由这些材料形成的景物,也要求统一。

(3)线条的统一

在假山上尤其要注意线条的统一,成功的假山是用一种材料堆成的,其色调比较统一,外形比较接近,但是互相堆叠在一起,就要注意整体上的线条问题。自然界的石山,表面的纹理相当统一。

(4)园林植物的多样与统一

园林中,除建筑、假山叠石等均要求多样化统一外,花木也要求多样化的统一。

(5)局部与整体的统一

在同一园林中,景区景点各具特色,但就全园来说,其风格造型、色彩变化都应保持与全园整体基本协调,在变化中求完整。局部是为整体服务的,整体是由局部组成的,使局部与整体在变化中求协调。

2)对比与调和

对比与调和是艺术构图中的一种重要手法,园林布局是某一因素具有明显的差异,或不同艺术效果的表现形式,抑或是利用人的错觉来互相衬托的表现手法。对比与调和是布局中运用多样与统一的基本规律。

(1)对比

对比是运用两种或多种性状有差异的景物之间的对照,使彼此不同的特色更加明显,提供给观赏者一种新鲜兴奋的景象,以给人生动鲜明的印象,从而增强作品的艺术感染力。园林设计中,对比手法主要应用于形象对比、体量对比、方向对比、空间对比、虚实对比、疏密对比、色彩对比、质感对比等。

①形象对比。园林布局中构成园林景物的点、线、面和空间都具有各种不同的形状,图高与低、长与宽、大与小等,在视觉上给人们造成错觉。

②体量对比。体量大小相同的景物,在不同的环境中进行比较,给人不同的感觉;在大环境中显得小,在小环境中显得大;在园林中常常利用景物的这种对比关系来创造"小中见大"

的园林景观。

③方向对比。在园林空间、形体和立面处理中,常常运用垂直竖向与水平横向对比来丰富园林的景观效果,打破了只有垂直竖向的生硬感或只有水平横向的呆板感。山势高耸是垂直方向,水面平坦是水平方向,山水结合形成方向对比。

④空间对比。在园林空间处理上,将两个有明显不同的空间安排在一起,通过两者对比从而突出各自的特点。

⑤虚实对比。虚给人以轻松之感,实给人以厚重之感。虚也可以说是空或者无;实就是实在、结实。后者比较有形、具象,容易被感知;前者则多少有些飘忽不定、空泛,不易为人们所感知。但虚与实是相辅相成又相互对立的两个方面,虚实之间互相穿插而达到虚中有实,实中有虚,使园林景观变化万千、玲珑生动。

⑥疏密对比。在园林艺术中,疏与密的对比突出表现在景点的聚散上,聚处则密,散处便疏。疏密对比反映在树木的配置方面则表现在群植、丛植与孤植的关系处理上。密林、疏林、草地是疏密对比手法的具体应用。

⑦色彩对比。因为色彩在园林中最容易引起游客的注意,所以常常需要重点处理。色彩对比包括同一色对比、类似色对比、互补色对比。

⑧质感对比。在园林绿地中,可利用山石、水体、植物、道路、广场、建筑等不同的材料质感,造成对比,强调景观效果。不同材料给人不同的感受,光滑细腻的质地给人轻盈柔和之美,粗糙厚重的质地给人稳定坚固之感。

(2)调和

调和是指事物和现象在各方面相互之间的联系与配合,达到完美的境界和多样化中的统一。在园林中协调的表现是多方面的,如体形、色彩、线条、比例、虚实、明暗等,都可作为要求协调的对象。景物的相互协调必须相互关联,而且含有共同的因素,甚至相同的属性。协调可分为以下3种形式:

①相似协调。形状基本相似的几何形体、建筑物、花坛、树木等其大小或排列上有变化称为相似协调。例如,一个大圆的花坛中排列一些小圆的花卉图案和圆形的水池等,即产生一种协调感。

②近似协调。如两种近似的体形重复出现,可以使变化更为丰富并有协调感(图 3.10)。例如,方形与长方形的变化、圆形与椭圆形的变化都是近似协调。

③局部与整体协调。局部与局部之间、局部与整体之间、整体与园林之间的种种协调关系,例如,假山的局部用石纹理必须服从总体用石材料纹理走向。

在园林中,不能只强调对比,这样会使园林景观显得非常凌乱。也不能只强调调和,这样会使园林景观显得平淡、缺乏生机。因此,必须处理好对比与调和之间的关系。

3)均衡与稳定

自然界中大多数物体都以静止状态存在,静止能够给人安静、舒适稳定的感觉。

(1)均衡

园林景物的前与后、左与右呈现出的轻重关系构图称为均衡。在园林布局中,均衡可分为对称均衡和不对称均衡。

①对称均衡。在主轴线两边以相等距离、体量、形态均衡的称为对称均衡(图3.3)。

对称是轴线左右两边的景物到轴线的距离相等,给人以安定的统一,具有整齐、单纯、寂静、庄严的优点。对称均衡可分为绝对对称和相似对称。绝对对称是轴线两边的物体从质感和量感上完全一样且到轴线的距离完全相等;相似对称是轴线两边的物体到轴线的距离相等,但在体量大小上或作用和实质上是有差别的。

②不对称均衡。主轴不在中线上,两边的景物在形体、大小、与主轴的距离都不相等,但景物又处于动态的均衡中的情况可称为不对称均衡(图3.4)。

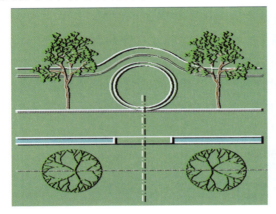

图3.3 对称均衡　　　　　　　　　　　　图3.4 不对称均衡

(2)稳定

稳定是指园林建筑、山石和园林植物等上下、大小所呈现的轻重关系构图。在园林布局上,往往在体量上采用下面大、向上逐渐缩小的方法来取得稳定的坚固感,在园林建筑和山石处理上常常采用材料、质地所给人的不同的重量感来获得稳定感。园林中以稳定题材而闻名的风景点有很多,石柱、石洞、一线天等景观为数最多,建筑次之,它们常常成为舒缓的园林节奏中的特强音律(图3.5)。

图3.5 稳定

4)比例与尺度

(1)比例

比例是指园林中的景物在体形上具有适当美好的关系,其中,既有景物本身各部分之间长、宽、高的比例关系，又有景物与景物、景物与整体之间的比例关系，这两种关系并不一定用数字来表示，而是属于人们感觉上、经验上的审美概念。在园林空间中具有和谐的比例关系，是园林美必不可少的重要特征，它对园林的形式美起决定性的作用(图 3.6)。

图 3.6　景物与环境的关系

（2）尺度

尺度是指园林空间中各组成部分与人的活动范围的大小关系或者与某种特定标准的大小关系。功能、审美和环境特点决定园林设计的尺度。园林是供人休憩、游乐、赏景的现实空间，因此，要求尺度能满足人的需要，令游客感到舒适、方便，这种尺度称为适用尺度。

5）节奏与韵律

在园林设计上，园林景观的曲线、面、形、色彩和质感等许多要素形成一个共同的韵律。因此，园林的韵律是多种多样的，可分为简单韵律与节奏、交替韵律与节奏、渐变韵律与节奏和交错韵律与节奏等处理方法。

（1）简单韵律与节奏

简单韵律与节奏是指一种组成部分的连续使用和重复出现的有组织排列所产生的韵律感。

（2）交替韵律与节奏

交替韵律与节奏是运用各种造型因素作有规律的纵横交错、相互穿插等手法，形成丰富的韵律感。

（3）渐变韵律与节奏

渐变韵律与节奏是某些造园要素在体量大小、高矮宽窄、色彩浓淡等方面作有规律的增减，以造成统一和谐的韵律感。

（4）交错韵律与节奏

交错韵律与节奏是利用特定要素的穿插所产生的韵律感。例如，中国传统的铺装道路，常用几种材料铺成四方连续的图案，形成交错韵律。人们可一边步游，一边享受这种道路铺装的韵律。传统建筑的木棂窗就是利用水平和垂直的木条纵横交织形成的韵律感。

（5）旋转韵律与节奏

旋转韵律与节奏是某种要素或线条，按照螺旋状方式反复连续进行，或向上、或左右发展，从而得到旋转感很强的韵律特征。

（6）自由韵律与节奏

自由韵律与节奏是某些要素或线条以自然流畅的方式，不规则但却有一定规律地婉转流动,反复延续,呈现自然优美的韵律感。

（7）拟态韵律与节奏

拟态韵律与节奏是指相同元素重复出现,但在细部又有所不同。我国古典园林的漏窗也是将不同形状而大小相似的花窗等距离排列在墙面上,统一而不单调。

（8）起伏曲折韵律与节奏

起伏曲折韵律与节奏是指景物构图中的组成部分以较大的差别和对立形式出现,一般是通过景物的高低、起伏、大小、前后、远近、疏密、开合、浓淡、明暗、冷暖、轻重、强弱等无规定周期的连续变化和对比方法,使景观波澜起伏,丰富多彩,变化多端。

3.3　园林布局形式

园林布局,即在园林选址、主题思想的确定的基础上,设计者在创作园林作品过程中所进行的思维活动。园林布局主要包括选取、提炼题材,酝酿、确定主景和配景,功能分区,景点、游赏路线分布,探索所采用的园林形式。

主题思想通过园林艺术形象来表达,主题思想是园林创作的主体和核心。立意和布局实质就是园林的内容与形式。只有内容与形式的高度统一,形式充分地表达内容,表达园林主题思想,才能达到园林创作的最高境界。园林内容与形式之间是矛盾的统一体。园林的内容决定其形式,园林的形式依赖于内容,表达主题。

3.3.1　园林的规划形式

园林形式的产生和形成,是与世界各民族、国家的文化传统、地理条件等综合因素的作用分不开的。园林的形式分为规则式、自然式和混合式3类。

1）规则式园林

规则式园林又可称为几何式、整形式、对称式和建筑式园林（图3.7）。规则式园林的主要特征是全园在平面规划上有明显的中轴线,并大致依中轴线的左右前后对称或拟对称布置,园地的划分大都称为几何形体。全园以建筑和建筑式空间布局作为表现主题。

图3.7　规则式园林

2）自然式园林

自然式园林又称为风景式、不规则式、山水派园林（图 3.8）。自然式园林的主要特征是全园在平面规划上没有明显的轴线关系，景物的布置顺其自然。全园以山体与水体空间布局作为表现主题。

图 3.8　自然式园林

3）混合式园林

混合式园林主要是指规则式、自然式交错组合，全园没有或形不成控制全园的中轴线和副轴线，只有局部景区、建筑以中轴对称布局，或全园没有明显的自然山水骨架，形不成自然格局。

3.3.2　山水地形的布局形式

1）规则式园林山水地形的布局

（1）地形

在开阔的较平坦地段，由不同高程的水平面及缓倾斜的平面组成；在山地及丘陵地段，由阶梯式的大小不同水平台地倾斜平面和石级组成，其剖面均由直线组成。

（2）水体

水体的外轮廓均为几何形，主要是圆形和长方形（图 3.9），水体的驳岸多整形、垂直，有时加以雕塑；水景的类型有整形水池、喷泉、壁泉及水渠运河等，古代神话雕塑与喷泉构成水景的主要内容。

2）自然式园林山水地形的布局

（1）地形

自然式园林的创作讲究"相地合宜，构园得体"。主要处理地形的手法是"高方欲就亭台，低凹可开池沼"的"得景随形"。自然式园林的主要特征是"自成天然之趣"。

（2）水体

园林的水体讲究"疏源之去由，察水之来历"。园林水景的主要类型有湖、池、潭、沼、汀、泊、溪、涧、洲、渚、港、湾、瀑布、跌水等。总之,水体要再现自然水景。水体的轮廓为自然曲折,水岸为自然曲线的倾斜坡度,驳岸主要有自然山石驳岸、石矶等形式(图3.10)。

图 3.9　规则式园林的水体

图 3.10　自然式园林的水体

3.3.3　园林建筑的布局形式

1)规则式园林建筑的布局

(1)园林建筑

主体建筑组群和单体建筑多采用中轴对称均衡设计,多以主体建筑群和次要建筑群形成与广场、道路相组合的主轴、副轴系统,形成控制全园的总格局(图3.11)。

图 3.11　规则式园林建筑

（2）园林小品

园林雕塑、瓶饰、园灯、栏杆等装饰点缀了园景。西方园林的雕塑主要以人物雕塑布置在室外，并且雕塑多配置于轴线的起点、交点和终点。雕塑常与喷泉、水池构成水景主景。

2）自然式园林建筑的布局

（1）园林建筑

单体建筑多为对称或不对称的均衡布局；建筑群或大规模建筑组群，多采用不对称的均衡布局。全园不以轴线控制，但局部仍有轴线的处理（图 3.12）。

图 3.12　自然式园林建筑

（2）园林小品

假山、石品、盆景、石刻、砖雕、木刻等属于园林小品，一般位于风景视线的交点或焦点处。

3.3.4　园林道路广场的布局形式

1）规则式园林道路广场的布局

（1）园林道路

园林道路均为直线形、折线形或几何曲线形。

（2）园林广场

园林广场多呈规则对称的几何形状，主轴和副轴线上的广场形成主次分明的系统。

园林广场与道路构成方格形式、环状放射形、中轴对称或不对称的几何布局。

2）自然式园林道路广场的布局

（1）园林道路

园林道路的走向、布列多随地形，道路的平面和剖面多由自然起伏曲折的平曲线和竖曲线组成。

（2）园林广场

园林广场除建筑前广场为规则式外，园林中的空旷地和广场的外轮廓则为自然式。

3.3.5 园林植物的布局形式

（1）规则式园林植物的布局

配合中轴对称的总格局，全园树木配置以等距离行列式、对称式为主，树木修剪整形多模拟建筑形体、动物造型，绿篱、绿墙、绿门、绿柱为规则式园林较突出的特点。花卉布置常以图案为主要内容的花坛和花带，有时布置成大规模的花坛群（图3.13）。

图3.13 规则式园林植物

（2）自然式园林植物的布局

自然式园林种植要求反映自然界植物群落之美，不成行成列栽植。树木不修剪，配置以孤植、丛植、群植、密林为主要形式。花卉的布置以花丛、花群为主要形式。庭院内也有花台的应用（图3.14）。

图3.14 自然式园林植物

3.4 园林赏景与造景

3.4.1 景与景的构成

1）景的含义

所谓"景"即风景、景致，是指在园林绿地中，自然的或经人为创造加工的、能引起人的美感的一种供作游憩欣赏的空间环境。所谓"供作游息欣赏的空间环境"，即是说"景"绝不仅是引起人们美感的画面,而是具有艺术构思且能入画的空间环境,这种空间环境能供人游憩欣赏,具有符合园林艺术构图规律的空间形象、色彩、时间等环境因素。

2)景的形成

①自然景观:如泰山日出、黄山云海、桂林山水、庐山仙人洞等是自然的景。
②人工景观:如江南的古典园林、北方的皇家园林都是人工创造的景。
③综合景观:如万里长城等兼有自然和人工景色是综合景观。

3)景的类型

①地形为主题:如陕西的华山、江西的庐山、杭州的西湖等。
②声音为主题:如杭州的"柳浪闻莺"、广州羊城新八景的"白云松涛"等。
③建筑为主题:如北京的故宫、山东曲阜的古建筑等。
④植物为主题:如广州的兰圃、河南洛阳的牡丹园等。
⑤气象要素为主题:如安徽黄山的云海、甘肃天水的麦积烟雨等。

景有大有小,大者如万顷浩瀚的太湖,小者如庭院角隅的竹石小景。景也有不同特色,有高山峻岭之景,有江河湖海之景,有树木花卉之景,有亭台楼阁园桥之景;有侧重于鸟、兽、虫、鱼欣赏之景,也有偏于文物古迹观览之景;有着重在园林群体观瞻之景,也有偏于个体玩味之景。

3.4.2　园林赏景

1)赏景的层次

园林赏景的层次可以简单地概括为观、品、悟 3 个阶段,是一个由被动到主动、从实境到虚境的、复杂的心理活动过程。

(1)观

园林景观是通过人的眼、耳、鼻、舌、身这 5 个功能器官而感受的,而大多数的景主要是在视觉方面的欣赏,称为观景。但在园林中也有许多景必须通过耳听、鼻闻、试味以及身体活动才能感受。

(2)品

不同的景可引起不同的感受,即所谓触景生情。

(3)悟

悟是园林赏景的最高境界,是游客在观赏、品味、体验的基础上进行的一种思考,优秀的园林景观应使游客对人生、历史等产生有哲理性的感受和领悟,是园林景观艺术追求的最高境界。

园林景观的欣赏中"观""品""悟"是由浅入深、由外到内的欣赏过程。而在实际欣赏过程中三者是合一的,即边观边品边悟。园林设计应考虑满足游客观、品、悟 3 个层次的赏景需要。

2）赏景的方式

景可供游览观赏,但不同的游览观赏方法会产生不同的景观效果,给人以不同的景观感受。

（1）根据观赏形态不同

①动态观赏:是指视点与景物位置发生变化。如看风景片立体电影,一景一景地不断向后移去,成为一种动态的连续构图,使园林景观达到步移景异的效果。

②静态观赏:是指视点与景物位置发生变化。如看一幅立体风景画,整个画面是一幅静态构图,主景、配景、背景、前景、空间组织、构图的平衡轻重固定不变。静态观赏除主要方向的主要景物外,还要考虑其他方向,各有所宜。

（2）根据视线角度不同

①平视观赏:视线与地面平行向前,游客头部不必上仰下俯,可以舒展地平望出去,不易疲劳,因而对景物的深度有较强的感染力。平视观赏给人以平静、深远、安宁的气氛。为了渲染这种气氛,平视和透景线要较长较远,使气氛更加安宁。

②俯视观赏:游客视点高,景物在视点下方,必须低头俯视才能看清景物,俯视常造成开阔和惊险的风景效果,增强人们的信心。

③仰视观赏:景物很高,视点距离景物较近,当仰角超过13°时,就需微微扬起头,故景物的高度感染力强,易形成雄伟、庄严、紧张的气氛。

平视、俯视、仰视的观赏,有时不能截然分开,不同观赏条件对游客感受各异,效果各异。

3.4.3　园林造景的手法

造景是指人为地在园林绿地中创造一种既符合一定使用功能又有一定意境的景区。造景要根据园林绿地的性质、功能、规模、构图要求,因地制宜地运用。

1）主景

对于全园的主景来说,主景是全园的重点和核心,它是空间构图的中心,往往体现园林的功能与主题,是全园视线的控制焦点,在艺术上富有感染力。所处空间范围不同的主景对区域范围起控制作用。

突出主景的方法有:

（1）主体升高

为了使构图的主题鲜明,常常把集中反映主题的主景,在空间高程上加以突出,使主景主体升高。

（2）运用轴线和风景视线的焦点

轴线是园林风景或建筑群发展、延伸的主要方向,一般常把主景布置在中轴线的终点。此外,主景常布置在园林纵横轴线的相交点,或放射轴线的焦点或风景视线的焦点上。如广州烈士陵园将纪念碑建于中轴线的端点来突出主景。

（3）对比与调和

对比是突出主景的重要技法之一。配景对于主景在线条、体形、体量、色彩、明暗、动势、性格、空间的开朗与封闭、布局的规则与自然，都可用对比的手法来强调主景。

（4）动势向心

一般四面环抱的空间，如水面、广场、庭院等，其周围次要的景色往往具有动势，趋向于视线集中的焦点上，主景最宜布置在这个焦点上。

（5）渐层

色彩由不饱和的浅级到饱和的深级，或由饱和的深级到不饱和的浅级，由暗色调到明色调，由明色调到暗色调所引起的艺术上的感染，称为渐层感。园林景物，由配景到主景，在艺术处理上，级级提高，步步引人入胜，也是渐层的处理手法。

（6）空间构图的重心

为了强调和突出主景，常常把主景布置在整个构图的重心处。规则式园林构图，主景常居于构图的几何中心，如天安门广场中央的人民英雄纪念碑，居于广场的几何中心。自然式园林构图，主景常布置在构图的自然重心上。

（7）抑扬

中国园林艺术的传统，反对一览无余的景色，主张"山重水复疑无路，柳暗花明又一村"的先藏后露的构图。中国园林的主要构图和高潮，并不是一进园就展现在眼前，而是采用欲"扬"先"抑"的手法，提高主景的艺术效果。

2）借景

有意识地把园外的景物"借"到园内来，称为借景。借景是中国园林艺术的传统手法。一座园林的面积和空间是有限的，为了扩大景物的深度和广度，丰富游赏的内容，造园者常常运用借景的手法，收无限于有限之中。

（1）借景的内容

①借形组景：主要采用对景、框景等构图手法，把有一定景观价值的远、近建筑物，以致山、石、花木等自然景物纳入画面。

②借声组景：自然界的声音多种多样，园林中所需要的是能激发感情、怡情养性的声音，包括借雨声组景、借风声组景、借水声组景、借鸟语声组景等，可为园林空间增添了几分诗情画意。

③借色组景：在园林中对月色借景受到十分重视。

④借香组景：在造园中如何运用植物散发出来的幽香以增添游园的兴致是园林设计中一项不可忽视的因素，如广州的兰圃、苏州拙政园中的荷风四面亭，杭州的曲院风荷等都是借花香组景的佳例。

（2）借景的方法

①远借：将园林远处的景物组织进来，所借物可以是山、水、树木、建筑等。

②邻借（近借）：就是将园子邻近的景色组织进来。周围环境是邻借的依据，周围景物，只要是能够利用成景的都可以利用，如亭、阁、山、水、花木、塔、庙。如苏州沧浪亭园内缺水，而

临园有河,则沿河做假山、驳岸和廊,不设封闭围墙就是很好的借景。

③仰借:利用仰视借取的园外景观,以借高处景物为主,如古塔、高层建筑、山峰、大树,包括碧空白云、明月繁星、翔空飞鸟等。如北京的北海借景山,南京的玄武湖借鸡鸣寺均属仰借。仰借视觉较疲劳,观赏点应设亭台座椅。

④俯借:利用居高临下俯视观赏园外景物,登高四望,四周景物尽收眼底,就是俯借。如江湖原野、湖光倒影等。

⑤应时而借:利用园林中有季相变化或时间变化的景物。由大自然的变化和景物的配合而成。

3)对景

凡位于园林绿地轴线及风景透视线端点的景称为对景。为了观赏对景,要选择最精彩的位置,设置供游客休息逗留的场所,作为观赏点。

(1)正对景

位于轴线一端的景称为正对景,正对景给人雄伟、庄严、气魄宏大,一目了然。规则式园林中常成为轴线上的主景,如西安的大雁塔位于雁塔路的最南端,成正对景。

(2)互对景

在轴线或风景视线两端点都有景则称为互对景。互对景给人自由、灵活的感觉,适于静态观赏。互对景不一定有严格的轴线,如颐和园的佛香阁建筑与昆明的湖中龙王庙岛上涵虚堂成为互对景。

4)障景

在园林绿地中,凡是抑制视线、引导空间的屏障景物都称为障景。常用山、石、植物、建筑等,多数用于入口处,或自然式园路的交叉处,或河湖港汊转弯处,使游客在不经意间视线被阻挡和组织到引导的方向。

5)隔景

凡将园林绿地分隔为不同空间,不同景区的手法称为隔景。它不单是抑制某一局部的视线,而是组成各种封闭的或者可以流通的空间,可以用实隔、虚隔、虚实隔等。如墙、山丘、建筑群、山石为实隔;水面、漏窗、通廊、花架、疏林为虚隔;水堤曲桥、漏窗墙为虚实隔。

6)框景

凡利用门框、窗框、树框、山洞等,有选择地摄取另一空间的优美景色,称为框景。框景的作用在于把园林绿地的自然美、绘画美与建筑美高度统一,最大限度地发挥自然美的多种效应。观赏点与景框的距离应保持在景框直径 2 倍以上,视点最好在景框中心。

7)夹景

为了突出优美的景色,人的视线被左右两侧的树丛、树列、土山或建筑物等屏蔽,形成左右较封闭的狭长空间,这种左右两侧的前景称为夹景。夹景是运用透视线、轴线突出对景的方法之一,还可起到障丑显美的作用,增加园景的深远感。同时也是引导游客注意的有效方法。夹景是突出轴线或端点的主景或对景,美化园林风景构图,同时还增加了景物的深度,给人以幽深幽静感,达到了引人入胜的效果。

8）漏景

漏景由框景发展而来,框景景色全现,漏景景色则若隐若现,有"犹抱琵琶半遮面"的感觉,含蓄雅致,是空间渗透的一种主要方法。漏景的材料有漏窗、漏花墙、漏屏风、疏林树干,所对景物则以色彩鲜艳、亮度较大为宜。

9）添景

当风景点与远方对景之间没有其他中景、近景过渡时,为求对景有丰富的层次感,加强远景的感染力,常作添景处理。添景可用建筑小品、树木、花卉、山石等。如在湖边看远景常有几丝垂柳枝条作为近景的装饰就更生动。

10）题景

我国园林根据性质、用途,结合空间环境的景象和历史,通过高度概括,常作出形象化、诗意浓、意境深的园林题名。园林题名常采用匾额、对联、石碑、石刻等形式,不但丰富了景的欣赏内容,增加了诗情画意,点出了景的主题,给人以艺术联想,还有宣传装饰和导游的作用。

3.5　园林空间构成与应用

3.5.1　园林空间的含义及分类

1）园林空间的含义

园林空间通常是由山、水、建筑、植物等许多因素,在地平面上,以不同高度和不同类型的景物暗示园林空间的边界。首先,空间封闭程度随景物体量的大小、布局疏密以及植物种植形式而不同;其次,景物的高低也影响着空间的闭合感;最后,景物同样能限制、改变一个空间的顶平面,限制伸向天空的视线,并影响着垂直面上的尺度（图3.15）。

图 3.15　植物、建筑、水体组织的园林空间

2）园林空间的分类

（1）开敞空间

开敞空间是指在一定区域范围内，人的视线高于四周景物的空间，这个空间没有覆盖面的限制，其大小空间形式只是由基面和垂直分隔面来决定的，一般用低矮的灌木、地被植物、草本花卉、草坪可以形成开敞空间（图3.16）。

图3.16　大草坪形成的开敞空间

（2）半开敞空间

半开敞空间是指在一定区域范围内，四周并不全开敞，而是有部分视角被园林景观阻挡了人的视线。根据功能和设计需要，开敞的区域有大有小。从一个开敞空间到封闭空间的过渡就是半开敞空间。它也可以借助地形、山石、小品等园林要素与植物配植共同完成。半开敞空间的封闭面能抑制人们的视线，从而引导空间的方向，达到"障景"的效果（图3.17）。

图3.17　植物结合地形作了空间的围合形成半开敞空间

（3）覆盖空间

覆盖空间通常位于景观下与地面之间，可通过植物树干的分支点高低和浓密的树冠形成空间感（图3.18）。

（4）纵深植物空间

窄而长的纵深空间因为两侧的景物不可见，更能引导人们的方向，人们的视线会被引向空间的一端。在现代景观设计中，经常会见到运用植物材料来兴建的纵深空间，如溪流峡谷等两边种植着高大的乔木形成密林，道路两旁整齐地种植着高大挺拔的行道树（图3.19）。

图 3.18 乔木草坪的组合形成了亲和的覆盖空间

图 3.19 两侧植物的配置起了很好的视线导向作用

（5）垂直植物空间

垂直面被植物封闭起来，顶平面开敞，中间空旷，便能形成向上敞开的植物空间。分支点低，树冠紧密的小型和中型的乔木形成的树列，高大的、修剪整齐的绿篱，都可构成一个垂直植物空间。这种空间只有上方是开放的，使人仰视，视线被引导向空中（图 3.20）。

图 3.20 直立向上的树形成了垂直空间

（6）郁闭空间

垂直植物的株型能构成竖向上紧密的空间边界，当这种植物和低矮型平铺生长的植物或灌木搭配使用时，人的视线会被完全闭锁。大型乔木作为上层覆盖物，整个空间会完全封闭。这种空间类型在风景名胜区、森林公园或植物园中最为常见，一般不作为人的游览活动范围（图3.21）。

图3.21　湖岸用乔灌草密植形成空间封闭

3.5.2　园林静态空间布局

1）园林静态空间构成

以平地（或水面）和天空构成的空间，有旷达感，使人心旷神怡。以树丛和草坪构成的比例≥1∶3的空间，有明亮亲切感。由大片高乔木和低矮地被植物组成的空间，给人以荫浓景深的感觉。大环境中的园中园给人以大中见小的感受。由此可见，巧妙地利用不同的风景界面组成关系进行园林空间造景，将给人们带来静态空间的多种艺术魅力。利用人的视觉规律可以创造出丰富的艺术效果。

2）静态空间的视觉规律

（1）最佳视距

正常人的清晰视距为25～30 m，明确看到景物细部的视野为30～50 m，能识别景物类型的视距为150～270 m，能辨认景物轮廓的视距为500 m，能明确发现物体的视距为1 200～2 000 m，但这已经没有最佳的观赏效果。

（2）最佳视域

人的正常静观视场，垂直视角为130°，水平视角为160°。但根据人的视网膜鉴别率，最佳垂直视角小于30°，水平视角小于45°，即人们静观景物的最佳视距为景物高度的3倍或宽度的1.2倍，即景观效果最佳。在静态空间内对景物观赏的最佳视点有3个位置，即垂直视角为18°（景物高的3倍距离）、27°（景物高的2倍距离）、45°（景物高的1倍距离）。如果是纪念雕塑，则可在上述3个视点距离位置为游客创造较为开阔平坦的休息欣赏场地。

3.5.3　园林动态空间布局

1）园林动态空间的构成

园林对于游客来说,是一个流动空间:一方面表现为自然风景的时空转换;另一方面表现在游客步移景异的过程中。不同的空间类型组成有机整体,并对游客构成丰富的连续景观,即园林景观的动态序列。

2）景观序列的手法

（1）风景景观序列的主调、基调、配调和转调

风景序列是由多种风景要素有机组合、逐步展现出来的,在统一基础上求变化,又在变化之中见统一,这是创造风景序列的重要手法。以植物景观要素为例,作为整体背景或底色的树林为基调,作为某序列前景和主景的树种为主调,配合主景的植物为配调,处于空间序列转折区段的过渡树种为转调,过渡到新的空间序列区段时,又可能出现新的基调、主调和配调,如此逐渐展开就形成了风景序列的调子变化,从而产生不断变化的观赏效果。

（2）风景序列的起结开合

风景序列的起结开合可以是地形起伏,水系环绕,也可以是植物群落或建筑空间,无论是单一的还是复合的,总应有头有尾,有放有收,这也是创造风景序列常用的手法。以水体为例,水之来源为起,水之去脉为结,水面扩大或分支为开,水之溪流又为合。

（3）风景序列的断续起伏

风景序列的断续起伏是利用地形地势变化而创造风景序列的手法之一,多用于风景区或郊野公园。一般风景区山水起伏游程较远,将多种景区景点拉开距离,分区段设置,在游步道的引导下,景序断续发展游程起伏高下,从而取得引人入胜、渐入佳境的效果。

（4）园林植物景观序列的季相与色彩布局

园林植物是景观的主体,然而植物又有其独特的生态规律。在不同的立地条件下,利用植物个体与群落在不同季节的外形与色彩变化,再配以山石水景、建筑道路等,必将出现绚丽多姿的景观效果和展示序列。

（5）园林建筑群组的动态序列布局

园林建筑在园林中所占面积比重小,但它是某园区的构图中心,起画龙点睛的作用。由于使用功能和建筑艺术的需要,对建筑群体组合的本身以及对整个园林中的建筑布置,均应有动态序列的安排。对于一个建筑群组而言,应有入口、门庭、过道、次要建筑、主体建筑的序列安排。

本章小结

本章讲述了园林中景的含义、园林的类型以及园林空间的形成;重点讲述园林艺术构图法则、园林规划布局的形式、园林空间中的造景手法。

复习思考题

1. 简述园林美的特点以及园林美在园林中的表现。

2. 简述园林构图的基本要求。

3. 什么是形式美的原则?

4. 园林构图中如何运用尺度原则?

5. 简述节奏韵律的表现形式及特征。

6. 园林空间布局的基本形式有哪些?

7. 举例说明平视、仰视、俯视的景观效果及其在园林中的应用。

8. 简述借景的内容及形式。

9. 简述题景手法在园林中的作用。

第4章　园林各组成要素规划设计

【知识目标】

1. 了解园林构成要素的类型、功能和作用。

2. 掌握园林各构成要素的设计原则。

3. 掌握园林各构成要素的设计要点和方法。

【能力目标】

能进行园林各构成要素的独立设计及综合设计。

4.1　园林地形及水体设计

4.1.1　地形设计

园林地形是指园林绿地中各种起伏形状的地貌,在规则式园林中,一般表现为不同标高的地坪和层次。

1) 园林地形的功能与造景作用

(1) 骨架作用

地形是园林景观的基本骨架。植物、建筑、水体等景观常常以地形作为依托。地形的起伏产生了林冠线的变化,形成了起伏跌宕的建筑立面和丰富的视线变化。借助于地形的高差建造跌水、瀑布或溪流等,则具有自然感。

(2) 分隔空间

利用地形可以有效划分空间,使之形成不同功能或景色特点的区域。利用地形不仅能分隔空间,还能获得空间大小对比的艺术效果。

(3) 控制视线

在景观中,利用地形可以起到控制视线的作用。若地形比周围环境的地形高,则视线开阔,具有延伸型,空间呈发散性,可组织成园林观景,高处的景物明显,又可成为造景之地。若地形比周围环境的地形低,则视线较封闭,空间呈积聚性,低凹处能聚集视线,可精心布置景物。

(4) 美学功能

地形的起伏不仅丰富了园林景观,还创造了不同的视线条件、形成了不同风格的空间。地形可以形成具有美感的形状,能在光照和气候的影响下产生不同的视觉效应。

(5) 改善小气候

地形可以影响园林绿地某一区域的光照、温度、湿度、风速等生态因子,在景观中可用于改善小气候。

2）园林地形的主要类型

根据地形的不同功能和竖向变化,园林地形可分为陆地和水体两大类,陆地又可分为平地、坡地和山地。

（1）平地

平地是指坡度比较平缓的地形,在视觉上给人以强烈的连续性和统一性。该地形便于园林绿地设计和施工、园林建筑的建造、草坪的整形修剪、组织集会及文体活动等。园林绿地中的平地大致有草地、广场、建筑用地、体育活动用地等。为便于排水,平地一般也要保持 0.5% ~ 2% 的坡度。

（2）坡地

坡地是倾斜的地面。根据地面的倾斜角度不同坡地可分为缓坡、中坡和陡坡。坡地一般用作种植观赏、围合空间、提供界面、塑造多级平台等。在园林绿地中,坡地常见的表现形式有土丘、丘陵、山峦等。坡地常作为山地与平地间的过渡地形,从缓坡逐渐过渡到陡坡与山体连接;在临水的一面以缓坡逐渐深入水中,在园林中常运用这种变化的地形来形成丰富的景观,是游客游览休息、欣赏风景的好去处。

（3）山地

山地包括自然的山地和人工的堆山叠石。山地可以构成自然山水园的主景,组织空间,丰富园林的观赏内容,提供建筑和种植需要的不同环境,改善小气候,在园林中起主景、背景、障景、隔景等作用。园林中常用挖湖堆山的方法改变地形,人工堆叠的山称为假山,不同于自然景观中的山,但它是自然景观的浓缩、提炼和概括,力求达到"一峰则太华千寻,一勺则江河万里"的效果。

（4）水体

水是园林的灵魂,相当于人体的血液。水是园林中重要的园林要素。水体具有流动性和可塑性。水体是一系列连续的凹面地形,具有方向性,常伴有水池、溪涧、湖泊、瀑布、喷泉以及湿地等地形特征。园林水体充分体现动中有静、静中有动,具有丰富的动态美和声响美,渲染着园林气氛和烘托园林空间。

3）园林地形设计的一般原则

（1）因地制宜,顺其自然

因地制宜就是要"高方欲就高台,低凹可开池沼",以利用为主,结合造景及使用需求进行适当改造,减少土方工程量,降低工程造价。

（2）满足园林的功能要求

地形设计应满足各种使用功能的需求。在园林绿地中,开展的活动丰富多样。不同类型、不同使用功能的园林绿地对地形的要求各异。例如,游客集中的地方和体育活动场所则要求地形平坦;安静休息和游览观赏的场所则要求有山林、溪流等。

（3）满足园林的景观要求

在地形设计时,要考虑利用地形组织空间,创造不同的空间景观效果。地形的变化可将空间划分为大小不等的开敞或封闭的类型,使景观的立面轮廓富于变化。山水之间是相依相抱、水随山转的自然依存关系,要达到"虽由人作,宛自天开"的艺术效果。

（4）满足园林工程技术的要求,土方尽量平衡

地形设计要符合稳定合理的技术要求。土方最好就地平衡,根据需要和可能全面分析,使土方工程量达到最低限度,节约成本。

4）园林地形的处理与设计

（1）地形的利用与改造

在地形设计中,首先必须考虑的是对原有地形的利用。合理安排各种坡度要求的内容,使之与基地地形条件相吻合。例如,利用地形起伏形成隔景;适当加大高差至超过人的视线高度设置障景。地形改造应与园林总体布局同时进行,使改造的基地地形条件满足造景需要,满足各种活动和使用的需要。

（2）排水和坡面稳定

地形起伏应适度,坡长应适中。当地形过陡、空间局促时可设挡土墙;较陡的地形可在坡顶设排水沟,在坡面上种植树木、覆盖地被物,布置一些有一定埋深的石块,若在地形谷线上,石块应交错排列。

（3）坡度

地形坡度不仅关系到地表水的排水、坡面的稳定,还关系到人的活动、行走和车辆的行驶。一般来说,坡度小于 1% 的地形易积水,不太适合安排活动和使用内容,若稍加改造即可利用;坡度为 1%～5% 的地形排水较理想,适合安排绝大多数的内容,特别是需要大面积平坦地的内容,如运动场、停车场等;坡度为 5%～10% 的地形仅适合安排用地范围不大的内容,但这类地形的排水条件较好且具有起伏感;坡度大于 10% 的地形只能小范围地加以利用。

（4）地形造景

将地形改造与造景结合起来,在有景可赏的地方可利用坡面设置坐憩、观望的台阶;将坡面平整后做成主题或图案的模纹花坛或树篱坛;利用挡土墙做成落水或水墙等水景,挡土墙的墙面应充分利用,设计成浮雕或图案。

4.1.2 园林平地设计

园林平地是园林中坡度较缓的用地,坡度范围在 3% 以下,在园林设计中,平地必须占有一定的比例,在园林中根据功能要求必须有足够的平地,以满足群众性的集散活动和风景游览的要求,地形平坦具有景观空间的连续性和方向的扩张感。因此园林设计中平地必不可少。园林中的平地有草坪、铺装广场等。

4.1.3 园林坡地设计

坡地是倾斜的地面,坡地打破了单调感,使地形具有明显的起伏变化,园林空间具有方向

性和倾向性。坡地根据倾向度不同可分为缓坡、中坡和陡坡。

1）缓坡

坡度范围为 3% ~ 10%,道路和建筑的设计不受地形控制。缓坡可设计成集散的活动场地、游憩草坪、疏林草地等。缓坡上可以种植彩叶植物或花灌木,这样能充分体现植物的色彩美和丰富的季相景观。

2）中坡

坡度范围为 10% ~ 25%,在这个范围内一般不适宜开展群众性集散活动,可以设计园路,园路要以台阶或梯道的形式,若要设计建造一般要顺着等高线设置,同时进行一些改造地形的土方工程,才能修建房屋。

3）陡坡

坡度范围为 25% ~ 50%,在这个范围内一般不允许游客入内,一般作为种植用地。坡度范围为 25% ~ 30% 的以草地为主,坡度范围为 25% ~ 50% 的以树木为主。

4.1.4　园林山地设计

园林山地是指坡度较大的地形,包括自然山地和人工堆山。根据材料不同园林山地可分为土山、石山和土石山。

1）土山

坡度较缓,坡度范围为 1% ~ 33%,土壤自然安息角为 30° 以内,可以直接用园内土堆置,工程造价低,占地面积大,不宜设计太高,其造型艺术效果难度大。

2）石山

坡度较陡,坡度范围为 50% 以上,可以构成各种陡峭之势,占地面积小,艺术效果好,但工程造价高。

3）土石山

土石山以土为主,其中土占 70%,石占 30%。石材选择应做到:青(青石为主)、瘦(形体苗条)、挺(挺拔)、秀(秀丽)。土石山可分为土包石和石包土两种。无论采用哪种形式都必须做到“露骨”,也就是要把石头露出来。

(1)土包石

土包石以土为主体,在山脚下、山腰处、山顶上等适当位置点缀山石,以增加山势,但占地面积大,不宜太高。

(2)石包土

石包土是土山的外围包一层山石,坡度较大,占地面积小,高度可适当堆高。

4.1.5　园林假山设计

假山是以自然山体为蓝本,经过人工加工和提炼所形成的山体。人们通常所说的假山包括堆山(掇山)和置石(叠石)。

1)堆山

(1)假山的作用

假山在园林中起到主景、障景或隔景、背景、眺望点等作用。

(2)假山的类型

①根据材料不同,假山可分为土山、石山和土石山。

②根据形状不同,假山可分为长条形、团聚形和其他形状。

③根据数量不同,假山可分为独山、群山和丘陵。

(3)假山的设计与绿化营造

①主景:应突出山体高耸、雄伟、高大之势。山体的走向应为东西走向,即坐南朝北,采用全园构图中心法、主体升高法、缩短视距法、增大观赏仰角法,高度为 10 ~ 30 m,绿化营造时体现山体高大雄伟之势,因此,适宜在山顶种植松柏类植物。

②障景或隔景:屏障视线,引导园林空间、分隔园林空间、增加园林空间的中间层次。采用长条形山体,造型宜蜿蜒、自由、灵活,体量不宜过高,绿化营造时应体现山体的层次感,因此,在山腰和山脚处种植植物应注意色彩层次变化,即采用常绿植物和采用植物的配置。

③背景:采用群山,绿化营造时应体现山体的深层感,应做到"露脚不露顶,露顶不露脚","露顶不露头,露头不露脚",即要露出山脚,则应在山顶种植物;反之,若要露出山顶,则应在山脚处种植物。

2)置石

置石是在园林面积受到限制时直接用山石造景的手法。置石包括点石成景和整体构景两种。

(1)点石成景

点石成景是把山石零星地放置在园林中,体现山石的个体美或局部组合美。

①特置(单点):在园林中单独放置一块山石的手法,主要体现山石的个体美,选择山石要做到:瘦、漏、皱、透、奇。在园林中可做主景、障景、点景等,可以布置在路边、草坪上、院落中央、水边、大树下、建筑物旁,可直接放在地上,或一部分埋于土中,或放置在基座上。

②对置:将两个山石布置在相对的位置上,呈相互呼应、相互对称的形式。对置可以是对称的也可以是不对称的,一般可布置在庭院门前两侧、路口两侧、园路转弯两侧、河口两岸等。

③群置:把几块山石按照一定的构图关系放置的形式,主要体现山石的组合美。在放置时要做到:相邻的 3 块山石不能在一条直线上,大小不等、距离不等,不能对称放置。群置石布置位置很广,如建筑物旁、园林角隅处、道路转弯处等。

④散置:把许多山石零星散漫地布置在园林中的形式,主要体现山石的群体美。在放置

时要做到:大大小小、高高低低、有疏有密、断断续续、左顾右盼、前后呼应,散置布置位置很广,可以放置在山脚、山坡、山顶、湖边、溪涧河流处,在林地、花境及园路旁。

（2）整体构景

整体构景是把许多山石堆叠在一起,作为一个整体表现出来,主要体现山石的整体美,在园林中可作主景和背景。在设计时,必须做到"二宜、四不、六忌"原则。

①二宜:造型宜朴素不故意做作,手法宜简洁不过于烦琐。

②四不:石不能杂,块不宜匀,纹不可乱,缝不可多。

③六忌:忌似香炉蜡烛,忌似笔架花瓶,忌似刀山剑术,忌似铜墙铁壁,忌似城廓堡垒,忌似鼠穴蚁蛭。

4.1.6　园林水体设计

1）园林水体的作用

水是园林中最活跃的要素,极富有变化和表现力。因此,在设计地形时应同时考虑山水,山水相依,山得水活,水依山转,相得益彰。

①静态水体效应。静态水体是指水不流动、相对平静状态的水体,通常表现为湖泊、池塘或流动缓慢的河流。这种状态的水开阔、坦荡、宁静、平和,同时还能反映出周围景物的倒影,丰富景观层次,扩大景观视觉空间(图4.1)。

②动态水体效应。动态水体常见于天然河流、瀑布、溪水和喷泉中。水的动势和声响能引起人们注意,吸引人们的视线。通常将水景安排在向心空间的交点上、轴线的交点上、空间的醒目处,使其突出并成为焦点。可作为焦点布置的水景设计形式有喷泉、瀑布、水墙、壁泉等。动态水体的声响,如瀑布和喷泉的跌落声、湖水的拍岸声、雨打芭蕉等,既能完善水体景观,又能影响人们的情感,可以引起人们兴奋、激动、沉思等思绪(图4.2)。

图4.1　静水

图4.2　动水

③纽带效应。纽带效应包括线形纽带作用(即水景具有将不同的园林空间、景点连接起来产生整体感的作用)和面形纽带作用(即水景具有将散落的景点统一起来的作用)。

④小气候效应。由于水体的热容量、导热率等不同于陆地,使水域附近的气温变化和缓、湿度增加,小气候更加宜人,尤其在夏季,故有"夏地树常荫,水边风最凉"之说。

2）园林水体的类型

（1）自然式水体

自然式水体是指边缘不规则、变化自然的水体。如保持天然的或模拟天然形状人工再造的河、湖、溪、涧、泉、瀑布等，水体在园林中随地形变化，有聚有散，有直有曲，有动有静。

（2）规则式水体

规则式水体是指外形轮廓为有规律的直线或曲线闭合而成几何形的水体。如规则式水池、运河、水渠，以及几何体的喷泉、叠水、壁泉、瀑布等，常与山石、雕塑、花坛、花架等园林小品组合成景。

（3）混合式水体

混合式水体是规则式水体与自然式水体有机结合的一种水体类型，吸收了前两种水体的特点，富于变化，既比规则式水体更灵活自由，又比自然式水体易于与建筑空间环境相协调。

3）水景设计要点

（1）水池

水池属于静水，有人工、天然两种，多按自然式布置，外形轮廓可以是规则的几何形状和不规则形状。在园林中布置水池有两个目的：其一，利用水中倒影，扩大视觉空间，增加空间韵味，造成"虚幻之境"。在种植上，注意不能让水生植物占据整个水面，以免妨碍倒影的产生，选用水生植物，种类宜简不宜杂。其二，用水池、喷泉、雕塑假山石等配合，水位深度为20~80 cm。在设计时，进水口和出水口都应设计得相当隐蔽，尽量不被游客发现。

（2）湖泊

湖泊属于静态水体，是自然式水体，常作为园林构图中心。湖泊的水面宜有聚有分，聚分得体，湖面有收有放，小水面应以聚为主；水岸线曲折多变，水位深度为80~150 cm，较大的湖泊中可设堤、岛、桥，或种植水生植物分隔，增加水面的层次与景深，扩大空间感。堤、岛、桥不宜设在水面正中，应设于偏侧使水面有大小对比变化。岛的数量不宜过多且忌成排设置，形体宁小勿大，轮廓形状应自然而有变化，数量最多2~3个。

（3）溪涧

在自然界中，溪涧是泉瀑之水从山间流出的一种动态水景（图4.3）。水流平缓者为溪，湍急者为涧。园林中溪涧的布置讲究师法自然，平面上要求蜿蜒曲折，有分有合，有收有放，构成大小不同的水面或宽窄各异的水流。竖向上应有缓有陡，陡处形成跌水或瀑布，落水处可构成深潭。溪涧多变的水形和各种悦耳的水声，给人以视听上的双重感受。在设计上，还要注意对溪涧的源头隐蔽处理，使游者不知源在何处，流向何方。凡急水奔流的水体都为岩岸，以免水土流失。静水或缓流的岸可以是草岸或卵石浅滩。

（4）瀑布

把水聚集到高处，让水从高处横断面突然向下倾泻的水景称为瀑布。瀑布景观主要欣赏的是水从上往下落下的动态美和声响美。自然界的瀑布一般由5个部分构成：上游水流、落水口、瀑身、承水池、下游泄水。其中，落水口的形态特征决定瀑布景观，当然也受水量大小的影响。因此,在瀑布的设计上,通过水泵来设计水量,设定落水口的大小,决定预期的瀑布景观。

瀑布按其形象和态势分为直落式、叠落式、散落式、水帘式、喷射式;按其大小分为宽瀑、细瀑、高瀑、短瀑、涧瀑。

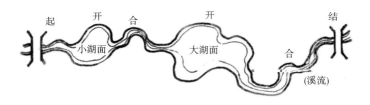

图 4.3　溪涧

（5）喷泉

喷泉是由压力水喷出后形成的各种喷水姿态,用于观赏的动态水景。城市园林绿地中的喷泉以人工喷泉为主,一般布置在城市广场、交通绿岛中心和公共建筑前庭中心等。喷泉是以喷射优美的水形取胜的,整体景观效果取决于喷头嘴形及喷头的平面组合形式。现代喷泉的水姿多种多样,有水幕形、半球形、圆弧形、斜坡形、牵牛花形、蒲公英形等。随着现代技术的发展,出现了光、电、声控以及计算机自动控制的喷泉,如音乐喷泉、间歇喷泉、激光喷泉等形式。喷泉的设计包括水池的设计、喷头的设计、管线布置、供水设备。

（6）河流

在园林中的河流应有宽有窄、有收有敛、有开阔和郁蔽之分。两岸的风景应有意识地安排一些对景、夹景等,并留出一定的透视线,使沿岸景致丰富。河流可多用土岸,配置适当的植物,形成丰富的植物群落;局部可用整形的条石驳岸和台阶。窄处可架桥,从纵向看,能增加风景的幽深和层次感。

（7）驳岸

驳岸是一面临水的挡土墙,维持地面和水面的固定关系,防止地面被冲刷。不同形式的驳岸可丰富水景的立面层次,增加景观的艺术效果。一般驳岸有自然山石驳岸、土石基草坪驳岸、钢筋混凝土驳岸、木桩驳岸等。

4.2　园路与广场设计

4.2.1　园路设计

1）园路的作用

（1）组织交通

园路承担着游客的集散、疏导、组织交通的作用,此外还满足园林绿化建设、养护、管理等工作的运输任务。

（2）划分空间

园林中常常利用道路把全园划分成各种不同功能的景区,同时又通过道路把各景区、景点联系成一个整体。

（3）引导游览

园路中的主路和一部分次级路被赋予明显的导游性,能引导游客按照预定路线进行游赏,使景观像一幅连续的画呈现在游客面前。

（4）构成景观

利用园路的铺装形式进行某种园林意境的创造。例如,在一些古典园林中,通过中国化的吉祥图案铺地,带给人美好的祝愿。

2）园路的类型

（1）主路

主路是联系园内各景区、主要风景点和活动设施的路。主路宽约 6 m,转弯半径较大,路线相对较直,中小型绿地一般路宽 3~5 m,大型绿地一般路宽 6~8 m。

（2）支路

支路是设在各个景区内的路,它联系着各个景点,对主路起辅助作用。考虑游客的不同需要,在园路布局中,还应为游客由一个景区到另一个景区开辟捷径。支路宽 2~3 m,自然曲度稍大,有优美舒展曲线线条。

（3）小路

小路又称为游步道,是深入山间、水际、林中、花丛供人们漫步游赏的路。小路宽 0.8~2 m,健康步道。

（4）园务路

为便于园务运输、养护管理等的需要而建造的路。这种路往往有专门的入口,直通公园的仓库、餐馆、管理处、杂物院等处,并与主环路相通,以便把物资直接运往各景点。在有古建筑、风景名胜处,园路的设置应考虑消防要求。

3）园路设计要点

（1）回环性

园林中的路多为四通八达的环形路,游客从任何一点出发都能遍游全园,不走回头路。

（2）疏密适度

园路的疏密度与园林的规模、性质有关,在公园内道路大体占总面积 10%~12%,在动物园、植物园或小游园内,道路网的密度可以稍大,但不宜超过 25%。

（3）因景筑路

园路与景相通,因此在园林中是因景得路。

（4）曲折性

园路随地形和景物而曲折起伏,若隐若现,"路因景曲,境因曲深",造成"山重水复疑无路,柳暗花明又一村"的情趣,以丰富景观,延长游览路线,增加层次景深,活跃空间气氛。

（5）多样性

园林中，路的形式多种多样。在人流集聚的地方或在庭院内，路可以转化为场地；在林间或草坪中，路可以转化为步石或休息岛；遇建筑，路可以转化为"廊"；遇山地，路可以转化为盘山道、磴道、石级、岩洞；遇水，路可以转化为桥、堤、汀步等。路以它丰富的体态和情趣来装点园林，使园林因路而引人入胜。

（6）园路的铺装设计

园路进行铺装艺术设计时，内容包括铺地的艺术形式、图案设计、材料设计、结构设计等。常见的园路铺装材料有石路材、砖块、瓦、水泥预制块等。常见的园路铺地形式分为花街铺地、卵石路面、雕砖卵石路面、嵌草面、块料路面、整体路面等。

4）台阶、磴道

台阶、磴道是游客在变化的地形中游览时重要的游览路线，可增加游客视线的竖向变化。在构图上可分隔空间，打破水平构图的单调感，使游客产生美好的韵律感。

（1）类型

①开敞式：一般设置在景观效果良好的位置、游客在行走的过程中，随着视点的升高，周围的景物不断发生变化，有一种步移景异之感。

②半开敞式：一般设置在地势较险要的位置，其一面为其他物体所遮挡，而另一侧则设有围栏，游客可通过此面观赏景色。

③全封闭式：主要设置在山体的中部，两面均为山石，视线封闭，常常会创造出"山重水复疑无路，柳暗花明又一村"的景观效果。

（2）设计要点

当路面坡度超过12°时就应设台阶，超过20°时就必须设台阶，而且应有所提示，超过35°时在其一侧应设扶手栏杆，超过60°时应做磴道。一般踏面宽为28～38 cm，步高15 cm左右，但不得低于10 cm或高于16 cm。若坡面较长、坡度较小而又必须做台阶时，可加大踏面宽度。考虑排水、防滑等问题，踏面应稍有坡度，其适宜的坡度在1%左右。磴道上升15～20级，应留出1～3 m作为平台供游客小憩。

5）园桥、汀步

园桥是跨越水面及山涧的园路。汀步是园桥的特殊形式，也可看成点（墩）式园桥。

（1）园桥的类型

园桥按建筑材料可分为木桥、竹桥、石桥、铁桥、钢筋混凝土桥，按建筑形式可分为平桥、拱桥、曲桥、亭桥、廊桥、吊桥、铁索桥、浮桥等。

（2）园桥的设计要点

在园林中，园桥的位置、材料和体型要与周围环境相协调。园桥在设计时最好选在水面最窄处，桥身与岸线应垂直。一般大水面下方要过船或欲让桥成为园中一景时多选拱桥，宜宏伟壮观，重视桥的体型和细部的表现；小水面多选平桥，宜轻盈质朴，简化其体型和细部；引导游览或丰富水中观赏内容时多选曲桥。水面宽广或水流湍急者，桥宜较高并加栏杆；水面狭窄、水深较浅或水流平缓者,桥宜低并可不设栏杆。水陆高差相近处,平桥贴水,过桥有凌波信步之感;水位不稳定的可设浮桥。

（3）汀步

汀步又称步石。浅水中以游客步伐为尺度,按一定的间距布设块石,微露水面,供游客信步而过。汀步有时用钢筋混凝土做成荷叶形、树桩或仿石板形,质朴自然,别有情趣。

4.2.2　园林广场设计

园林广场是为了满足人们在园林中的多种活动需求,以建筑、道路、山水、地形等围合或限定的,由多种景观构成的户外公共活动空间。

1）园林广场的作用

园林广场有交通集散、组织集会,为游客提供游览休息、锻炼等活动场所的作用。

2）园林广场的类型

（1）根据功能和性质分类

①交通集散性广场:公园出入口处人流量较大,为了组织交通,保证广场上的游客互不干扰、畅通无阻所设置的场地。

②休闲娱乐性广场:园林中供人们休憩、游玩和进行各种娱乐活动的场所。广场上可布置台阶、座椅等供人休息,可以设置花坛、雕塑、喷泉、水池和小品供人观赏。

③生产管理性广场:专门用于园林管理和园林生产的一些场地,一般布置在便于与园务管理专用出入口、花圃、苗圃等取得联系的地方。

（2）根据平面布局形式分类

①规则式园林广场:一般位于园林出入口处或规则式建筑空间中及建筑前。

②自然式园林广场:一般位于自然式园林中的林荫下、水池旁或花架前。

③混合式园林广场:一般位于混合式园林中的大型综合性广场。

（3）根据标高不同分类

①平面型园林广场:广场的地面与周围道路地表标高相同,如一般出入口的集散型广场、普通的休闲娱乐广场等。

②立体型园林广场:广场的地面与周围道路地表标高不相同,有上升式园林广场和下沉式园林广场两种形式。上升式园林广场也称高台广场,即在升高的地形上建平台,在平台举行仪式、活动和表演的平台。下沉式园林广场是为了开展群众性集会和娱乐活动,将广场地面远远低于道路地面高度,中心处也可设喷泉、雕塑等,周围多设台阶看台,供游客观赏、休息。

3）园林广场的设计方法

（1）园林广场的布局设计

①与环境协调,布局新颖。园林广场的总体布局要在形式、艺术构图、各要素色彩选择及交通性等方面与周围环境取得协调,体现特色。

②比例合适，满足功能。广场的规模与尺度要结合周围园林景观和建筑的尺度、造型和功能综合考虑，要与周围景观取得协调。

③合理布局，小品独特。园林广场的小品既要有艺术趣味性，又要满足功能性，还要在技术上充分考虑安全、照明、排水等要求。

（2）园林广场的设计原则

园林广场作为游客活动的重要场地，既是园林中多功能性的公共活动空间，也是园林中最能体现园林文化和艺术的景观空间，设计时应遵循四大原则。

①以人为本原则。园林广场是为游客服务的，必须做到让人可达、可游、可留，体现以人为本的原则。首先，要有足够的活动空间和硬质铺装，以供游客活动。其次，要有丰富的生态景观并为植物提供的遮阴空间。最后，要有必要的园林小品和服务设施。园林广场布局合理、环境优美、功能齐全，能够满足游客休闲娱乐的需要。

②园林特色原则。园林广场以其个性化的特征来体现其生命力。首先，每个广场要体现人文精神、历史文化、地域风格等特色来区别于其他园林广场，避免千园一面。其次，在同一个园林中的每个广场应有其自身的特点，应避免雷同。

③突出主题原则。园林广场蕴含文化、最能反映园林主题的空间，园林中不同的广场空间要与各区域的园林景观和文化相结合，并围绕主题思想进行布局和设计。

④考虑效益原则。园林广场的布局要考虑园林的生态效益、社会效益和经济效益，在进行广场布局设计时，植物的布置应注意生态环境效益，在广场植物造景时，应考虑突出园林的意境创造，展示园林的知识性和对游客的文化熏陶，注意社会效益，在园林广场的建设中要充分考虑建造的成本，考虑节约的前提下构建节约型园林和园林广场，注意经济效益。

（3）园林广场的铺装设计

园林广场的铺装是最能体现园林文化内涵和艺术风格的元素，在园林广场设计时要重视其平面构图和色彩艺术。如园林入口处广场与道路相接的一般为规则式铺装，这样显得大气、规整，同时容易与周围环境相一致。

4.3　园林建筑与小品设计

4.3.1　园林建筑与小品的作用及类型

1）作用

（1）构景

园林建筑常常作为园林中的构景中心，控制全园，在园林景观构图中常起到画龙点睛的作用。

（2）观景

园林建筑常常也作为观赏景物的场所，因此园林建筑的位置、建筑朝向、门窗位置和大小等要考虑观景的要求。

（3）组织游览

用建筑围合空间,以道路结合建筑的穿插,营造具有导向性的游动观赏效果。园林建筑常常具有组织游览的作用,建筑常成为视线引导的主要目标。

（4）围合园林空间

利用建筑围合一定的空间,将园林划分为若干空间层次。园林空间组合与布局是园林设计的重要组成部分,以空间的变化给人以不同的感觉。

2）类型

（1）服务建筑

服务建筑主要为游客提供一定的服务,同时具有一定的观赏作用,如摄影服务部、小卖部、茶馆、餐厅、厕所等。

（2）游憩性建筑

游憩性建筑主要是指具有较强的公共游憩、休息的功能和观赏作用的建筑,如亭、台、楼、阁、轩、榭、舫、廊、塔等。

（3）专用建筑

专用建筑主要是指使用功能较为单一,为满足某些功能而专门设计的建筑,如办公室、展览馆、博物馆、仓库等。

4.3.2 园林建筑与小品设计的一般原则

1）确定主题

主题就是设计者根据功能要求、艺术布局要求和环境条件等因素,综合考虑其设计的意图,并在设计过程中采用各种构图手法的根据。我国传统造园的特色中立意重点考虑园林意境的创造,寓情于景,使人触景生情,达到情景交融的效果。

2）园林布局

园林建筑在布局上要因地制宜,善于利用地形,结合自然环境,与山石、水体、植物之间的配合,达到与自然融为一体的效果。同时,园林建筑的位置和朝向要与周围景物构成巧于因借,形成相互对比的关系。

3）空间处理

空间布局要求灵活多变,追求空间变换,虚实穿插,相互渗透,力求曲折变化,层次错落,形成不同空间的对比,增加空间层次,具有扩大空间的效果。

4）造型轮廓

园林建筑注重造型的美观要求,建筑轮廓、体形要有表现力,能增加园林画面的美感,建筑体量的大小和体态都要与园林景观协调统一。在造型上要力求表现园林特色、环境特色和地方特色。体量宜轻巧,形式宜活泼,力求简洁、明快,通透有度,取得功能与景观的有机统一。

5)比例尺度

园林建筑的尺度不仅要符合建筑本身的功能要求,还要考虑与空间环境之间的尺度关系。

6)色彩质感

利用色彩和质感组成各种构图的变化,可以增加园林空间的艺术感染力,同时获得好的艺术效果。

4.3.3 常见园林建筑与小品设计

1)亭

亭特指一种有顶无墙的小型建筑物,是供人停留休息之所。亭的空间构成的最大特点就在于它的"空",即"虚",是一种内心境界。亭作为人与自然空间的媒体,使人充分融入大自然,是一种沟通自然景物和人的内心感受的中介空间。

(1)亭的功能

亭是供游客休憩和观景的园林建筑,主要满足人们在游赏活动中驻足休息、纳凉避雨、眺望景色的需要,同时又是园林中的一景。

(2)亭的类型

亭从平面形状分为正多边形、不等边形、曲边形、半亭、双亭、组合亭、不规则形平面等(图4.12)。

(3)亭的位置

①山上建亭:视野开阔,适于登高远眺。在小山建亭,亭宜设在山顶,以丰富山形轮廓,但不宜设在山形几何中心之顶;在中等高度的山建亭,宜设在山脊、山顶和山腰等地;在大山建亭,宜设在山腰台地、次要山脊、崖旁峭壁之顶、蹬道旁等地。

②临水建亭:小水面建亭宜低临水面;大水面建亭,宜设置临水高台,在台上建亭或设在较高的石矶上建亭。

③平地建亭:一般建于道路的交叉口、路侧的林荫之间。有的为一片花木山石所环绕,形成一个小的私密性空间环境;有的在自然风景区的路旁或路中筑亭作为进入主要景区的标志。

2)廊

廊是亭的延伸,是上有屋顶,周无围蔽,下无居处,供人行走的、立体的路。

(1)廊的功能

在园林中,廊作为各个建筑之间联系的通道,能引导视角多变的导游交通路线,成为园林内游览路线的组成部分。它既有遮阳避雨、休憩、交通联系的功能,又能划分景区空间,丰富空间层次,增加景深,本身也可成为园中之景。

（2）类型

①按位置分:平地廊、爬山廊、水走廊、桥廊等。

②按平面分:直廊、曲廊、回廊等。

③按剖面分:双面空廊、单面空廊、双层廊、暖廊、复廊、单支柱廊等。

（3）体量尺度

廊开间不宜过大,宜为 3 m 左右,而一般廊净宽为 1.2 ~ 1.5 m,现为 2.5 ~ 3.0 m,适应客流量增长后的需要。廊顶为平顶、坡顶、卷棚均可。廊柱设计一般柱径 150 mm,柱高 2.5 ~ 2.8 m,柱距 3 m,方柱截面控制在 150 mm×150 mm ~ 250 mm×250 mm,长方形截面柱长边不大于 300 mm。

3）榭

榭是建在水面岸边紧贴水面的小型园林建筑。榭是在水边架起平台,平台一部分架在岸上,一部分深入水中。平台跨水部分以梁、柱凌空架设于水面上,临水围绕低平的栏杆或设靠椅供休息依凭。平台靠岸部分建有长方形的单体建筑,建筑四周开敞通透,或四面作落地长窗。

（1）榭的功能

供人休息、观赏风景,用平台深入水面,以提供身临水面的开阔视野。

（2）榭的设计要点

水榭应尽可能地凸出于池岸,水榭造型及与水面、池岸的结合,以强调水平线条为宜,水榭宜尽可能地贴近水面。位置宜选在水面有景可借之处,并以在湖岸线突出的位置为佳,要考虑好确切的对景、借景视线;建筑朝向切忌朝西,因建筑物伸向水面且又四面开敞,难以得到绿树遮阳,尤其是当夏季为游览旺季时忌西晒;建筑地坪以低临水面为佳,当建筑地面离水面较高时,可将平台作上下层处理,以取得低临水面的效果。榭的建筑风格应以开朗、明快为宜。要求视线开阔,立面设计应充分体现这一特点。

4）花架

花架是园林中以绿化材料作顶的廊,是攀缘植物的棚架,是建筑与植物结合的构筑物。

（1）位置

①在地形起伏处布置花架,随地形变化,形成一种类似山廊的效果。

②环绕花坛、水池、山石布置圆形的单挑花架,可为中心的景观提供良好的观赏点。

③在园林或庭院中的角隅布置花架。

④与亭廊、大门结合,形成一组内容丰富的小品建筑,使之更加活泼。

（2）设计要点

①花架与植物的搭配:在设计花架时,应注意环境与土壤条件,使其适应植物生长的要求;要考虑植物与花架的适应性,合理设置花架的高度、格栅的粗细、间距以及种植池的位置

和大小,以利植物的生长和攀缘。

②花架的材料:常用的建筑材料有竹、木、石、钢筋混凝土、金属材料等。植物材料选择多为蔓性且有观赏价值的植物,如紫藤、凌霄、葡萄、金银花等。

③花架尺度与空间:花架尺度要与所在空间和观赏距离相适应,每个单元的大小要与总的体量相配合。

④花架造型:花架式样要与环境建筑相协调,如西方建筑,花架可用柱式造型。为了结构稳定及形式美观,柱间要考虑设花格与挂落等装饰,同时也有助于植物的攀缘。

5)景门、景窗

(1)景门的形式

①仿生形:月洞门、葫芦门、梅花门、汉瓶门、如意门等。

②几何形:圆门、方门、多角形门等(图4.4)。

图4.4 景门

(2)景窗的类型

①空窗:指不装漏花的空洞,常作为景框,与其后的竹丛、花木、山石等形成框景,起扩大空间、增加景深的作用(图4.5)。

图4.5 空窗

②漏窗:指在窗洞中设分格,透过漏窗看景物给人一种空间似隔非隔、景物似隐非隐的效果,增添园林的意境。漏窗分为花纹式和主题式两种(图4.6)。

图 4.6　漏窗

（3）设计要点

形式的选择应从寓意出发，兼顾人流量的多少。尺度上要同所在的建筑物相关部分的尺度相协调，与周围环境相统一，丰富景观效果。

6）园凳、园桌

（1）功能

园凳、园桌不仅是提供休息、赏景的设施，还可点缀园林环境，成为园林装饰性小品。

（2）位置

①在路的两侧设置时，宜交错布置，切忌正面相对，以免影响游客交谈。

②在园路的拐弯处设置座凳时应开辟出一小空间，以免影响游客通行。

③在规则式广场设置座凳时，宜布置在周边，以免影响他人活动。

④在路的尽头设置座凳时应在尽头开辟一小块场地，将园凳布置在场地周边。

⑤在选择园凳位置时，必须考虑游客的使用要求，特别是在夏季，园凳应安排在落叶、阔叶树下，夏季乘凉，冬季晒太阳，在北方尤为重要。

（3）设计要点

常见的园凳形式有长条直凳、圆凳、仿动植物造型凳、自然山石桌凳等（图 4.7）。为了互不干扰，座凳间一般要保持 10 cm 以上的距离。如能利用地形、植物山石等适当分隔空间，创造一些相对独立的小环境，以适应各类游客的需要。座凳的尺度要适当，符合人体的尺度，高度宜为 30 cm 左右，使人感到舒适。

图 4.7　园凳实例

7）园林围栏

（1）功能

园林围栏不仅具有防护功能，还能点缀园林环境，用于园林景观的需要；分隔园林空间，组织疏导人流及划分活动范围；改善城市园林绿地景观效果，能从视觉上扩大绿地空间，美化市容。

（2）设计要点

园林围栏的材料常见的有竹材、钢筋混凝土、木材、金属材料等。围栏的尺寸包括围栏的高度和每组围栏的长度。以防范作用为主的围栏应高一些，一般为 1.5～2.0 m；用于分区边界及危险处、水边、山崖边，高 0.8～1.2 m；而以观赏或陪衬作用为主的围栏可低一些，一般为 0.3～0.5 m。围栏的长度分为单组长度和总长度两种。总体长度和高度要求保持一定的比例关系。一般来讲，如果总体长度较长且高度在 1 m 以上时，要求每组围栏的长度为 2.5～3 m；而高度较低的每组长度要短些，可以在 1.5～2 m。

8）雕塑小品

园林雕塑以观赏、装饰性为主，是一种具有三维空间，有强烈感染力的造型艺术。现代园林中，利用雕塑艺术充实造园意境。雕塑小品的题材不拘一格，形体可大可小，刻画的形象可具体、可抽象，表达的主题可严肃、可轻松，也可根据园林造景的性质、环境条件而定。

（1）类型

①具象雕塑：是一种较易被接受和理解的艺术形式，基本上以写实和再现客观对象为主，也有在保证真实形象的基础上，适当夸张变形。具象雕塑具有形象语言明晰，指导意义确切，容易与观赏者沟通的特点。

②抽象雕塑：指打破自然中的真实形象，多运用点、线、面、体块等抽象符号加以组合，具有强烈的感情色彩和视觉震撼力的一种艺术形式。

（2）设计要点

①应考虑与周围环境的关系，既要保持协调，又要有良好的观赏距离和角度。园林小品雕塑可配置在规则式园林广场、花坛、林荫道上，也可点缀在自然式园林的山坡、草地、池畔或水中。

②尺度要有合适的比例,并考虑雕塑本身的朝向、色彩及背景关系,使雕塑与园林环境相得益彰。

4.4　园林植物种植设计

园林设计是以植物造景为主体的环境景观设计,植物造景是园林工程的主要手段。植物种植设计是植物造园的基本手法,园林植物种植设计包括两个方面:一方面是各种植物之间的艺术配置;另一方面是园林植物与其他园林各要素(如山石、水体、园林建筑和小品、园路等)之间的巧妙配合。

4.4.1　园林植物的作用

1)生态作用

植物能在园林绿地中创造舒适的小气候,形成良好的小气候环境;能够对城市环境起保护和改善作用:吸收有害气体,吸滞尘埃,净化空气,减少噪声,净化水体,防止水土流失。

2)观赏作用

园林植物的树形、叶、花、果、树皮等都具有重要的观赏作用,园林植物的形态、色彩、香味等都具有独特和丰富的景观作用。

3)造景作用

①造景在园林中可以作为主景,能够充分表现园林植物的观赏作用。
②造景还可以作背景,与其他园林要素形成鲜明的对比,从而突出园林植物的群体效果和整体感。
③园林植物能够组织和分隔空间,利用园林植物分隔和引导视线。
④园林植物能够对园林建筑物和构筑物起立体的装饰作用,达到软化线条的效果。

4.4.2　园林植物种植设计的一般原则

①满足园林绿化的性质和功能要求。
②满足园林艺术的构图需要。
a.要符合园林的总体布局要求;
b.要考虑园林季相景观效果;
c.要充分发挥园林植物的观赏特征,追求园林的意境;
d.要着重考虑园林的景观层次设计。
③满足园林植物生长的生物学特性和生态要求。
④满足合理的种植密度。
⑤满足植物造景的经济条件。

4.4.3　乔、灌木的配置与应用

在整个园林植物中,乔、灌木是骨干材料,在园林绿化工程中起骨架支柱作用。乔、灌木具有较长的寿命、独特的观赏价值、经济生产作用和卫生防护功能,并且乔、灌木的种类多样,既可单独栽种,也可与其他材料组成丰富多变的园林景观,在园林绿地中所占比重较大。

1)孤植

孤植树又称为独赏树、标本树或园景树,是指乔木或灌木的孤立种植类型,但并非只能栽种一棵树,也可将2~3株同一树木紧密地种在一起,形成一个单元。孤植在园林中是为了体现个体美,做主景或为构图需要而种植;常布置在空旷地或局部空间的观赏主景,或以蔽荫为主做侧选择树冠荫浓、体态潇洒、秀丽多姿、花繁色艳,观叶观果类树种,反映树木的个体美。

(1)孤植树种选择

孤植树作为景观主体和视觉焦点,一定要具有与众不同的观赏效果。适宜作孤植树的树种,一般需树木高大雄伟,树形优美,具有特色且寿命较长,通常具有美丽的花、果、树皮或叶色的种类。因此,在树种选择时,可从以下几个方面进行考虑。

①树形高大,树冠开展,如国槐、悬铃木、银杏、油松、合欢、香樟、榕树、无患子、七叶树等。

②姿态优美,寿命长,如雪松、白皮松、金钱松、垂柳、龙爪槐、蒲葵、椰子、海枣等。

③开花繁茂,芳香馥郁,如白玉兰、樱花、广玉兰、栾树、桂花、梅花、海棠、紫薇等。

④硕果累累,如木瓜、柿、柑橘、柚子、构骨等。

⑤彩叶树木,如枫香、黄栌、银杏、白蜡、五角枫、三角枫、鸡爪槭、白桦、紫叶李等。

(2)孤植树种布置场所

①开朗的大草坪或林中空地构图的重心上。

②开阔的水边或可眺望远景的山顶、山坡。

③自然园路转弯处和花坛中心。

2)对植

对植是指两株或两树丛相同或相似的树,按照一定的轴线关系,做相互对称或均衡的种植方式。

(1)对植的功能

对植常用于建筑物前、广场入口、大门两侧、桥头两旁、石阶两侧等,起烘托主景的作用,给人一种庄严、整齐、对称和平衡的感觉,或形成配景、夹景,以增强透视纵深感,对植的动势向轴线集中。

(2)对植树种选择

对植多选用树形整齐优美、生长缓慢的树种,以常绿树为主,但很多花色、叶色或姿态优美的树种也适于对植。常用的有松柏类、南洋杉、云杉、大王椰子、假槟榔、苏铁、桂花、白玉兰、广玉兰、香樟、国槐、银杏、蜡梅、碧桃、西府海棠、垂丝海棠、龙爪槐等,或者选用可进行整

形修剪的树种进行人工造型,以便从形体上取得规整对称的效果,如整形的黄杨、大叶黄杨、石楠等也常用作对植。

（3）对植的设计形式

对植的设计形式有对称式栽植和非对称式栽植两种。

3）列植

列植是乔木或灌木按照一定的株距成行栽植的种植形式,有单行、环状、顺行、错行等类型。列植形成的景观比较整齐、单纯、气势庞大,韵律感强。如行道树栽植、基础栽植、"树阵"布置等,就是其应用形式。

（1）列植的功能

列植在园林中发挥着联系、隔离、屏障等作用,可形成夹景或障景,多用于公路、铁路、城市道路、广场、大型建筑周围、防护林带、水边,是规则式园林绿地中应用最多的基本栽植形式。

（2）列植的树种选择

列植宜选用树冠、体形比较整齐、枝叶繁茂的树种,如圆形、卵圆形、椭圆形等的树冠。道路边的树种在选择上要求有较强的抗污染能力,在种植上要保证行车、行人的安全,还要考虑树种生态习性、遮阴功能和景观功能。常用树种中,大乔木有油松、圆柏、银杏、国槐、白蜡、元宝枫、毛白杨、悬铃木、香樟、臭椿、合欢、榕树等;小乔木和灌木有丁香、红瑞木、黄杨、月季、木槿、石楠等;绿篱多选用圆柏、侧柏、大叶黄杨、雀舌黄杨、金边大叶黄杨、红叶石楠、水蜡、小檗、蔷薇、小蜡、金叶女贞、黄刺玫、小叶女贞、石楠等。

（3）列植的构图要求

列植分为等行等距和等行不等距两种形式。等行等距的种植从平面上看是正方形或正三角形,多用于规则式园林绿地或混合式园林绿地中的规则部分。等行不等距的种植,从平面上看,种植呈不等边三角形或四边形,多用于园林绿地中规则式向自然式的过渡地带,如水边、路边、建筑旁等,或用于规则式的栽植到自然式的栽植过渡。

（4）列植的栽植要求

株行距大小取决于树种的种类、用途和苗木的规格以及所需的郁闭度而定。一般情况,大乔木的株行距为 5～8 m,中、小乔木为 3～5 m;大灌木为 2～3 m,小灌木为 1～2 m;绿篱的种植一般株距为 30～50 cm,行距为 30～50 cm。

4）丛植

丛植是由两株到十几株同种或异种、乔木或灌木组合种植而成的种植类型。在园林绿地中运用广泛,是园林绿地中重点布置的种植类型,是组成园林空间构图的骨架。丛植是具有整体效果的植物群体景观,主要反映自然界植物小规模群体植物的形象美（群体美）,这种群体美又是通过植物个体之间的有机组合与搭配来体现的。

（1）丛植的功能

丛植是自然式园林中最常用的方法之一,它以反映树木的群体美为主,这种群体美又要通过个体之间的有机组合与搭配来体现,彼此之间既有统一的联系,又有各自的形态变化。在空间景观构图上,树丛常作局部空间的主景,或配景、障景、隔景等,还兼有分隔空间和遮阴的作用。

（2）丛植树种的选择

以遮阴为主要目的,树丛常选用乔木,并多用单一树种,树丛下也可适当配置耐阴花灌木。以观赏为目的的树丛,为了延长观赏期,可选用几种树种,并注意树丛的季相变化,最好将春季观花、秋季观果的花灌木以及常绿树配合使用,同时可在树丛下配置耐阴地被。

（3）树丛造景形式设计

①两株配合。

两株树必须既有调和又有对比,使两者成为对立的统一体。因此,两株配合首先必须有通相,即采用同一种树或外形相似的树种;同时,两株树必须有殊相,即在姿态、大小动势上有差异,使两者构成的整体活泼起来。

②三株配合。

a.相同树种:将三株树木的配置分成两组,数量比为2∶1。体量上有大有小。单株成组的树木在体量上不能为最大,以免造成机械均衡而没有主次之分（图4.8）。

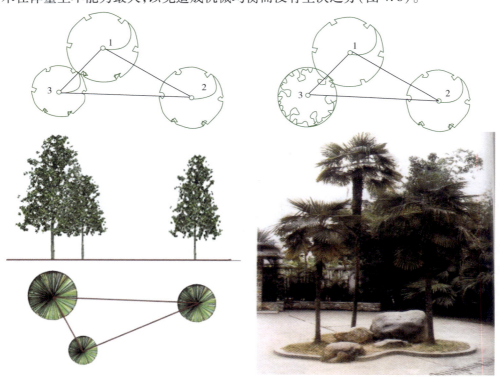

图4.8 三株树丛构图与分组形式

b.不同树种:如果是两种树最好同为常绿树,或同为落叶树,或同为乔木,或同为灌木。三株树木的配置分成两组,数量比为2∶1,体量上有大有小,其中大、中者为一种树,距离稍远,最小者为另一种树,与大者靠近。

c.构图:三株树的平面构图为任意不等边三角形,不能在同一直线或等边三角形或等腰三角形上。

③四株配置。

a. 相同树种：四株树木的配置分成两组，数量比为 3 : 1，切忌 2 : 2，体量上有大有小。单株成组的树木既不能为最大，也不能为最小（图 4.9）。

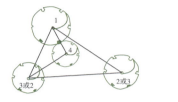 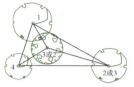 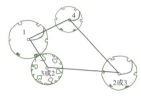

（a）同一树种的不等边四边形构图　　（b）同一树种的不等边三角形构图（一）

 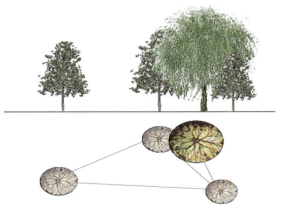

（c）同一树种的不等边三角形构图（二）　　（d）两张树种，单株树种位于三株树种的构图中部

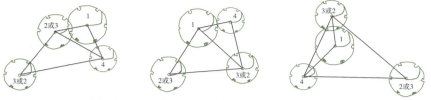

（e）实景布置

图 4.9　四株树丛构图与分组形式

b. 不同树种：四株配置最多为两种树，且同为乔木或灌木。四株树木的配置分成两组，数量比为 3 : 1，体量上有大有小，树种之比为 3 : 1，切忌 2 : 2。单株树种的树木在体量上既不能为最大，也不能为最小，不能单独成组，应在三株一组中，并位于整个构图的重心附近，不宜偏置一侧。

c. 构图：四株树的平面构图为任意不等边三角形和不等边四边形，在构图上遵循非对称均衡原则，切忌四株成一直线、正方形或菱形或梯形。

④五株配置。

a. 相同树种：五株树木配置分成两组，数量比为 4 : 1 或 3 : 2，体量上有大有小。当数量比为 4 : 1 时，单株成组的树木在体量上既不能为最大，也不能为最小。当数量比为 3 : 2 时，体量最大一株必须在三株一组中（图 4.10）。

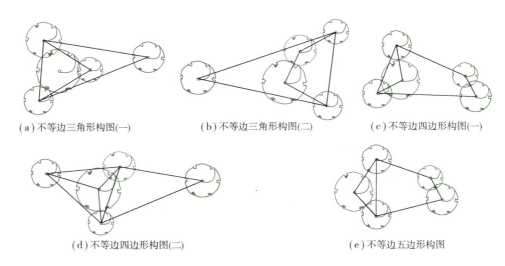

(a)不等边三角形构图(一)　　(b)不等边三角形构图(二)　　(c)不等边四边形构图(一)

(d)不等边四边形构图(二)　　　　　(e)不等边五边形构图

图 4.10　五株同种树丛构图与分组形式

b.不同树种:五株树木配置最多为两种树,并且同为乔木或灌木。五株树木的配置分成两组,数量比为 4∶1 或 3∶2,每株树的姿态、大小、株距都有一定的差异。如果树种比为 4∶1,单株树种的树木在体量上既不能为最大,也不能为最小,不能单独成组,应在四株一组中。如果树种比为 3∶2,两株树种的树木应分散在两组中,体量大的一株应是三株树种的树木(图 4.11)。

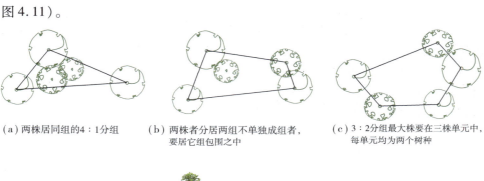

(a)两株居同组的4∶1分组　　(b)两株者分居两组不单独成组者,　　(c)3∶2分组最大株要在三株单元中,
　　　　　　　　　　　　　　　　要居它组包围之中　　　　　　　　　每单元均为两个树种

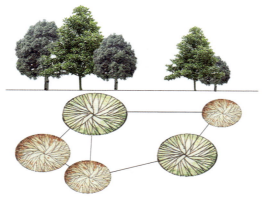

(d)实景布置

图 4.11　五株不同种树丛构图与分组形式

c.构图:五株树的平面构图为任意不等边三角形和不等边四边形及不等边五边形,忌五

株排成一直线或称为正五边形。

六株以上配合,实际上就是二株、三株、四株、五株几个基本形式的相互合理组合。6～9株树木的配置,其树种数量最好不要超过两种。10 株以上树木的配置,其树种数量最好不超过 3 种。

(4)丛植设计中应注意的问题

①树丛应有一个基本的树种,树丛的主体部分、从属部分和搭配部分应清晰可辨。

②树木形象的差异不能过于悬殊,但又要避免过于雷同。树丛的立面在大小、高低、层次、疏密和色彩方面均应有一定的变化。

③种植点在平面构图上要达到非对称均衡且树丛的周围应给观赏者留出合适的观赏点和足够的观赏空间。

④同孤植树一样,树丛也要选择合适的背景。例如,在中国古典园林中,树丛常以白色墙为背景。再比如,树丛由彩叶植物组成,则背景可采用常绿树种,在色彩上形成对比。

5)群植

由二三十株以上至数百株的乔木、灌木成群配置时称为群植。群植可由单一树种组成,也可由多种树种组成。

(1)群植的功能

群植所表现的主要是群体美,观赏功能与树丛相似,在园林中可作为背景用,在自然风景区中可作为主景。两组树群相邻时又可起到透景、框景的作用。树群的组合方式一般采用郁闭式、成层的组合。群植内部通常不允许游客进入,因而不利于作庇荫休息之用,但群植的北面,树冠开展的林缘部分,仍可作庇荫之用。

群植应布置在有足够面积的开朗场地上,如靠近林缘的大草坪、宽广的林中空地、水中的小岛上、宽广水面的水滨、小山的山坡、土丘上等,其观赏视距至少为树高的 4 倍、树群宽度的1.5 倍以上。

(2)群植的类型

①单纯群植:由一种树木组成,为丰富其景观效果,树下可用耐阴地被如玉簪、萱草、麦冬、常春藤、蝴蝶花等。

②混交群植:具有多重结构,层次明显,水平与垂直郁闭度均较高,为树群的主要形式。混交群植可分为 5 层(乔木、亚乔木、大灌木、小灌木、草本)或 3 层(乔木、灌木、草本)。与纯林相比,混交林的景观效果较为丰富且能避免病虫害的传播。

③带状群植:当树群平面投影的长度大于 4 : 1 时,称为带状群植,在园林中多用于组织空间。既可是单纯群植,又可是混交群植。

(3)树群设计中应注意的问题

①品种数量。树木种类不宜太多,1～2 种骨干树种即可,并有一定数量的乔木和灌木作为陪衬,种类不宜超过 10 种,否则会显得凌乱。

②树群栽植标高应高于草坪、道路、广场,以利于排水。

③群植属多层结构,水平郁闭度大,林内不宜游客休息,因此,不应在树群中安排园路。

④树种的选择和搭配。群植应选择高大、外形美观的乔木构成整个树群的骨架,以枝叶密集的植物作为陪衬,选择枝条平展的植物作为过渡或者边缘栽植,以求取得连续、流畅的林冠线和林缘线。乔木层选用树种树冠姿态要特别丰富的树种,亚乔木层选用开花繁茂或叶色艳丽的树种,灌木一般以花木为主,草本植物则以宿根花卉为主。

⑤布置方法。群植多用于自然式园林中,植物栽植应有疏有密,不宜成行成列或等距栽植。林冠线、林缘线要有高低起伏和婉转迂回的变化,树群外围配置的灌木花卉都应成丛分布,交叉错综,有断有续,树群的某些边缘可以配置一两个树丛及几株孤植树。表现树木的整体美、观赏树木的层次、外缘、林冠等。在园林中可作主景和背景。在构图设计时应注意长度小于 50 m,树木种植距离疏密有致,任意三株构成斜三角形,切忌成行、成排、成带状的种植。单纯群植由同种树种组成,林下可配耐阴的宿根花卉或地被植物作点缀。

6) 林植

成片、成块地大量栽植乔、灌木称为林植。构成林地或森林景观的称为风景林或树林。

(1) 林群的功能与布置

风景林的作用是保护和改善环境大气候,维持环境生态平衡;满足人们休息、游览与审美要求;适应对外开放和发展旅游事业的需要;生产某些林副产品。在园林中可充当主景或背景,起空间联系、隔离或填充作用。此种配置方式多用于风景区、森林公园、疗养院、大型公园的安静区及卫生防护林等。

(2) 风景林设计

在风景林设计中,应注意林冠线的变化、疏林与密林的变化、林中树木的选择与搭配、群体内及群体与环境之间的关系,以及按照园林休憩游览的要求留有一定大小的林间空地等措施,特别是密度变化对景观的影响。

①密林。水平郁闭度为 0.7 ~ 1.0,阳光很少透入林中,土壤湿度很大。地被植物含水量高,经不起踩踏,容易弄脏衣物,不便游客活动。密林又有单纯密林和混交密林之分。

单纯密林是由一种树种组成的,它没有垂直郁闭度景观美和丰富的季相变化。密林纯林应选用富有观赏价值而生长强健的地方树种,简洁、壮观,适于远景观赏。在种植时,结合利用起伏地形的变化,同样可以使林冠得到变化,林下配置一种或多种开花的耐阴或半耐阴的草本花卉,以及低矮开花繁茂的耐阴灌木。为了提高林下景观的艺术效果,水平郁闭度不可太高,最好为 0.7 ~ 0.8,以利地下植被正常生长和增强可见度。

混交密林是一个具有多层结构的植物群落,不同植物类型根据自己的生态要求,形成不同的层次,其季相变化比较丰富。供游客欣赏的林缘部分,其垂直层构图要十分突出,但也不能全部塞满,影响游客欣赏林下特有的幽邃深远之美。密林可以有自然路通过,但沿路两旁垂直郁闭度不可太大,必要时可以留出空旷的草坪或利用林间溪流水体,种植水生花卉,也可以附设一些简单的构筑物,以供游客做短暂的休息或躲避风雨之用。

密林种植,大面积的可采用片状混交,小面积的多采用点状混交。要注意常绿与落叶、乔木与灌木林的配合比例,还有植物对生态因子的要求等。混交密林中一般采用常绿树占40% ~ 80%、落叶树占 20% ~ 60%、花灌木占 5% ~ 10%。

单纯密林和混交密林在艺术效果上各有特点,前者简洁壮观,后者华丽多彩,两者相互衬托,特点突出,因此各具特色。从生物学的特性看,混交密林比单纯密林好,园林中纯林不宜太多。

②疏林。水平郁闭度为 0.4~0.6,常与草地结合,故又称为草地疏林,是园林中应用最多的一种形式。疏林中的树种应具有较高的观赏价值,树冠应开展,树荫要疏朗,生长要强健,花和叶的色彩要丰富,枝条要曲折多变,树干要好看,常绿与落叶树搭配要合理。树木的种植要三五成群,不污染衣服,尽可能地让游客在草坪上活动,作为观赏用的嵌花草地疏林,应有路可通,不能让游客在草地上行走,为了能使林中花卉生长良好,乔木的树冠应疏朗一些,不宜过分郁闭。

7)绿篱

凡是由灌木或小乔木以近距离的株行距密植、栽成单行或双行的,其结构紧密的规则种植形式,称为绿篱或绿墙。

(1)绿篱的功能

①防护与界定功能。绿篱是最古老、最原始、最普遍的作用是防范作用。绿篱的防护和界定功能是绿篱最基本的功能(图 4.12)。

②分割空间和屏障视线。作为规则式园林的区划线,在规则式园林中,常以中绿篱作为分界线,以矮篱作为花境的镶边。花坛和观赏性草坪的图案花纹作为屏障和组织空间之用(图 4.13)。

图 4.12 绿篱用于防护与界定

图 4.13 绿篱将活动空间与其他区域分隔开

③作为花境、喷泉、雕像的背景。园林中常用常绿树修剪成各种形式的绿墙，作为喷泉和雕像的背景，其高度一般要高于主景，色彩以选用没有反光的暗绿色树种为宜，作为花境背景的绿篱，一般为常绿的高篱和中篱。

④美化挡土墙或建筑物墙体。绿篱可美化挡土墙，在园林绿地中，有高差的两地之间的挡土墙前面，常种植绿篱，以避免其立面上的单一，使挡土墙的立面得以美化，起到立体的装饰作用（图4.14）。

图4.14　绿篱作基础装饰

（2）绿篱的分类及其特点

①根据高度不同分。

a.绿墙：高度在1.6 m以上，多用于绿地的防范、屏障视线、分隔空间等。

b.高绿篱：高度1.2～1.6 m，主要功能为划分空间、遮挡视线、构成背景、构成专类园、植株较高、群体结构紧密、质感强。

c.中绿篱：高度0.5～1.2 m，主要功能是分割空间、防护、围合、建筑基础种植，枝叶密实，观赏效果好。

d.矮绿篱：高度在0.5 m以下，主要功能是构成地界，形成植物模纹，如组字、构成图案等；花坛、花境镶边，植株低矮，观赏价值高或色彩艳丽，或香气浓郁，或具有季相变化。

②根据功能要求与观赏要求不同分。

a.常绿篱：主要功能是阻挡视线、空间分割、防风，以枝叶密集、生长速度较慢、有一定耐阴性的常绿植物。

b.落叶篱：主要功能是分割空间、围合、建筑基础种植，春季萌芽较早或萌芽力较强的植物。

c.花篱：主要功能是观花、划分空间、围合、建筑基础种植，多数开花灌木、小乔木或花卉材料，最好兼有芳香或药用价值。

d.彩叶篱：主要功能是观叶、空间分割、围合、建筑基础种植，以彩叶植物为主，主要为红叶、黄叶、紫叶和斑叶植物，能改善园林景观，在少花的冬秋季节尤为突出。

e.果篱：主要功能是观果，吸引鸟雀，空间分割、阻挡视线等，植物果形、果色美观，最好经冬不落，并可作为某些动物的食物。

f.刺篱：主要功能是避免人或动物穿越，强制隔离、防范。

g.蔓篱:主要功能划分空间,需事先设置供攀附的竹篱、木栅栏或铁丝网篱。

h.编篱:主要功能分隔和划分空间,枝条韧性较好的灌木。

③根据是否修剪分。

a.整形绿篱:绿篱修剪成具有几何形体的形式,称为整形篱,一般选用生长慢、分支点低,结构紧密,不需大量修剪或耐修剪的常绿小乔木或灌木,常用于规则式园林中。

b.不整形绿篱:一般不加修剪或仅作一般修剪,分支点低,下部枝叶保持茂密,呈半自然生长的绿篱,多用于自然式园林中。

(3)绿篱的设计

①整形式绿篱:把绿篱修剪为具有几何形体的绿篱,其断面常剪成正方形、长方形、梯形、圆顶形、城垛、斜坡形等。整形式绿篱修剪的次数因树种生长情况及地点不同而异。

②不整形绿篱:仅做一般修剪,保持一定的高度,下部枝叶不加修剪,使绿篱半自然生长,不塑造几何形体。

4.4.4 花卉的配置与应用

花卉种类繁多、色彩鲜艳、繁殖容易,生育周期短,因此,花卉是园林绿地中常用作重点装饰和色彩构图的植物材料,布置于出入口、广场的装饰,公共建筑附近的陪衬和道路两旁及拐角、树林边的点缀。花卉的种植形式有专类花园、花坛、花境、花丛和花群、花台和花池以及活动花坛等。

1)专类花园

(1)类型

①把同一属内不同种或同一种内不同品种的花卉,按照它们的生态习性、花期的早晚不同以及植株高低和色彩上的差异等种植在同一个园子里。常见的专类花园有月季园、丁香园、牡丹园、鸢尾园、杜鹃园等(图4.15)。

图4.15 专类花园(同一属内不同种或同一种内不同品种)

②把同一个科或不同科的花卉,但具有相同的生态习性或花期一致的,种植在同一园子里。常见的专类花园有岩石园或高山植物专类园、水生植物专类园、多浆类植物专类园等(图4.16)。

图 4.16　专类花园(同一个科或不同科)

（2）设计要点

专类花园通常由所搜集植物种类的多少、设计形式不同，建成独立性的专类公园，也可在风景区或公园里专辟一处，成为独立景点或园中之园。中国的一些专类花园还常用富有诗意的园名点题，突出赏花意境，如用"曲院风荷"描绘出赏荷的意境。专类花园的整体规划，首先应以植物的生态习性为基础，进行适当的地形调整或改选；其次平面构图可按需要采用规划式、自然式或混合式。在景观上既能突出个体美，又能展现同类植物的群体美。在种植设计上，既要把不同花期、不同园艺品种植物进行合理搭配来延长观赏期，还可运用其他植物与之搭配、加以衬托，从而达到四季有景可观的效果。专类花园在景观上独具特色，能在最佳观赏期集中展现同类植物的观赏特点，给人以美的感受。

2）花坛

花坛是一种古老的花卉应用形式，花坛是在具有几何形轮廓的植床内种植各种不同色彩的花卉，运用花卉的群体效果来体现图案纹样，或观赏盛花时绚丽景观的一种花卉应用形式。它以突出鲜艳的色彩或精美华丽的纹样来体现其装饰效果。花坛在环境中可作为主景，也可作为配景。

（1）花坛的类型

①根据规划设计形式花坛可分为独立花坛、花坛群、花坛组群、带状花坛群和连续花坛群（图 4.17）。

a. 独立花坛是在园林构图中作为局部的主体，常布置在建筑广场的中心、小型或大型公共建筑正前方、公园出入口的空旷处、道路的交叉口等地。独立花坛的平面构成总是对称的几何形状，有单面对称的，也有多面对称的。独立花坛以观赏为主，花坛内不设道路，所以为了使观赏纹样清晰，其面积也不宜过大，独立花坛的位置可布置在平面或斜坡上。

b. 花坛群是指由多个个体花坛组成的一个不可分隔的构图整体，个体花坛间为草坪或铺装地且个体花坛间的组合有一定的规则，表现为单面对称或多面对称，常布置在建筑广场中心，大型公共建筑前面或规则式园林的构图中心。

c. 花坛组群是指由几个花坛群组合成一个不可分割的构图整体。花坛组群的规模要比花坛群大。

d.带状花坛群是指宽度在1 m以上,长比宽大4倍以上的长条形花坛。带状花坛群是连续构图,在连续风景中带状花坛群可作为主体来运用,也可作为配景,草坪花坛的镶边,道路两侧或建筑的墙基装饰。带状花坛可以是模纹式、花丛式或标题式的。

　　e.连续花坛群是指由许多个独立花坛或带状花坛呈直线排列成一行,组成一个有节奏规律的、不可分割的构图整体。

图4.17　独立花坛

　　②按表现主题不同花坛可分为盛花花坛、模纹花坛、标题花坛和装饰物花坛。

　　a.盛花花坛:花丛式、带状式、花缘。

　　b.模纹花坛:毛毡式花坛,带状模纹花坛、采结式花坛、浮雕式花坛等。

　　c.标题花坛:文字花坛、肖像花坛、图徽花坛、象征性图案花坛。

　　d.装饰物花坛:日晷花坛、时钟花坛、日历花坛、毛毡瓶饰等。

　　③根据构图形式花坛可分为规则式、自然式和混合式。

　　④按空间位置花坛可分为平面花坛、斜面花坛、立体花坛(图4.18—图4.21)。

　　⑤按观赏季节花坛可分为春花花坛、夏花花坛、秋花花坛和冬花花坛。

　　⑥按观赏期的长短不同花坛可分为永久性花坛、半永久性花坛、季节性花坛和节日性花坛。

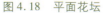

图4.18　平面花坛　　　　　　　　　　图4.19　立体花坛

图4.20　造型花坛

图4.21　标牌花坛

（2）花坛的设计

从花坛的应用方式来看有两种，即盛花花坛（突出色彩美）和模纹花坛（突出图案美）。

①盛花花坛的设计。

a.植物选择。以观花草本为主体，可以是一二年生花卉，也可以是多年生球根或宿根花卉，可适当选用少量常绿及观花小灌木作辅助材料。一二年生花卉为花坛的主要材料，种类繁多，色彩丰富，成本较低。球根花卉也是盛花花坛的优良材料，色彩艳丽，开花整齐，但成本较高。适合作花坛的植物，株丛紧密，花繁茂，要求花期长，开放一致，至少保持一个季节的观赏期。不同种花卉群体配合时，还要考虑花的质感相协调才能获得较好的效果，植株高度根据种类不同而异，但以选用10～40 cm为宜，同时要移植容易，缓苗较快。盛花花坛常用的品种有三色堇、金盏菊、金鱼草、紫罗兰、福禄考、石竹类、百日草、一串红、万寿菊、孔雀草、美女樱、凤尾鸡冠、翠菊、菊花等。球根花卉如水仙类、郁金香、风信子等。

b.色彩设计。盛花花坛表现的主题是花卉群体的色彩美，因此，在色彩设计上要精心选择不同花色的花卉的巧妙搭配，一般要求鲜明、艳丽。盛花花坛常用的配色方法有对比色应用、暖色调应用、同色调应用。

c.图案设计。外部轮廓（即种植床）主要是几何图形或几何图形的组合。花坛大小要适度，一般观赏轴线以8～10 m为度。内部图案要简洁，纹样明显，要求有大色块的效果。

②模纹花坛的设计。模纹花坛主要表现植物群体形成的华丽纹样，要求图案纹样精美细致，有长期的稳定性，可供较长时间的观赏效果。

a.植物选择：植物的高度和形状都与花坛图案纹样表现有密切关系，是选择植物材料的重要依据。低矮、细密的植物才能形成精美细致的华丽图案。因此，模纹花坛材料要求：以生长缓慢的多年生植物为主，以枝叶细小、株丛紧密、萌蘖性强、耐修剪的观叶植物为主。通过修剪可使图案纹样清晰，并维持较长的观赏期。用于模纹花坛的植物有五色苋类、白草、香雪球、三色堇、雏菊、半支莲、矮翠菊、孔雀草、矮一串红、矮万寿菊、荷兰菊、彩叶草、四季秋海棠等。

b.色彩设计：模纹花坛的色彩设计应以图案纹样为依据，用植物的色彩突出纹样，做到清晰而精美。

c.图案设计:模纹花坛以突出内部纹样、精美华丽为主,因而植床的外轮廓以线条简洁为宜,面积不宜过大,否则在视觉上易造成图案变形的弊病。内部纹样可较盛花花坛精细复杂一些,但点缀或纹样不可过于窄细。因为花坛内部纹样过窄则难于表现图案,纹样粗宽色彩才会鲜明,使图案清晰。例如,文字花坛、肖像花坛、图徽花坛、象征性图案花坛、日晷花坛、时钟花坛及日历花坛等都是模纹花坛。

3)花境

花境是模拟自然界林地边缘地带多种野生花卉交错生长的状态。在园林中,不仅增加自然景观,还有分隔空间和组织游览路线的作用。花境在设计形式上是沿着长轴方向演进的带状连续构图,带状两边是平行的或近于平行的直线或曲线。其基本构图单位是一组花丛,每组花丛通常由 5~10 株花卉组成,一种花卉集中栽植。从平面上看,各种花卉块状混植;从立面上看,高低错落,犹如林缘边的野生花卉交错生长的自然景观。由各种花卉共同形成季相景观,每季以 2~3 种花卉为主,形成季相景观;植物材料以耐寒的可在当地越冬的宿根花卉为主,间植一些乔、灌木,耐寒球根花卉,或少量的一二年草花。

在园林中,花境是一种作为从规则式构图到自然式构图的一种过渡形式。它主要表现园林观赏植物本身所特有的自然美,以及观赏植物自然组合的群体美,具有丰富的季相变化(南方季季有花可赏,北方三季有花可赏,四季常青),管理粗放(栽植后一般 3~5 年不更换)。其平面构成与带状花坛相似,种植床为两边平行的直线或有几何规划的曲线。种植床应高出地面且产生小坡度,以利排水。其长轴较长,短轴较短,因此景观构图是沿着细长轴方向演进的连续风景,植物的选择是以花期较长的多年生花卉及可越冬的观花灌木为主,且应有丰富的季相变化,植物栽植后,一般 3~5 年不更换。

(1)花境的形式

①单面观赏花境:配置成一斜面,植株低矮的种在前面,较高的种在后面,常常以建筑物或绿篱作为背景,背景的高度可以超过人的视线,但也不能超得太多。

②双面观赏花境:植株低矮的种在两边,较高的种在中间,中间植物高度不宜超过人的视线,不需要设背景。

(2)花境的布置位置

①建筑物的墙基。

②在道路上的花境布置。

③花境和绿篱的配置。

④花境与花架,游廊配景。

⑤花境和围墙、挡土墙的配置。

⑥花境与草坪的配置。

⑦花境与宿根园、家庭花园的配置。

(3)花境的设计

①种植床设计。

②背景设计。

③边缘设计。

④种植设计:植物选择、色彩设计、季相设计、立面设计、平面设计。

4)花丛

在园林绿地中应用极为广泛,它们可以布置在大树下、岩旁、溪边、自然式的草地中,树林外缘、园路边等。平面和立面均为自然式,应有疏有密,高低错落,管理粗放。花丛栽植数量少,而花群栽植数量多,一般均没有种植床。花丛在园林绿地中应用极为广泛,它可以布置在大树脚下、岩旁、溪边、自然式的草地中和悬崖上。花丛不仅要欣赏植物的色彩,还要欣赏它的姿态。

5)花台和花池

花台是在40~100 cm 高的空心台座中填土,在其上栽植观赏植物。在现代园林中,多用于大型园林广场、道路交叉口、建筑物入口两侧、庭院的中央或两侧角隅等。

6)活动花坛

活动花坛是指在预制的容器中把花养到开花的季节,以一定形式摆设在广场、街边、道路的交叉口、公园等适当的位置组成的花坛。

设计要点:包括花盆设计、种植设计、摆放设计等。特点是施工快捷,可以按季节进行更换和移动,能为城市景观增加新鲜感,是各国广泛应用的形式。根据需要对种植钵、植物材料及摆设现场分别绘出图纸和提出育苗计划。

4.4.5　草坪草的配置与应用

1)草坪景观形式与设计

草坪的园林功能是覆盖地面、保持水土、防尘杀菌、净化空气、改善小气候等;同时为人们提供户外休闲活动的场地,也是园林的重要组成部分,与乔木、灌木、草花构成多层次的园林景观。

草坪的类型可分为以下4种:

①根据用途分:游憩草坪、观赏草坪、交通安全草坪、护坡护岸草坪。

②根据草坪植物的组成分:单纯草坪、混合草坪、缀花草坪。

③根据草坪的规划形式分:规则式草坪、自然式草坪。

④根据草坪与树木的不同组合分:空旷草坪、稀疏草坪、疏林草坪、林下草坪。

2)草坪景观设计要求

草坪以多年生和丛生性强的草本植物为主,选择具有繁殖容易、生长快、耐践踏、耐修剪、绿色期长、适应性强,能迅速形成草皮的植物;合理设置坡度,满足草坪的排水要求。一般普通的游息草坪的最小排水坡度不低于0.5%,不宜有起伏交替的地形出现。草坪的设计

要点如下:

①游憩草坪:自然式草坪的坡度以 5% ~ 10% 为宜,一般应小于 15%,排水坡度为 0.2% ~ 5%。

②观赏草坪:平地观赏草坪坡地不小于 0.2%,坡地观赏草坪坡度不超过 50%,排水要求在自然安息角以下和最小排水坡度以上。

③足球场草坪:中央向四周的坡度以小于 1% 为宜,自然排水坡度为 0.2% ~ 1%。

④网球场草坪:中央向四周的坡度为 0.2% ~ 0.8%,纵向坡度大,横向坡度小。

⑤高尔夫球场草坪:发球区坡度小于 0.5%,障碍区有时坡度可达 15%。

⑥赛马场草坪:直道坡度为 1% ~ 2.5%,转弯处坡度为 7.5%,弯道坡度为 5% ~ 6.5%,中央场地为 15% 或更高。

4.4.6 藤本的配置与应用

1)藤本植物的功能

①藤本植物不仅能提高城市及绿地拥挤空间的绿化面积和绿量,调节和改善生态环境,还可美化建筑、护坡、园林小品,拓展园林空间,增加植物景观层次的变化,而且可以增加城市及园林建筑的艺术效果,使之与环境更加协调统一,生动活泼。

②藤本植物依附建筑物或构筑物生长,所以占地面积少而绿化效果却很大。

③藤本植物具有降低温度、增加湿度、提高滞尘量和降低噪声等生物学效应,可以有效提高环境质量。

④所用的攀缘及蔓性植物生长迅速,此类植物经 3 年左右就能将支缚体或墙面遮盖起来,收到绿化效果;草本植物当年见效。

2)藤本植物景观设计

(1)藤本植物景观配置原则

①选材适当,适地适栽。攀缘植物种类繁多,在选择应用时应充分利用当地乡土树种,适地适栽;应满足功能要求、生态要求、景观要求,根据不同绿化形式正确选用植物材料。

②注意植物材料与被绿化物在色彩、风格上应协调。

③合理进行种间搭配,丰富景观层次 。在木本攀缘植物造景中,应尽可能地利用不同种类之间的搭配以延长观赏期,创造出四季景观。

④尽量采用地栽形式。一般种植带宽度为 50 ~ 100 cm,土层厚 50 cm,根系距墙 15 cm。棚架栽植时,一般株距为 1.2 ~ 1.5 m,根据棚架的形式和宽度可单边列植或双边错行列植。

(2)藤本植物造景形式

①附壁式造景。附壁式为常见的垂直绿化形式,依附物为建筑物或土坡等的立面,如各种建筑物的墙面、断崖悬壁、挡土墙、大块裸岩、假山置石等。

②篱垣式造景。篱垣式造景主要用于篱架、矮墙、护栏、铁丝网、栏杆的绿化,它既具有围墙或屏障的功能,又具有观赏和分隔的功能。

③棚架式造景。棚架式造景是园林中应用最广泛的藤本植物造景方式,广泛用于各种类型的绿地中。

④立柱式造景。藤本植物的依附物主要为电线杆、路灯灯柱、高架路立柱、立交桥立柱等。

⑤悬蔓式造景。攀缘植物利用种植容器种植藤蔓或软枝植物,不让其沿引向上,而是凌空悬挂,形成别具一格的植物景观。

4.4.7　水生植物的配置与应用

水生植物是指生长在水体环境中的植物,从广泛的生态角度看还包括相当数量的沼生和湿生植物。水生植物专类园,就是以水生的观赏植物和经济植物为材料,布置景点,分类种植的花园(图4.22)。

图4.22　水生植物专类园

1）水生植物景观及作用

①以水生植物为景点，创造园林意境。
②扩大空间，增加景观层次。
③科学普及，增长知识。

2）水生植物景观与设计

在园林中的水生植物一般都是栽植水生的观赏植物和水生的经济类植物，可以打破园林水面的平静，丰富水面的观赏内容，减少水面的蒸发，改善水质。

（1）水生植物的类型
水生植物有挺水类、浮水类、漂浮类和沉水类 4 种类型。
（2）水生植物景观设计的要求
①因地制宜，合理搭配。根据水面的大小、深浅，水生植物的特点，选择集观赏、经济、水质改良为一体的水生植物。
②数量适当，有疏有密。在园林设计时要留有充足的水面，以产生倒影和扩大空间感，水生植物的面积应不超过水面的 1/3。

各种水生植物原产地的生态环境不同，对水位要求也有很大的差异，多数水生高等植物分布在 100～150 cm 的水中，挺水及浮水植物常以 30～100 cm 为适，而沼生、湿生植物种类只需 20～30 cm 的浅水即可。

在种植设计上，除按水生植物的生态习性选择适宜的深度栽植外，专类园的竖向设计也可有一定起伏，在配置上应高低错落、疏密有致。从平面上看，应留出 1/3～1/2 水面，水生植物不宜过密，否则会影响水中倒影及景观透视线。

本章小结

本章讲述了园林构成要素的类型、功能和作用；重点讲述园林地形、园路与园林广场、园林建筑与小品和植物的种植设计等要素的设计原则以及设计要点和方法。

复习思考题

1.简述园林地形地貌的规划设计原则。
2.简述园林地形地貌的规划设计内容。
3.简述园林道路的作用和类型。
4.简述园路的规划设计要求。
5.简述园林建筑与小品的特点。
6.简述园林建筑与小品的规划设计原则。

7. 简述园林植物造景的作用。

8. 简述园林中乔、灌木的种植设计形式。

9. 简述园林绿地中花卉应用设计形式。

10. 简述园林攀缘植物的绿化形式。

第5章　园林规划设计的程序

5.1　资料收集与环境调查阶段

资料收集分析是对园林规划用地的情况进行调查研究和分析评定,它为规划设计提供基础性资料。设计人员在进行各种类型的园林设计时,要从园址环境调查与分析入手,熟悉委托方的建设意图和园址的自然环境、社会文化环境和视觉环境等,综合分析相关资料,寻找构思主线,最后才能给出合理的设计方案。

5.1.1　自然条件的调查

（1）气象方面

气象方面包括每月最高、最低及平均气温,每月平均降水量、水温、湿度及历年最大暴雨量,无霜期、结冰期和化冰期,冻土厚度,风力、风向及风向玫瑰图。

（2）地形方面

地形方面是调查地表面的起伏状况,包括山峦的形状、走向、坡度、位置、面积、高度及土石情况,谷地开合度,平地,沼泽地的分布及面积等状况,安全评价等。

（3）土壤方面

土壤方面是指土壤的物理、化学性质,坚实度、通气、透水性,氮、磷、钾的含量,土壤的 pH 值,土层深度,地基承载力、滑动系数、自然安息度等。

（4）水质方面

水质方面是指现有水面及水系的范围,水底标高,河床情况,常水位、最低及最高水位,水流方向,水质及岸线情况,地下水的常年水位及水质状况等。

（5）植被调查

植被调查是指现有园林植物、古树、大树的种类、数量、分布、高度、覆盖范围、地面标高、生长情况、姿态及观赏价值的评定等。

5.1.2　社会条件的调查

①位置及周围环境关系：调查规划范围界线，周围红线及标高，园林绿地外环境景观的分析、评定；附近公共建筑及停车场情况，游客的主要人流方向、数量及公共交通情况，外围及园林绿地内现有的道路广场的性质、走向、标高、宽度、路面材料等。

②现有设施调查：如给排水、能源、电源、电信等设施的情况；现有建筑物和构筑物的立面形式、平面形状、质量、高度、地基标高、面积及使用情况。

③工农业生产情况的调查：主要调查对园林绿地发生影响的工业或农业，如周围有什么工厂，工厂有无污染，污染的方向、程序等。

④城市历史、人文资料的调查：涉及园林绿地的内容和性质。

5.1.3　设计条件的调查

①甲方对设计任务的具体要求、设计标准和投资额度。

②现状图包括现状测量图、总体规划图纸、技术设计所需的测量图和施工平面测量图。

a. 现状测量图。包括位置大小、比例尺、方位、红线、范围、坐标数、地形、等高线、坡度、路线、地上物、产权等；近邻环境情况、主要单位、居住区位置、主要道路走向、交通量；燃气、能源、水系利用；建筑物位置、大小式样风格，表示出保留、拆除、利用、改造意见。

b. 总体规划图纸。绿地面积在 8 hm^2 以下，比例 1∶500。等高距：在平坦地形、坡度为 10% 以下时为 0.25 m；地形坡度在 10% 以上时为 0.50 m；在丘陵地，坡度在 25% 以下的地形用 0.50 m，坡度在 25% 以上的地形用 1~2 m。

c. 技术设计所需的测量图。比例为 1∶500~1∶200，最好进行方格测量，方格测量为 20~50 m，等高距离为 0.25~0.5 m。并标出道路、广场、水面、地面、建筑物地面的标高。画出各种建筑物、公用设备网、岩石、道路、地形、水面、乔木、灌木群的位置。

d. 施工平面测量图。比例为 1∶200~1∶100，按 20~50 m 设立方格木桩。平坦地方格距离可大些，复杂地形方格距可小些，等高距为 0.25 m，重要地点等高距为 0.1 m。画出原有主要树木品种、树形大小、成群及独立的灌木与花卉植物群的轮廓和面积，好的建筑、山石、泉池等。图内还应包括各种地下管线及井位等，对于地下管线，除地下力外还需要有剖面图，并需注明管径的大小、管底、管顶的标高、坡度等。环境景物秀丽可以入园者，画出借景方向。

5.2　总体规划设计阶段

总体规划设计是由图纸和文字说明两部分组成。

5.2.1　图纸部分

在充分了解规划地区调查资料，确定基地原则与目标后，就可根据规划设计任务书的要求进行总体规划。总体规划设计需绘出以下图面。

（1）位置图

位置图属于示意性图纸，一般要求标出该园林绿地在城市区域内的位置、轮廓、交通和周边环境关系。

（2）现状图

根据收集的全部资料，经分析、整理、归纳后，分成若干空间，用圆圈或抽象图形将其粗略地表示出来，并对现状作出综合评价。例如，对四周道路、环境分析后，可划定出入口的范围；再比如，某一方向居住区集中、人流多、四通八达，则可划为比较开放、活动内容比较多的区。

（3）分区图

根据总体规划设计原则、现状图分析，根据不同年龄段游客的活动特点、不同兴趣爱好游客的需要，确定不同的分区，划出不同的空间，使不同空间和区域满足不同的功能要求，并使功能与形式尽可能地统一。

（4）道路系统规划图

在图上确定全园的主要出入口、次要出入口与专用出入口；确定主要广场的位置及主要环路的位置，以及作为消防的通道；确定主干道、次干道等的位置以及各种路面的宽度、排水坡，并初步确定主要道路的路面材料、铺装形式等。图纸上用虚线画出等高线，再用不同的粗线、细线表示不同级别的道路及广场，并标明主要道路的控制标高。

（5）园林建筑布局图

在平面图纸上分别画出绿地中各主要建筑物的布局、出入口、位置及里面的效果图，以便检查建筑风格是否统一，和周边环境是否协调等。

（6）竖向规划图

地形是全园的骨架，要求能反映出全园的地形结构。根据规划设计原则以及功能分区图，确定需要分隔遮挡成通透开敞的地方。另外，加上设计内容和景观需要，绘出制高点、山峰、丘陵起伏、缓坡平原、小溪、河湖等；同时，要确定总的排水方向、水源以及雨水聚散地等；还要初步确定园林主要建筑物所在地的高程及各区主要景点、广场的高程，用不同粗细的等高线控制高度及不同的线条或色彩表现出图面效果。

（7）电气规划图

规划总用电量、用电利用系数、分区供电设施、配电方式、电缆的敷设以及各区各点的照明方式、广播通信等线路位置。

（8）管线规划图

以总体规划方案及树木规划为基础，规划出上水水源的引进方式、总用水量、消防、生活、树木喷灌、管网的大致分布、管径大小、水压高低及雨水、污水的排放方式等。北方城市如果工程规模大、建筑多，冬季需供暖，则需考虑取暖方式、负荷量及锅炉房的位置等。

（9）绿化规划图

根据总体设计图布局、设计原则以及苗木的情况，确定全园的总构思。种植总体设计内容主要包括不同种植类型的安排，如密林、草坪、树丛、花坛等，确定全园的基调树种、骨干造景树种等。

（10）总体规划平面图

根据总体设计原则和目标，总体设计方案图应包括以下诸方面内容：第一，与周围环境的关系:主要、次要、专用出口与市政关系,即面临街道的名称、宽度;周围主要单位名称,或居民区等。第二,主要、次要和专用出入口的位置、面积及规划形式,主要出入口的内、外广场,停车场及大门等布局。第三,地形总体规划,道路系统规划。第四,全园建筑物、构筑物等布局情况,建筑物平面要反映总体设计意图。第五,全园植物设计图,图上反映疏林、树丛、草坪、花坛和专类花园等植物景观。此外,总体设计应准确标明指北针、比例尺和图例等内容。

5.2.2 设计说明

设计说明主要是全面介绍设计的背景及依据、设计者的构思、设计要点等内容。

①主要依据:批准的任务书或摘录,所在地的气象、地理、风景资源、人文资源、周边环境等。

②规模和范围:包括建设规模、面积及游客容量,分期建设情况,设计项目组成和对生态环境、游览服务设施的技术分析。

③艺术构思:包括主题立意、景区、景点布局的艺术效果分析和游览、休息线路的布置。

④地形规划概况:包括整体地形设计、特殊地段的设计分析。

⑤种植规划概况:包括立地条件分析、植被类型分析、植物造景分析。

⑥功能与效益:包括该绿地所起的功能作用及对该城市生活影响的预测和各种效益的估价。

⑦技术、经济指标:包括用地平衡表、土石方概数、主要材料和能源消耗概数,以及管线、电气等的铺设。

⑧需要在审批时决定的问题:包括与城市规划的协调、拆迁、交通情况、施工条件、施工季节。

5.2.3 工程建设概算书

工程建设概算书包括园林土建工程概算(工程名称、构造情况、造价、用料量);园林绿化工程概算。初步设计完成后,由建设单位报有关部门审核批准。

5.3 详细设计阶段

经甲方或有关部门审定,对方案提出新的意见和要求,在此基础上对总体方案作进一步修改和补充。总体设计方案最后确定后,需进行各个局部详细设计。局部详细设计工作主要包括以下内容:

5.3.1 图纸部分

(1)平面图

根据绿地或工程的不同分区,划分若干局部,每个局部根据总体设计的要求,进行详细设计。一般比例尺为1∶500,等高线距离为0.5 m,用不同等级粗细的线条,画出等高线、园路、广场、建筑、水池、湖面、驳岸、树林、草地、灌木丛、花坛、花境、山石、雕塑等。同时,要求标明建筑平面、标高及周围环境;道路的宽度、形式、标高;主要广场、铺装的形式、标高;花坛、水池的形状和标高;驳岸的形式、宽度、标高;雕塑、园林小品的平面造型、标高。

（2）横纵剖面图

为了更好地表达设计意图,在局部艺术布局最重要的部分,或局部地形变化的部分,画出断面图。

（3）局部种植设计图

一般比例尺采用 1∶500、1∶300、1∶200,要求能准确地反映乔木的种植点、种植数量、种植种类,以及树丛、树林、花丛、花境、花坛、灌木丛等的位置。

（4）园林建筑布局图

该图应标明建筑轮廓及周围地形的标高、与周围构筑物的距离尺寸,以及与周围绿化种植的关系。

（5）综合管网图

该图应标明各种管线的平面位置和管线中心尺寸。

5.3.2　文本说明书

局部详细设计阶段的文本说明书应对照总体规划图文件中的文字说明,提出全面的技术分析和技术处理措施,各专业设计配合关系中关键部位的控制要点,以及材料、设备、造型、色彩的选择原则。

5.3.3　工程量总表

①各园林植物的种类、数量。

②平整地面、堆山、挖填方的数量。

③广场、道路的铺装面积。

④驳岸、水池的面积。

⑤各类园林小品、山石的数量。

⑥各类园林建筑、桥梁的数量、面积。

⑦各种管线的长度,并尽可能地标注出管径,相应地作出概预算。

5.4　技术与施工图设计阶段

技术设计阶段是施工开始的前提,技术设计的合理与否直接关系到施工的进度和项目完成后效果的好坏。在施工设计阶段要绘出施工总平面图、竖向设计图、园林建筑图、道路广场设计图、种植设计图、水系设计图、各种管线设计图,以及假山、雕塑、栏杆、标牌等小品设计详图。另外,还要做出苗木统计表、工程量统计表和工程预算等。

5.4.1　施工总平面图（放线图）

该图表明各种设计因素的平面关系和它们的准确位置,放线坐标网、基点、基线的位置。

其作用之一是作为施工的依据,其二是绘制平面施工图的依据。

图纸内容包括保留的现有地下管线(用红色线表示)、建筑物、构筑物、主要现场树木等(用细线表示)。设计的地形等高线(用细墨虚线表示)、高程数字、山石和水体(用粗黑线外加细线表示)、园林建筑和构筑物的位置(用粗黑线表示)、道路广场、园灯、园椅、果皮箱等(用中粗黑线表示);放线坐标网做出工程序号等。

5.4.2　竖向施工图(高程图)

用以表明各设计因素间的高差关系。图纸包括如下内容:

①竖向设计平面图:根据初步设计的竖向设计,在施工总平面图的基础上表示出现状等高线,坡坎(用细红实线表示),高程(用红色数字表示);设计等高线、坡坎(用黑粗实线表示)、高程(用黑色数字表示),同一地点[△△/△△(△△)表示];排水方向(用黑色箭头表示)。

②竖向剖面图:主要部位的山形,丘陵、谷地的坡势轮廓线(用黑粗实线表示)及高度、平面距离(用黑细实线表示)等。剖面的起讫点、剖切位置编号必须与竖向设计平面图上的符号一致。

5.4.3　园路、广场施工图

道路广场设计图主要标明园内各种道路、广场的具体位置、宽度、高程、纵横坡度、排水方向;道路平曲线、纵曲线设计要素;路面结构、做法、路牙的安排;道路广场的交接、拐弯、交叉路口、不同等级道路连接、铺装大样、回车道、停车场等。图纸内容包括平面图和剖面图。

(1)平面图

平面图根据道路系统规划,在施工总平面图的基础上,用粗细不同的线条画出各种道路广场、台阶山路的位置。为主要道路的转弯处注明平曲线半径,每段的高程、纵坡坡向(用黑细线箭头表示)等。

(2)剖面图

剖面图比例一般为1∶20。在画剖面图之前,先绘出一段路面(或广场)的平面大样图,表示路面的尺寸和材料铺设方法。在其下方作剖面图,表示路面的宽度及具体材料的拼摆结构(面层、垫层、基层等)厚度和做法。每个剖面都编号,并与平面图配套。

另外,还应绘出路口交接示意图,用细黑实线画出坐标网,用粗线画出路边线,用中粗线画出路面铺装材料拼接及摆放图案。

5.4.4　植物种植施工图(植物配植图)

种植设计图主要表现为树木花草的种植位置、种类、种植方式、种植距离等。图纸内容包括种植设计平面图和大样图。

(1)种植设计平面图

种植设计平面图根据树木种植设计,在施工总平面图基础上,用设计图例绘出常绿阔叶乔木、落叶阔叶木、落叶针叶乔木、常绿针叶乔木、落叶灌木、常绿灌木、整形绿篱、自然形绿篱、花卉和草地等的具体位置,并注明其种类、数量、种植方式及株行距,标明与周围固定构筑物的地下管线距离的尺寸等。

（2）大样图

对于重点树群、树丛、林缘、绿篱、花坛、花卉及专类园等,可附种植大样图,比例为1：100。要将组成树群、树丛的各种树木位置画准,注明种类数量,用细实线画出坐标网,注明树木间距;标明施工时准备选用的园林植物的高度、体型等;在平面图上方作出立面图,以便施工参考。

5.4.5　假山施工图

假山施工图必须先做出山、石等施工模型,以便施工及掌握设计意图。图纸内容包括平面图、剖面图和做法说明。

（1）平面图

标出山石平面位置、尺寸;标出山峰、制高点、山谷、山洞的平面位置、尺寸及各处高程;标出山石附近的地形、植物及构筑物、地下管线及与山石的距离尺寸。

（2）剖面图

标出山石各山峰的控制高程;标出山石基础结构;标出管线位置、管径;标出植物种植池的做法、尺寸及位置。

（3）做法说明

这部分内容包括堆石手法,接缝处理,山石纹理处理,山石形状、大小、纹理、色泽的选择原则,山石用量控制。

5.4.6　园林建筑小品施工图

园林建筑设计图表现各景区园林建筑的位置及建筑本身的组合、选用的建材、尺寸、造型、高低、色彩和做法等。例如,一个单体建筑,必须画出建筑施工图（建筑平面位置图、建筑各层平面图、屋顶平面图、各个方向立面图、面图、建筑节点详图和建筑说明等）、建筑结构施工图（基础平面图、楼层结构平面图、基础详图和构件详图等）、设备施工图以及庭院的活动设施工程、装饰设计。

5.4.7　管线施工

在管线规划图的基础上,上水（造景、绿化、生活、卫生、消防）、下水（雨水、污水）、暖气、煤气、电力和电信等各种管网的位置、规格和埋深等,应按市政设计部门的具体规定和要求正规出图;主要注明每段管线的长度、管径、高程及如何接头,同时注明管线及各种井的具体位置、坐标。同样,在电气规划图上,将各种电器设备、（绿化）灯具位置、变电室及电缆走向位置等具体标明。

本章小结

园林设计程序随着园林类型的不同而有一定的繁简变化,一般包括资料收集与环境调查、总体规划设计、详细设计和技术与施工图设计 4 个阶段。资料收集与环境调查阶段在明确设计的目标和任务的前提下对规划所需的自然条件、社会条件和设计条件进行调查、收集并研究分析。总体规划阶段在调查分析的基础上编制设计任务书，通过一系列的图纸和设计说明书表达设计的理念和内容。技术设计阶段是根据已批准的总体规划设计编制的，是对总体规划阶段的图纸和文字修改后的更深入、更精确的设计。施工设计阶段是施工开始的前提，包括施工图设计、编制预算和施工设计说明书等。以上内容完成后还需由业主牵头，组织设计方、监理方和施工方进行施工图设计交底会。在交底会上，业主、监理和施工各方提出看图后所发现的各专业方面的问题，各专业设计人员将进行答疑。具体的施工阶段设计师与施工过程的密切配合也十分重要。

复习思考题

1. 园林规划设计中资料收集的内容有哪些？
2. 总体规划阶段应绘出的图纸种类有哪些？
3. 总体规划阶段完成的设计说明主要包括哪些方面？
4. 技术与施工图设计阶段要完成的图纸种类有哪些？

下篇　核心技能模块

第6章 城市道路绿地规划设计

【知识目标】

1. 了解城市道路绿地规划设计的基本知识。

2. 理解城市道路绿地的种植类型及其相关知识。

3. 掌握城市道路绿地规划设计的原则。

【技能目标】

能够根据设计要求合理进行各类城市道路绿地规划设计,从而达到道路设计能力的培养。

【学习内容】

城市道路是一个城市的骨架,而城市道路绿化水平的好坏,不仅影响整个城市的形象,而且能反映城市绿化的整体水平。城市道路绿地是城市园林绿地系统的重要组成部分。它给城市居民提供了安全、舒适、优美的生活环境,而且在改善城市小气候、保护环境卫生条件、丰富城市景观效果、组织城市交通以及社会效应方面有着积极的作用。城市道路绿地是城市总体规划设计与城市物质文明和精神文明建设的重要组成部分。

6.1 道路绿地概述

城市道路是一个城市的骨架,密布整个城市形成了一个完整的道路网。而街道绿化的好坏是对城市面貌起决定性的作用。同时街道绿地对调节街道附近地区的温度、湿度、减低风速都有良好的作用,在一定程度上可改善街道的小气候。城市街道绿化是城市园林绿地系统的重要组成部分,它是城市文明的重要标志之一。街道绿地在城市中以线条的形式广泛分布于全城,连着城市中分散的"点"和"面"的绿地,从而形成完善的城市园林绿地系统。

6.1.1 道路绿化的作用

1)改善城市环境

道路绿化在改善城市环境方面主要从净化空气、降低噪声、降低辐射热、保护路面4个方面来实现。

2)组织交通

在城市道路规划中,用中央分车带将上下车道进行分隔称为中央分车带。用两条绿化隔离带将快车道与慢车道进行分隔称为快慢分车带;在人行道与车行道之间又有行道树及人行绿化带将行人与车辆分开。另外,在交通岛、立体交叉、广场、停车场也需进行一定方式的绿化。在街道上的这些不同的绿化都可以起到组织城市交通、保证行车速度和交通安全的作用。

3）美化市容

街道绿化，美化街景，衬托或加强了城市建筑艺术面貌。优美的街道绿化给人留下了深刻印象。此外，在街道上对重点建筑物，应用绿化手段来突出、强调，相反，对那些不好看的建筑物，可以用绿化来掩饰遮挡，使街道市容整洁美观。

4）休息散步

城市街道绿化除行道树和各种绿化带外，还有面积大小不同的街道绿地、城市广场绿地、公共建筑前的绿地。这些绿地内经常设有园路、广场、座椅、小型休息建筑等设施，儿童游戏场。

5）增收副产

我国自古以街道两侧种植既有遮阴又……树种例子很多。如改善小气候、防风、防火、保护路面、组织城市交通、维……作用。同时也会有一定的经济收益。但是在具体应用上应结合实际因地制宜，讲究效果，这样才能达到预期目的。例如广西南宁、甘肃兰州、广东新会等城市具有一定的代表性。

6）其他作用

城市道路绿地是一个沿着纵轴方向演进的风景序列。其两旁不仅有建筑立面的变化，还有树木、花卉、草坪等高低大小姿态的变化。特别是位于街道中间的分车绿带，使街道富有横向的层次感和纵向的节奏感。

6.1.2　街道绿地规划设计前的调查

要搞好街道绿化设计，首先应根据任务书的要求，进行道路性质调查、现场结构调查和自然条件调查，并绘出现状图。

1）道路性质调查

调查该街道在城市中的地位及今后的发展情况，车流量、人流量及流向、街道两旁主要建筑的性质及要求。

2）现场结构调查

调查道路的形式、路面结构，排水及雨水口位置、市政工程设施（如杆线、地下管网、深井等位置）、人行横道、车站、红绿灯、警亭等。

3）自然条件调查

调查道路两旁植树绿化处的土壤 pH 值、肥力、厚度及道路各段的差异。旧路基和旧建筑基础的特殊情况。地下水位、现有树木花草的生长情况。气温、日照和风的情况。

6.1.3 城市道路绿地设计基础知识

1)城市道路的功能分类

城市道路是城市的骨架、交通的动脉、城市结构布局的决定因素。城市规模、性质、发展状况不同,其道路也是多种多样的。根据在城市中的地位、交通特征和功能不同,城市道路一般分为城市主干道、市区支道、专用干道三大类型。

(1)城市主干道

城市主干道是城市内外交通的主要道路、城市的大动脉。城市主干道可分为高速交通干道、快速干道、普通交通干道和区镇干道。

①高速交通干道。特大城市或大城市设置这类干道,为城市各大区之间远距离高速交通服务。

②快速交通干道。在特大城市或大城市设置,与邻近1~2级公路连接,位于城市分区的边缘地带。

③普通交通干道。这种干道是大中城市道路的基本骨架。大城市中又分为主要交通干道和一般交通干道。

④区镇干道。大中城市分区或一般城镇的生活服务性干道。

(2)市区支道

市区支道是小区街道内的道路,直接连接工厂、住宅区、公共建筑。

(3)专用干道

专用干道是城市规划中考虑的有特殊需要的道路。

2)城市道路绿地设计专用术语

城市道路绿地设计专用术语包括道路红线、道路分级、道路总宽度、分车带、交通岛等,如图6.1所示。

(1)道路红线

在城市规划建设图纸上划分出的建筑用地与道路界限,常以红色线条表示,故称为红线。红线是街面或建筑范围的法定分界线,是线路划分的重要依据。

(2)道路分级

道路分级的主要依据是道路的位置、作用和性质,是决定道路宽度和线型设计的主要指标。

(3)道路总宽度

道路总宽度也称为路幅宽度,即规划建筑线(红线)之间的宽度。它是道路用地范围,包括横断面各组成部分用地的总称。

(4)分车带

分车带是在车行道上纵向分割行驶车辆的设施,用以限定行车速度和车辆分行。

（5）交通岛

设置交通岛是为了便于管理交通而设于路面上的一种岛状设施。

（6）人行道绿化带

人行绿化带又称为步行道绿化带，是车行道与人行道之间的绿化带。

（7）分车绿带

分车绿带是用来分隔上下行车辆或快慢行车辆的绿化用地。

（8）防护绿带

防护绿带是将人行道与建筑分隔开的绿带。

（9）基础绿带

基础绿带是紧靠建筑的一条较窄的绿带。

（10）道路绿地

道路绿地是道路和广场用地范围内的可进行绿化的用地。道路绿地分为道路绿带、交通绿地、广场绿地、停车场绿地。

（11）道路绿带

道路绿带是道路红线范围内的带状绿地，可分为人行道绿化带、分车绿带、基础绿带、防护绿带。

（12）道路绿地率

道路绿地率是道路红线范围内各种绿带宽度之和占总宽度的比例。

（13）园林景观路

园林景观路是城市在重点路段强调沿线绿化景观，体现城市风貌，有绿化特色的道路。

（14）装饰绿地

装饰绿地是以装点美化街景观赏为主，一般不对行人开放的绿地。

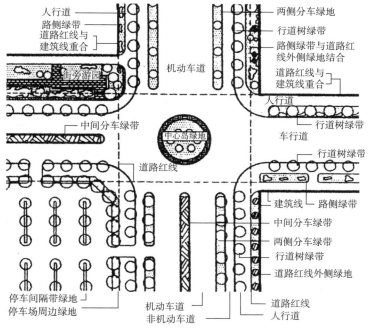

图6.1　道路绿地设计专用术语

（15）开放式绿地

开放式绿地在绿地中铺设游步道,设置建筑、小品、圆桌、圆椅等设施,供行人休息、娱乐、观赏的绿地。

（16）通透式配置

通透式配置是在绿地上配置的树木,在距相邻机动车路面高度 0.9~3.0 m 的范围内,树冠不遮挡驾驶员视线（即在安全视距之外）的配置方式。

6.1.4　城市道路绿地类型

道路绿地是城市道路环境中的重要景观元素。城市道路的绿化以"线"的形式可以使城市绿地连成一个整体,可以美化街景,衬托和改善城市面貌。因此,城市道路绿地的形式直接关系到人对城市的印象。现代化大城市有很多不同性质的道路绿地形式。

根据不同的种植目的,城市道路绿地可分为景观种植和功能种植两大类。

1）景观栽植

景观栽植主要是从绿地的景观角度来考虑栽植形式,可分为以下 6 种。

（1）密林式

沿路两侧浓茂的树林,以乔木为主,配以灌木、常绿树种和地被植物组成,封闭了道路。行人或汽车走入其间像进入森林中,夏季绿荫覆盖凉爽宜人,且具有明确的方向性,因此引人注目;一般在城乡交界、环绕城市或结合河湖处布置;一般多采用自然种植,则比较适应地形现状,可结合丘陵、河湖布置,容易适应周围地形环境特点。若采取成行成排整齐种植,可反映出整齐的美感。密林式具有浓荫、良好的生态效果。

（2）自然式

这种绿地设计手法主要模拟自然景色,比较自由,主要根据地形与环境来决定,用于造园、路边休息场所、街心花园、路边公园的建设。沿街在一定宽度内布置自然树丛,树丛由不同植物种类组成,具有高低、浓密和各种形体的变化,形成生动活泼的气氛。

（3）花园式

沿着路外侧布置成大小不同的绿化空间,有广场、绿荫,并设置必要的园林设施和园林建筑小品,供行人和附近居民逗留小憩和散步,也可停放少量车辆和设置幼儿游戏场等。花园式的优点是布局灵活、用地经济,具有一定的使用和绿化功能。

（4）田园式

道路两侧的园林植物都在视线下,大都种植草坪,空间全面敞开。这种形式开朗、自然,富有乡土气息,欣赏田园风光。在路上高速行车,视线较好。田园式主要适用于城市公路、铁路、高速干道的绿化。田园式的优点是视线开阔、交通流畅。

（5）滨河式

道路的一面临水,空间开阔,环境优美,是市民游憩的良好场所。在水面不十分宽阔、对岸又无风景时,滨河绿地可布置得较为简单,树木种植成行成排,沿水边就应设置较宽的绿地,布置游客步道、草坪、花坛、座椅等园林设施和园林小品。游客步道应尽量靠近水边,或设置小型广场和临水平台,以满足人们的亲水感和观景要求。

（6）简易式

沿道路两侧各种植一行乔木或灌木,形成"一条路,两行树"的形式,它是街道绿地中是最简单、最原始的形式。

总之,由于交通绿地的绿化布局取决于道路所处的环境、道路的断面形式和道路绿地的宽度,因此,在现代城市中进行交通绿地绿化布局时,要根据实际情况,因地制宜地进行绿化布置,才能取得好的效果。

2）功能栽植

功能栽植是通过绿化栽植来达到某种功能上的效果。一般这种绿化方式都有明确的目的,例如为了遮蔽、遮阴、装饰、防噪声、防风、防雪而进行的地面植被覆盖等。

（1）遮蔽式栽植

遮蔽式栽植是根据需要将视线的某一个方向加以遮挡,以免见其全貌,如街道某处景观不好需要遮挡等。当城市的挡土墙或其他结构物影响道路景观时,即可种一些树木或攀缘植物加以遮挡。

（2）遮阴式栽植

我国许多地区夏天比较炎热,道路上的温度很高,所以对遮阴树的种植十分重视。遮阴树的树种对改善道路环境,特别是夏天降温效果十分显著。但要注意栽植物与建筑的距离,以免影响建筑的通风及采光条件。

（3）装饰式栽植

装饰式栽植可以用在建筑用地周围或道路绿化带、分隔带两侧作局部的间隔与装饰之用。其功能是作为界限的标志,防止行人穿过、遮挡视线、调节通风、防尘、调节局部日照等。

（4）地被栽植

地被栽植即使用地被栽植覆盖地表,如草坪等,可防尘、防土、防止雨水对地表的冲刷,在北方还有防冻作用。

（5）其他

如防噪声栽植,防风、防雨栽植等。

6.1.5　城市道路绿地规划设计原则

城市道路绿地是道路空间的景观元素之一。一般道路、建筑物均为建筑材料构成的硬质景观,而道路绿地中的植物是一种软质材料,这种景观是任何其他材料所不能代替的。道路绿地不单纯考虑功能上的要求,作为道路环境中的重要视觉因素就必须考虑现代交通条件下的视觉特点,综合多方面的因素进行协调,力求创造更加优美的城市绿地景观。

1）道路绿地要求与城市道路的性质、功能相适应

城市从形成起就和交通联系在一起,交通发展与城市发展是紧密相连的。现代化的城市道路交通已发展成为一个多层次的复杂系统。由于交通的目的不同,不同环境的景观元素要求也不同,道路建筑、绿地、小品及道路自身的设计都必须符合不同道路的特点。

2）道路绿地应起到应有的生态功能

①城市绿地犹如天然过滤器,可以滞尘和净化空气。
②城市道路绿地中的行道树（尤其是乔木）具有遮蔽降温功能。
③城市绿地植物可以增加空气湿度。
④城市道路绿化中树木能吸收 SO_2 等有害气体,并能杀灭细菌,制造 O_2。
⑤城市道路绿地可以隔音和吸收噪声。
⑥城市道路绿地用低矮的绿篱或灌木可以遮挡汽车眩光,也可作为缓冲栽种。
⑦城市道路绿地还可防风、防雪、防火。

3）道路绿地设计要符合行人（或使用者）的行为规律与视觉特性

城市道路空间是供人们生活、工作、休息、互相交往与货物流通的通道。

4）城市道路绿地要与街景环境相协调,形成优美的城市景观

城市街景由许多景观元素构成,各种景观元素的作用、地位都应恰如其分。道路绿地不仅与街景中其他元素相互协调,还与地形、沿街建筑等紧密结合,使道路在满足交通功能的前提下,与城市自然景色、历史文物及现代建筑有机地联系在一起,把街道与环境作为一个景观整体加以考虑并作出统一的设计,创造有特色、有时代感的城市环境景观。

5）城市道路绿地要选择适宜的园林植物,形成优美、稳定的城市景观

城市道路绿地中的各种园林植物,因树形、色彩、香味、季相等不同,在景观、功能上也有不同的景观效果。根据道路景观及功能上的要求,要实现三季有花、四季常青,需要在植物的选择与多植物栽植方式的协调,达到植物的多样统一。道路绿地直接关系着街景的四季景观变化,要使春、夏、秋、冬四季具有丰富季相变化。

6）城市道路绿地应与街道上的交通、建筑、附属设施和地下管线等协调考虑

城市道路绿地设计应考虑城市土壤条件、植物养护管理水平等因素。
土壤、气候和养护管理水平是影响和决定植物生长的重要因素。因此,在进行城市道路绿地绿化设计时,要充分进行考虑才能保证城市景观的长久性。总之,道路绿地规划设计受各方面因素的制约,只有处理好这些问题,才能保持城市道路绿地景观的长期优美（图6.2）。

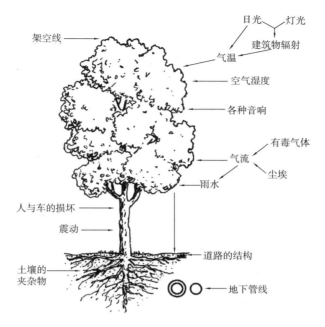

图 6.2　植物与环境的关系

6.1.6　城市道路绿地的环境条件及树种选择

城市道路绿地树种选择要适合当地条件。首先是适地适树,要根据本地区的气候、土壤和地上及地下环境条件选择适于在该地生长的树木,以利于树木的正常发育和抵御自然灾害,保持较稳定的绿地效果,切忌盲目追新;其次要选择抗污染、耐修剪、树冠圆整、树荫浓密的树种。另外,道路绿地植物应与乔木、灌木和地被植物相结合,提倡进行人工植物群落配置,形成多层次城市道路绿地景观。

6.1.7　城市道路绿化形式

城市道路绿化的设计必须根据道路类型、性质功能与地理、建筑环境进行规划和安排布局。设计前,先要做周密的调查,搞清与掌握道路的等级、性质、功能、周围环境,以及投资能力、苗木来源、施工、养护技术水平等进行综合研究,将总体与局部结合起来,做出切实、经济、最佳的设计方案。

城市道路绿化断面布置形式是规划设计所用的主要模式,根据绿带与车行道的关系常用的有一板二带式、二板三带式、三板四带式、四板五带式、六板七带式及其他形式。

1)一板二带式

一板二带式即一条车行道、二条绿化带。这是道路绿化中最常用的一种绿化形式。中间是车行道,在车行道两侧为绿化带。两侧绿化带中以种植高大的行道树为主。这种形式的优点是:简单整齐、用地经济、管理方便。但当车行道过宽时行道树的遮阴效果较差,景观相对单调。对车行道没有进行分隔、上下行车辆、机动车辆和非机动车辆混合行驶时,不利于组织交通。此种形式多用于城市支路或次要道路。在车流量不大的街道,特别是小城镇的街道绿化多采用此种形式(图6.3)。

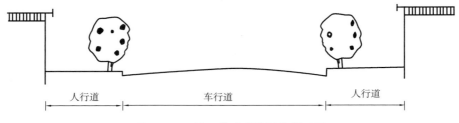

图6.3　一板二带式道路绿化断面图

2)二板三带式

二板三带式即分成单向行驶的两条车行道和两条绿化带,中间用一条分车绿带将上行车和下行车道进行分隔,构成二板三带式绿带。这种形式适于道路较宽,绿带数量较大,生态效益较显著的道路,也多用于高速公路和入城道路。此种形式对城市面貌有较好的景观效果,同时车辆分为上、下行驶,减少行车事故发生。但由于不同车辆,同时混合行驶,还不能完全解决互相干扰的矛盾(图6.4)。

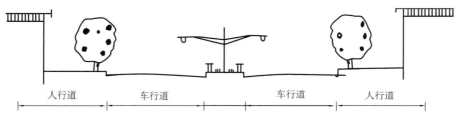

图6.4　二板三带式道路绿化断面图

3)三板四带式

利用两条分车绿带把车行道分成3块,中间为机动车道,两侧为非机动车道,连同车行道两侧的绿化带共4条绿带,故称三板四带式。这种形式占地面积大,却是城市道路绿化较理想的形式,其绿化量大,夏季庇荫效果好,组织交通方便,安全可靠,解决了各种车辆混合行驶互相干扰的矛盾,尤其在非机动车辆多的情况下更适宜。这种形式有减弱城市噪声和防尘的作用,多用于机动车、非机动车、人流量较大的城市干道(图6.5)。

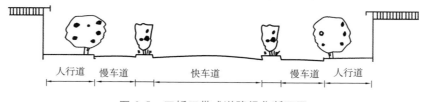

图6.5　三板四带式道路绿化断面图

4)四板五带式

利用中央分车绿化带把车行道分为上行和下行车道,然后把上、下行车道又分为上、下行快车道和上、下行慢车道3条分车绿带将车道分为4条,而加上车行两侧的绿化带共有5条绿带,使机动车与非机动车均形成上行、下行各行其道,互不干扰,保证了行车速度和交通安全。但用地面积较大,若城市交通较繁忙,而用地又比较紧张时,则可用栏杆分隔,以节约用地(图6.6)。

图6.6　四板五带式道路绿化断面图

5)六板七带式

此种形式是用中央分车带分隔上行车道和下行车道,然后把上行车道用绿化带分隔上行快车道和上行慢车道。同样把下行车道用绿化带分隔为下行快车道和下行慢车道,又在上、下行慢车道旁用绿化带分隔出公共汽车专用道,连同车行道两侧的绿化带共7条绿带。此种形式占地面积最大,但城市景观效果最佳。对改善城市环境有明显作用,同时对组织城市交通最理想。这种形式只适合于新建城市用地条件允许的情况下的道路绿化。

6)其他形式

按城市道路所处位置、环境条件的特点,因地制宜地设置绿带,如山坡道、水道的绿化设计等。

城市道路绿化的形式多,究竟以哪种形式为好,必须从实际出发,因地制宜,不能片面地追求形式,讲求气派。尤其在街道狭窄,交通量大,只允许在街道的一侧种植行道树时,就应以行人的庇荫和树木生长对日照条件的要求来考虑,不能片面地追求整齐对称。

6.2　城市道路绿带的设计

城市道路绿地中带状绿地的设计包括行道树的设计、人行绿化带的设计、中央分车带的设计、花园式林荫道的设计、滨河绿地的设计等。

6.2.1　人行道绿化树种植设计

从车行道边缘到建筑红线之间的绿化地段统称为"人行道绿化带"。这是城市道路绿化中的重要组成部分。其主要功能为行人遮阴、美化街景、装饰建筑立面。

人行道绿化带上种植乔木和灌木的行数由绿带宽度决定。在地上、地下管线影响不大时,宽度在2.5 m左右的绿化带,种植一行乔木和一行灌木;宽度大于6 m的绿化带,可考虑种植两行乔木,或将大小乔木、灌木以复层方式种植。宽度在10 m以上的绿化带,其株行数可多些,树种也可多样,甚至可以布置成花园林荫路。人行道绿化带的设计,可分为规则式、自然式、规则式与自然式相结合的形式。近年来,人行绿化带设计多用自然式布置手法,种植乔木、灌木、花卉和草坪。但是为了使道路绿化整齐统一,而又自由活泼,人行道绿化带的设计以规则与自然的形式最为理想。乔木、灌木、花卉、草坪应根据绿化带面积的大小、街道环境的变化而进行合理配置。城市中心的繁华街道只让行人活动或休息,不准车辆通过的街道称为步行街。其绿化美化的主要目的是增加街景,提高行人的兴趣。由于人流量较大,绿化可采用盆栽或做成各种形状的花台、花箱等进行配置,并与街道上的雕塑、喷泉、水池、山石、园林小品等相协调。

6.2.2 行道树的设计

行道树是有规律地在道路两侧种植用以遮阴的乔木而形成的绿带,是街道绿化最基本的组成部分和最普遍的形式。行道树的主要功能是夏季为行人遮阴。行道树的种植要有利于街景,与建筑协调,不得妨碍街道通风及建筑物内的通风采光。

1)行道树种植方式

行道树种植方式有多种,常用的有树池式和树带式两种。

(1)树池式

在人行道狭窄或行人过多的街道上经常采用树池种植行道树,形状可方可圆,其边长或直径不得小于1.5 m,一般正方形树池以1.5 m×1.5 m较合适;长方形树池的短边不得小于1.2 m,长短边之比不得超过2∶1,长方形以1.2 m×2 m为宜;圆形树池的直径不小于1.5 m为宜。方形和长方形树池容易和城市道路及两侧建筑物取得协调,所以应用较广,圆形常用于城市道路圆弧转弯处(图6.7)。

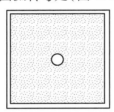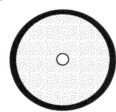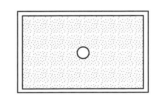

图6.7 常用树池形式示意图

为了防止行人踩踏池土,影响水分渗透和土壤空气流通,可在树池周边做高于人行道8~10 cm的边牙,考虑到有影响雨水流入池内这一点,因此在不能保证按时浇水或缺雨的地区,常把树池设计得与人行道相平,树池中土壤应稍低于地面,一方面便于雨水流入,另一方面避免树池中的土壤流出来污染路面,如能在树池上铺设透空的保护池盖则更理想。

(2)树带式

种植带是在人行道和车行道之间留出一条不加铺装的种植带。种植带的宽度一般不少于1.5 m。种植带在人行横道处或人流比较集中的公共建筑前面中断。树带式一般适用于交通、人流量不大的路段,树带下铺设草皮,以维护清洁,但要留出铺装过道,以便人流通行或汽车停车。种植带可种植草皮、花卉、灌木、防护绿篱,还可种植乔木与行道树共同形成林荫小道,但行距不小于5 m。这种处理形式在卫生防护和保证安全方面都有一定的优点(图6.8)。

种植带的宽度视具体情况而定,我国常见的种植带宽度的最低限度为1.5 m,一般种一行乔木用来遮阴,在行道树株距之间还可种绿篱,以增强防护效果;宽度为2.5 m的种植带可种植一行乔木,并在靠近车行道的一侧再种植一行绿篱;5 m宽的种植带就可交错种植两行乔木,或一行乔木两行绿篱,靠车行道一侧以防护为主,中间空地还可种一些花灌木、花卉或草皮。

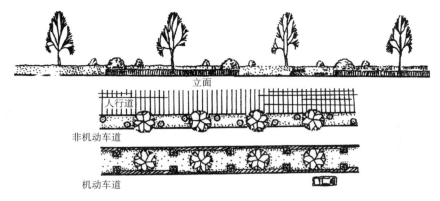

图6.8　树带式种植

2) 行道树的选择

对行道树的选择要求是比较严格的。在选择时应注意如下6点：

①能适应当地生长环境、生长迅速且健壮的乡土树种。

②适应城市的各种环境因子，对病虫害抵抗力强。苗木来源容易、成活率高的树种。

③树龄要长，树干通直，树枝端正，形体优美，冠大荫浓，花朵艳丽，芳香郁馥，春季发芽早，秋季落叶迟且落叶期短而整齐，叶色富于季相变化的树种为佳。

④花果无毒无臭味，无刺，无飞絮，落果少。

⑤耐强度修剪，愈合能力强。目前，因为我国的架空线路还不能全部转入地下，对行道树需要修剪，以避免树木大叶与线路的矛盾，所以一般将树冠修剪呈"Y"字形。

⑥深根性，不选择带刺或浅根树种，也不选用萌蘖力强和根系特别发达隆起的树种，以免刺伤行人或破坏路面。

3) 行道树的株距与定干高度

行道树种植的株行距直接影响其绿化功能效果。正确确定行道树的株行距，有利于充分发挥行道树的作用，合理使用苗木和管理。一般来说，株行距要根据树冠大小来决定（表6.1）。

表6.1　行道树的株距

树种类型	通常采用的株距/m			
	准备间移		不准备间移	
	市区	郊区	市区	郊区
快长树（冠幅15 m以下）	3~4	2~3	4~6	4~8
中慢长树（冠幅15~20 m）	3~5	3~5	5~10	4~10
慢长树	2.5~3.5	2~3	5~7	3~7
窄冠幅	—	—	3~5	3~4

行道树定干高度应根据其功能要求、交通状况、道路性质、宽度及行道树与车行道的距

离、树木分枝角度等确定。当苗木出圃时,苗木胸径以 12 ~ 15 cm 为宜,其分枝角度较大的,干高不得小于 3.5 m;分枝角度较小的,也不能小于 2 m,否则,会影响交通。行道树的定干高度视具体条件而定,以成年树冠郁闭度效果好为佳。

4)行道树的种植和工程管线的关系

随着城市现代化的加快,空架线路和地下管网等各种管线不断增多,大多沿道路走向布设各种管线,因而与城市道路绿化产生许多矛盾。一方面要在城市总体规划中考虑;另一方面又要在详细规划中合理安排,需要在种植设计时合理安排,为树木生长创造有利条件(表6.2—表6.5)。

表 6.2 树木与建筑、构筑物水平间距

名　称	最小间距/m	
	至乔木中心	至灌木中心
有窗建筑物外墙	3.0	1.5
无窗建筑物外墙	2.0	1.5
道路侧面外缘、挡土墙角、陡坡	1.0	0.5
人行道	0.75	0.5
高 2 m 以下围墙	1.0	0.75
高 2 m 以上围墙	2.0	1.0
天桥、栈桥的柱及架线塔电杆中心	2.0	不限
冷却池外缘	40.0	不限
冷却塔	高 1.5 倍	不限
体育用场地	3.0	3.0
排水明沟外缘	1.0	0.5
邮筒、路牌、车站标志	1.2	1.2
警亭	3.0	2.0
测量水准点	2.0	1.0
人防地下室出入口	2.0	2.0
架空管道	1.0	—
一般铁路中心线	3.0	4.0

表 6.3 植物与地下管线及地下构筑物的距离

名　称	至中心最小间距/m	
	至乔木中心	至灌木中心
给水管道	1.5	不限
污水管、雨水管、探井	1.0	不限

续表

名　称	至中心最小间距/m	
	至乔木中心	至灌木中心
电力电缆、探井	1.5	
热力管	2.0	1.0
电缆沟、电力电信杆	2.0	
路灯电杆	2.0	
消防龙头	1.2	1.2
煤气管、探井	1.5	1.5
乙炔氧气管	2.0	2.0
压缩空气管	2.0	1.0
石油管	1.5	1.0
天然瓦斯管	1.2	1.2
排水盲管	1.0	0.5
人防地下室外管	1.5	1.0
地下公路外缘	1.5	1.0
地下铁路外缘	1.5	1.0

表 6.4　树木与架空线路的间距

架空线名称	树木枝条与架空线的水平距离/m	树木枝条与架空线的垂直距离/m
1 kV 以下电力线	1	1
1～20 kV 电力线	3	3
35～140 kV 电力线	4	4
150～220 kV 电力线	5	5
电线明线	2	2
电信架空线	0.5	0.5

表 6.5　一般较大型的各种车辆高度

度量/车类	无轨电车	公共汽车	载重汽车
高度/m	3.15	2.94	2.56
宽度/m	2.15	2.50	2.65
离地高度/m	0.36	0.20	0.30

5）街道宽度、走向与绿化的关系

（1）街道宽度与绿化的关系

决定街道绿化的种植方式有多种因素，但其街道的宽度往往起决定作用。人行道的宽度一般不得小于 1.5 m，而人行道在 2.5 m 以下时很难种植乔灌木，只能考虑进行垂直绿化，但随着街道、人行道的加宽，绿化宽度也逐渐增加，种植方式也可随之丰富而有多种形式出现。

为了发挥绿化对改善城市小气候的作用，一般在可能的条件下绿带占道路总宽度的 20% 为宜，但对于不同的地区的要求也可有所不同。

（2）街道走向与绿化的关系

行道树的要求不仅对行人起到遮阴的作用，而且对临街建筑防止太阳西晒也有重要的作用。全年内要求遮阴时间的长短，与城市所在地区的纬度和气候条件有关。我国城市街道一般在 4—9 月份，约半年时间要求有良好的遮阴效果，低纬度的城市则更长。一天内 8:00—10:30、13:30—16:30 是防止东、西日晒的主要时间。因此，我国中北部地区东西走向的街道，在人行道的南侧种植行道树，遮阴效果良好，而南北走向的城市街道两侧都应种行道树。在南部地区，无论是东西走向还是南北走向的街道都应在两侧种植行道树。

一般来说，街道绿化多采取整齐、对称的布置形式，街道的走向如何只是绿地布置时参考的因素之一。要根据街道所处的环境条件，因地制宜的合理规划，做到适地适树。

6.2.3 分车绿带的设计

在分车带上进行绿化称为分车绿带，也称为隔离绿带。在车行道上设立分车带的目的是组织交通、分隔上下行车辆，是将人流与车流分开，机动车与非机动车分开，保证不同速度的车辆安全行驶。分车带上经常设有各种杆线、公共汽车停靠站，人行横道有时也横跨其上。分车带的宽度，依车行道的性质和街道总宽度而定，没有固定的尺寸，因而种植设计就因绿带的宽度不同而有不同的要求。高速公路分车带的宽度可达 5～20 m，一般也为 4～5 m，但最低宽度不能小于 1.5 m。

在交通量较少的道路两侧没有建筑或没有重要的建筑地段时，分车带上可种植较密的乔木和灌木，形成绿色墙，这样就可充分发挥隔离作用。当交通量较大，道路两侧分布大型建筑及商业性建筑时，既要求隔离又要求视线能通透，在分车带上种植就不应完全遮挡视线。应留出透景线。另外，种植分支点低的树时，株距一般为树冠直径的 2～5 倍；灌木或花卉的高度应在视平线以下。若需要视线完全敞开，在隔离绿化带上应只种植草皮、花卉或分支点高的乔木。路口及转弯地应留出一定范围不种遮挡视线的植物，使驾驶员能有较好的视线，保证交通安全，只能在分车带以种植草皮与灌木为主。尤其在高速干道上的分车带更不应种植乔木，避免驾驶员受树影、落叶的影响，以保持高速干道行驶车辆的安全。在一般干道的分车带上可种植 70 cm 以下的绿篱、灌木、花卉、草皮等。我国许多城市常在分车带上种植乔木，主要是因为我国大部分地区夏季比较炎热，考虑遮阴的作用，另外，我国的车辆行驶速度不快，树木对驾驶员的视力影响不大，故分车带上大多种植了乔木。但严格来讲，这种形式是不合适的。随着交通事业的不断发展有待逐步实现正规化。

1)分车绿化带的种植形式

分车带位于车行道的中间,在城市道路上位置明显且重要,因此在设计时要注意街景的艺术效果。可以造成封闭的感觉,也可以创造半开敞、开敞的感觉。这些都可以用不同的种植设计方式来达到。分车绿带的种植形式有 3 种,即分为封闭式种植、半开敞式种植和开敞式种植。无论采用哪种种植方式,其目的都是最合理地处理好建筑、交通和绿化之间的关系,使街景统一且富于变化。但要注意变化不可太多,过多的变化会使人感到凌乱,缺乏统一,容易分散驾驶员的注意力,从交通安全和街景考虑,在多数情况下,分车带以不遮挡视线的开敞式种植较合适。

（1）封闭式种植

以植物封闭道路,在分车带上种植单行或双行的丛生灌木或慢生常绿树,当株距小于 5 倍冠幅时,可起到绿色隔墙的作用。在较宽的隔离带上,种植高低不同的乔木、灌木和绿篱,可形成多种树冠搭配的绿色隔离带,层次和韵律较丰富。

（2）开敞式种植

在分车带上种植草皮、低矮灌木或较大株行距的大乔木,以达开朗、通透境界。大乔木的树干应裸露。

（3）半开敞式种植

介于封闭式种植和开敞式种植之间,可根据车行道的宽度、所处环境等因素,利用植物形成局部封闭的半开敞空间。

无论采取哪种方式,其目的都是合理地处理好建筑、交通和绿化之间的关系,使街道景观统一而富有变化。在一条较长的道路上,根据不同地段的特点,可以交替使用开敞与封闭的手法,这样既照顾了各个地段上的特点,也能产生对比效果。

另外,为了便于行人过街,分车带应进行适当分段,一般以 75～100 m 为宜。尽可能地与人行横道、停车站、大型商店和人流集散比较集中的公共建筑出入口相结合。

2)分车绿带的植物配植形式

（1）以乔木为主,配以草坪

高大的乔木成行种在分车带上,不仅遮阴效果好,而且会使人感到雄伟壮观。

（2）乔木和常绿灌木

为了增加分车带上景观的变化及季相的变化,可在乔木之间再配些常绿灌木,使行人体验到节奏和韵律感。

（3）常绿乔木配以花卉、灌木、绿篱、草坪

为达到道路分车带四季常青、又有季相变化的效果,可选用造型优美的常绿树和具有叶、花色变化的灌木。

（4）草坪和花卉

国内、外使用此种形式较多,但是冬季无景可赏。

3）分车绿化带种植设计应注意的问题

（1）分车绿化带位于车行道之间

当行人横穿道路时必然横穿分车绿带，这些地段的绿化设计应根据人行横道线在分车绿带上的不同位置，采取相对应的处理办法，既要满足行人横穿马路的需要，又不至于影响分车绿带的整齐美观（图6.9）。

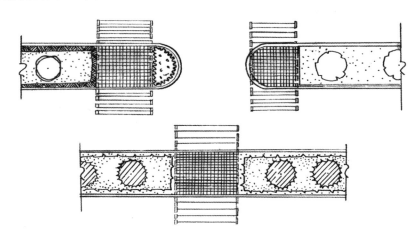

图6.9 人行横道线与绿带的关系

（2）路侧绿化带

分车绿带一侧靠近快车道，公共交通车辆的中途停靠站，都在近快车道的分车绿带上设停车站，其长度约30 m。在靠近停车的一边需要留有1~2 m宽的铺装地面，应种植高大的落叶乔木，以利夏季遮阴（图6.10）。

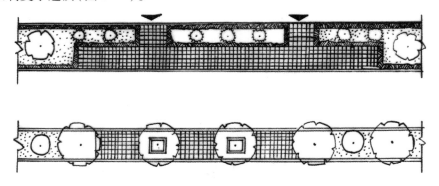

图6.10 分车绿带上的汽车停靠站

在这个范围内一般不能种灌木、花卉，可种植高大的阔叶乔木，以便在夏季为等车乘客提供树荫。当分车绿带宽5 m以上时，在不影响乘客候车的情况下，可种适当草坪、花卉、绿篱和灌木，并设低栏杆进行保护。

6.2.4 花园林荫道的绿化设计

花园林荫道是指那些与道路平行且具有一定宽度的带状绿地，也可称为街头休息绿地。

林荫道利用植物与车行道隔开,在其内部不同地段开辟出各种不同的休息场地,并有简单的园林设施,可供行人和附近居民短时间休息。目前在城镇绿地不足的情况下,可起到小游园的作用。它扩大了群众活动场地,同时增加了城市绿地面积,对改善城市小气候,组织交通,丰富城市街景作用大。

1)林荫道布置的类型

(1)设在街道中间的林荫道

该类型即两边为上下行的车行道,中间有一定的绿化带,这种类型较为常见。此种类型使街道具有一定的对称感且具有分车带的作用。但多在交通量不大的情况下采用,出入口不宜过多。因为这种形式的设计要到达林荫路必须横穿街道,所以对人身安全是不利的。

(2)设在街道一侧的林荫道

由于林荫道设在街道的一侧,减少了行人与车行道的交叉,在人车来往比较频繁的街道上多采用此种类型,往往也因地形而定。例如,旁边为山或一侧为滨河或有起伏的地形时,可利用借景将山、林、河、湖组织在一起,创造出更加安静的休息环境。人们到达林荫路不需要横穿车行道有利于人身安全,但这种形式使街道缺乏对称感。

(3)设在街道两侧的林荫道

设在街道两侧的林荫道与人行道相连,可以使附近居民不用穿过车行道就可到达林荫道,既安静又使用方便。这种形式对减少尘埃和降低城市噪声起明显作用,并且城市街道具有强烈的对称感。但此类林荫道占地过大,目前使用较少。例如,北京外大街花园林荫道。

2)林荫道设计原则

(1)设置游步道

一般在 8 m 宽的林荫道内,设一条游步道;8 m 以上时,设两条以上为宜。

(2)设置绿色屏障

车行道与林荫道绿带之间要有浓密的绿篱和高大的乔木组成的绿色屏障相隔,立面上布置成外高内低的形式较好(图6.11)。

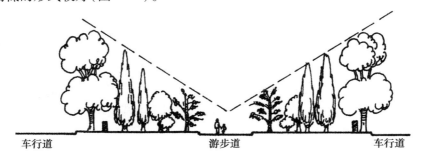

图 6.11　林荫道立面轮廓外高内低示意图

(3)设置建筑小品

在林荫道内可设小型儿童游乐场、休息座椅、花坛、喷泉、宣传栏、花架等建筑小品。

(4)留有方便的出入口

林荫道可在每隔75~100 m处分段设计出入口,人流量大的人行道,在正对大型建筑处应留出入口。出入口布置应具有特色,对建筑起绿化装饰作用,以增加绿化效果。但是分段也不能过多,否则会影响内部的安静。

(5)植物具有丰富的季相变化

在城市林荫道总面积中,道路广场不宜超过 25%,乔木占 30%～40%,灌木占 20%～25%,草本占 10%～20%,花卉占 2%～5%。由于南方天气炎热需要更多的浓荫效果,故常绿树占地面积可大些,北方则落叶树占地面积大些。

(6)规划设计布置形式

林荫道宽度较大(8 m 以上)的宜采用自然式布置,宽度较小(8 m 以下)的则以规则式布置为宜。

6.2.5 滨河路绿地种植设计

滨河路是城市中临河流、湖沼、海岸等水体的道路。滨河绿地是指城市道路的一侧沿江河湖海狭长的绿化用地。其一面临水,空间开阔,环境优美,是城镇居民游憩的地方。可吸引大量游客,特别是夏夜和傍晚,是人们散步和纳凉的胜地。其作用不亚于风景区和公园绿地。

滨河绿地的设计要根据其功能、地形、河岸线的变化而定。如岸线平直、码头规则对称,则可设计为规则对称的形式布局,如岸线自然曲折变化的长形地带可设计为自然式。不论滨河绿地采用哪种设计形式都要注意开阔的水面给予人们的开朗、幽静、亲切感。一般滨河路的一侧是城市建筑,在建筑和水体之间设置道路绿带。如果水面不十分宽阔且水深,对岸又无风景时,滨河绿地可以布置得简单些,除车行道和人行道外,临水一侧可修筑游步道,树木种植成行;驳岸风景点较多,沿水边就应设置较宽的绿带,布置游步道、草地、花坛、座椅、报刊亭等园林设施。游步道应尽量接近水边,以满足人们近水边散步的需要。在可以观看风景的地方设计成平台,以供人们观景用。在水位较稳定的地方,驳岸应尽可能地砌筑低一些,满足人们的亲水感。同时可为居民提供戏水的场所。

在具有天然坡岸的地方,可以采用自然式布置游步道和树木,凡未铺装的地面都应种植灌木或栽草皮,如在草坪上配置或点缀山石,更显自然。

水面开阔且水浅,适于开展水上体育活动,如游泳、划船等活动等。在夏日会吸引大量的游客,这样的地方应设计为滨河公园。

在滨河绿地上除采用一般行道树绿地树种外,还可选用适于低湿地生长的树木,如垂柳。树木不宜种得过于闭塞,林冠线也要富于变化,除种植乔木外,还可种一些灌木和花卉,以丰富景观。如果沿水岸等距离密植同一树种,则显得林冠线单调闭塞,既遮挡了城市景色,又妨碍观赏水景及借景的利用。在低湿的河岸上或一定时期水位可能上涨的水边,应特别注意选择能适应水湿和耐盐碱的树种。滨河路的绿化,除有遮阴功能外,有时还具有防浪、固堤、护坡的作用。斜坡上要种植草皮,以免水土流失,也可起到美化作用。滨河林荫路的游步道与车行道之间应尽可能地用绿化带隔开来,以保证游客的安静和安全。国外滨河路的绿化一般布置得比较开阔,以草坪为主,乔木种得比较稀疏,在开阔草地上点缀以修剪成型的常绿树种和花灌木。有的还把砌筑的驳岸与花池结合起来,种植的花卉和灌木形式多样(图 6.12)。

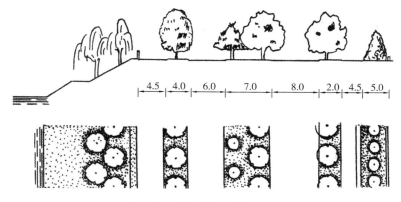

图 6.12 滨河路绿化设计实例

6.3 街道小游园设计

小游园是距城市居民区最近、利用率最高的园林绿地,与居民日常生活关系最密切,是居民经常使用的一种城市绿地形式。街道小游园是在城市中供居民短时间休息的小块绿地,又称为街道休息绿地、街道花园。

6.3.1 城市小游园的作用

随着城市的飞速发展,城市人民生活水平的不断提高,人们开始关心自己的生活空间和生存环境问题,所以城市小游园应用范围越来越广。城市小游园也可增添城市绿地面积,解决城市绿地不足问题,可为附近居民创造就近休息和活动的场地。其主要作用表现在以下4个方面:

(1)城市小游园能装点街景,美化市容

城市小游园一般分布在城市的主干道、次干道两侧,并且以植物造景为主,适当布置园林建筑、园林小品形成一幅优美的画面,而且能与城市的建筑相呼应,装点着城市景观。街道小游园由于设计形式不同,使得城市街道绿地内容更加丰富多彩。

(2)城市小游园能弥补的问题

城市小游园可以解决公园分布不均和使用不便的问题,为广大市民提供游憩环境。

街道小游园的服务半径较小,园林设施简单、投资少、见效快。园中有园路、园林小品、园桌、园椅,使人们既可以欣赏到绿地景观,又有空间活动和休息环境。居民可就近享受绿地效应。小游园是城市居民娱乐、健身的好场所。

(3)城市小游园可以发挥园林绿地的生态效应,改善城市环境

一般要求城市小游园面积的80%以上为绿地。植物的配置以乔木、灌木、花卉相结合为主,植物种类丰富。从而提高城市绿地率,在降低温度、吸收尘埃、减弱噪声、净化空气方面都有明显的作用。

(4)城市小游园的建设可以节约经济,方便居民使用

城市小游园一般占地面积小,设计精巧,设施简单,管理相对来说较容易,且投资少、分布

广,绿地属于开放性,居民使用极为方便,为城市创造了良好的社会效应和经济效应。

6.3.2 街道小游园的类型

小游园是离居民区最近、利用率最高的园林绿地,与居民日常生活关系最密切。根据小游园的作用和位置,可将小游园分为以下4种类型。

1)区域性的小游园

这种类型的小游园一般位于区、镇中心,能与周围环境相配合,并照顾到行人、交通。这类游园一般进行规则式布局。

在小游园的四周种植高度在1 m以内的修整灌木和圆锥形乔木,使整个小游园具有一个完整统一的形式,并与周围建筑物和谐联系。在小游园的人行道上,栽植比周边灌木矮的圆形树冠的植物。为了避免千篇一律,在成行栽植圆形树冠植物所形成的游园拐角处,栽植树冠高大与自由生长的乔木进行强调处理。

在小游园内种植浓密的草坪,草坪中种植由春到秋能连续开花的各种花卉。如果在小游园中有雕塑或纪念物,绿化布置要与它们相协调。例如,在雕塑周围种植花灌木,便于集中游客的注意力。

2)公共建筑物前的小游园

这类小游园主要起强调建筑物的作用。因此,小游园的规划设计应服从该公共建筑物的主轴线,采用规则式设计。

主轴线上有大型的花坛,可在花坛上设雕塑。雕塑主题要与建筑物取得联系,也可用喷泉代替花坛,同样可以形成小游园的幽美气氛。

在主轴线两侧设计有花、草的混合绿地,并混合布置修整的灌木定型树冠和自由生长的树木。如小游园角落栽植自由生长的银白杨,沿边是5~6 m高的定型枫树,内部是4~5 m高的圆冠刺槐,在修整灌木丛中的半圆池处布置长椅,从而强调与公共建筑物的协调。

3)街道交叉点形成的广场小游园

这种小游园的造型取决于街道的方向和组织交通的方法。小游园可以建成能通过行人或不容许行人通行而只起装饰作用的小游园。由3条街道交叉口形成的小游园,为了与道路走向取得一致,应采用三角形结构,为3条道路交叉口形成的广场小游园。

为使小游园的绿化形式同附近街道绿化及周围建筑物绿化相协调,在小游园沿边栽植灌木,小游园的正面铺设草坪或用花坛装饰,在花坛上栽植乔木或灌木等。在小游园端点处栽植不同类型的树丛。为了便于人们在小游园作短时间休息,往往设有绿荫带的小广场。在小广场上设座凳,在广场中心布置喷水池或花坛。

4)一侧或两侧临街的小游园

三面建筑物一面临街小游园的设计,常用于医院、机关等事业单位规划这类小游园时,要与街道的造型和附近的建筑物相协调。

6.3.3　街道小游园的主要内容

城市街道小游园的面积一般在 1 ha 以下,有的为几百平方米甚至还有几十平方米。这类绿地布置比较灵活,不拘形式。在人行道的一侧有一定面积,均可开辟为街道小游园。街道小游园以植物为主,可用树丛、树群、花坛、草坪等布置。乔灌木、常绿或落叶树相互搭配,有层次、有变化。街道小游园应设立若干个出入口,并在出入口规划集散广场;内部可设小路和小场地,供人们休息;有条件的设计一些园林建筑小品,如亭廊、花架、园灯、水池、喷泉、假山、座椅、宣传廊等,丰富景观内容,满足群众需要。

6.3.4　街道小游园的布局形式

街道小游园绿地大多地势平坦,或略有高低起伏,可设计为规则对称式、规则不对称式、自然式、混合式等多种形式。

1)规则对称式

有明显的中轴线,有规律的几何图形,如正方形、长方形、三角形、多边形、圆形、椭圆形等。小游园的绿化、建筑小品、园路等园林组成要素对称或均衡地布置在中轴线两侧。此种形式外观较整齐,能与街道、建筑物取得协调,给人以华丽、简洁、整齐、明快的感觉;缺点是不够灵活。特别是在面积不大的情况下还会产生一览无余的效果,但也易受约束。为了发挥绿化对于改善城市小气候的影响,一般在可能的条件下绿带占总宽度的 20% 为宜,也要根据不同地区的要求有所差异。

2)规则不对称式

此种形式整齐而不对称,绿化、建筑小品、道路、水体等组成要素均按一定的几何图案进行布置,但无明显的中轴线。可根据其功能组成不同的空间,它给人的感觉是虽不对称,但有均衡的效果。

3)自然式

绿地无明显的轴线,道路为曲线,植物以自然式种植为主,易于结合地形,创造自然环境,活泼舒适,如果点缀一些山石、雕塑或建筑小品,更显得美观。这种布置形式布局灵活,给人以自由活泼,富有自然气息。

4)混合式

混合式小游园是规则对称式与自然式相结合的一种形式,运用比较灵活,内容布置丰富。占地面积较大,能组织成几个空间,联系过渡要自然,总体格局与四周的建筑应协调,不可杂乱无章。

6.4　城市交叉路口与立交桥头绿地规划设计

6.4.1　交叉口的种植设计

交叉口是两条或两条以上道路相交之处。这是交通的咽喉、隘口,种植设计需要先调查其地形、环境特点,并了解安全视距及有关符号。为了保证行车安全,在道路交叉口必须为司机留出一定的安全视距。所谓安全视距是指行车司机发现对方来车立即刹车而恰好能停车的距离,使司机在这段距离内能看到对面特别是侧方来往的车辆,并有充分的刹车和停车时间,而不致发生撞车事故。根据两条相交道路的两个最短视距,可在交叉口平面图上绘出一个三角形,称为视距三角形(图6.13)。

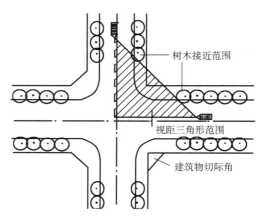

图6.13　视距三角形示意图

在此三角形内不能有建筑物、构筑物、广告牌及树木等遮挡司机视线的地面物。在视距三角形内布置植物时,其高度不得超过 0.65 ~ 0.7 m,宜选低矮灌木、丛生花草种植。

视距的大小,随道路允许的行驶速度、道路的坡度、路面质量情况而定,一般采用 30 ~ 35 m 的安全视距为宜。

安全视距计算公式:

$$D = a + tv + b \qquad b = \frac{v^2}{2q\mu}$$

式中　D——最小视距,m;

　　　a——汽车停车后与危险带之间的安全距离,一般为 4 m;

　　　t——驾驶员发现目标必须刹车的时间,一般为 1.5 s;

　　　v——规定行车速度,m/s;

　　　b——刹车距离,m;

　　　q——重力加速度,m/s^2;

　　　μ——为汽车轮胎与路面的摩擦系数,结冰情况下取 0.2,潮湿取 0.5,干燥取 0.7。

6.4.2　交通岛绿地设计

交通岛俗称转盘,设在道路交叉口处。主要作用为组织环形交通,使驶入交叉口的车辆一律绕道作逆时针单向行驶。一般设计为圆形,其直径的大小必须保证车辆流量的主干道路或具有大量非机动车交通、行人众多的交叉口。目前我国大、中城市所采用的圆形中心岛直径一般为 40 ~ 60 m,一般城镇的中心岛直径也不能小于 20 m。中心岛不能布置成行人休息用的小游园、广场或吸引游客的地面装饰物,而常以嵌花草皮、花坛为主或以低矮的常绿灌木组成简单的图案花坛,切忌用常绿小乔木或灌木,以免影响视线。但是,在居住区内部街道由于人流、车流较少,以步行为主。因此,在这种情况下,交通岛往往可以布置成小游园或广场的形式,以方便居住区的人们休闲活动。中心岛虽然也构成绿岛,但比较简单,与大型交通广场或街心小游园不同。

6.4.3　立体交叉道绿地种植设计

道路立体交叉的形式主要有两种,即简单立体交叉和复杂交叉。为纵横两条道路在交叉点相互不通,这种立体交叉一般不能形成专门的绿化地段,绿化设计与街道绿化相同。复杂的立体交叉一般由主、次干道和匝道组成,匝道供车辆左、右转弯,把车流导向主、次干道上。为了保证车辆安全和保证规定的转弯半径,匝道和主、次干道之间往往形成几块面积较大的空地。在国外,有利用这些空地作为停车场的,在我国一般多作为绿化用地,称为绿岛。此外,以立体交叉的外围到建筑红线的整个地段,除根据城镇规划安排市镇设施外,都应充分绿化起来,这些绿地可称为外围绿地。绿岛和外围绿地构成美丽而壮观的景观。

绿化布置要服从立体交叉的交通功能,使驾驶员有足够的安全视距。立体交叉虽然避免了车流在同一平面上的立体交叉,但无法避免汽车的顺行交叉(又称交织)。在匝道和主、次干道汇集的地方也要发生车辆顺行交叉,因此,在这一段不宜种植遮挡视线的树木,如种植绿篱和灌木时,其高度不能超过驾驶员视线高度,以便能注意到前方的车辆。在弯道外侧,最好种植成行的乔木,以便诱导驾驶员行车方向,同时使驾驶员有安全感。

绿岛是立体交叉中面积比较大的绿化地段,一般应种植开阔草坪,在草坪上点缀具有较高观赏价值的常绿树和花灌木,也可种植一些宿根花卉,构成一幅壮观的图景,切忌种植较高的绿篱和大量的乔木,以免阴暗郁闭。如果绿岛面积较大,在不影响交通安全的前提下,可按街心花园的形式布置,设置园路、花坛、座椅等。此外,绿岛内还需装置喷灌设施,以便及时浇水、洗尘和降温。

立体交叉外围绿化树种的选择和种植方式,要与道路伸展方向绿化建筑物的不同性质结合起来,和周围的建筑物、道路、路灯、地下设施及地下各种管线密切配合,做到地下和地上合理布置,才能取得较好的绿化效果。

6.5　公路、铁路的绿化设计

6.5.1　公路绿化

城市郊区的道路为公路,联系着城镇、乡村及通向风景区的道路。一般距市区、居民区较远,常常穿过农田、山林、水域。因此,公路绿化的主要目的在于美化道路,防风、防尘,并满足行人车辆的遮阳要求,再加上其地下管线设施简单,人为影响因素较少。所以在进行绿化设计时通常有它的特殊之处。在绿化设计时应考虑以下 5 个方面的问题:

①根据公路的等级、路面宽度决定公路绿化带的宽度和树种的种植位置。

a. 当路面宽度在 9 m 或 9 m 以下时,不宜在路间、路肩上植树,要栽到边沟以外,距边缘

0.5 m处为宜(图6.14、图6.15)。

b.当路面宽度在9 m以上时,可在路肩上植树,距边沟内径不小于0.5 m为宜,以免树木生长时,其地下部分破坏路基(图6.16)。

②公路交叉口应留出足够的视距,在遇到桥梁、涵洞等构筑物时5 m以内不能种植任何植物。

③公路线较长时,应在2~3 km处变换另一树种,避免绿化单调,增加景色变化,保证行车安全同时避免病虫害蔓延。

④选择公路绿化树种时要注意乔、灌木相结合,常绿与落叶相结合,速生树与慢生树相结合,还应多采用地方乡土树种。

⑤公路绿化应尽可能地结合生产或与农田防护林带相结合,做到一林多用,节省用地。

图6.14　公路断面结构示意图

图6.15　公路路宽9 m以下绿化示意图

图6.16　公路路宽9 m以上绿化示意图

6.5.2　铁路的绿化设计

铁路绿化是沿着铁路延伸方向进行的,目的是保护铁轨枕木少受风、沙、雨、雷的侵袭,还可保护路基。在铁路两侧进行合理的绿化,还可形成优美的景观效果(图6.17)。

铁路绿化的要求主要体现在以下6个方面:

①种植乔木应距10 m以上,6 m以上种植灌木。

②在铁路、公路平交的地方,50 m公路视距、400 m铁路视距范围内不得种植阻挡视线的

乔木和灌木。

③铁路转弯内径在 150 m 内不得种植乔木,可种植小灌木及草本地被植物。

④在距机车信号灯 1 200 m 内,不得种植乔木,可种植小灌木及地被植物。

⑤在通过市区的铁路,左右应各有 30～50 m 以上的防护绿化带,减弱城市噪声对居民的干扰。

⑥在铁路的边坡上,不能种植乔木,可种植草本或低灌木进行护坡,防止水土流失,以保证行车安全。

图 6.17　铁路绿化断面示意图

6.5.3　高速公路的绿地规划设计

随着城市交通发展的进程,高速公路在我国得到了很好的发展,目的是要提高远距离的交通速度,做到交通畅通。高速公路是具有中央分隔带和完全防护设施、专供车辆快速行驶的现代公路。其车速为 80～120 km/h,其几何线型设计要求较高,采用高级路面,工程比较复杂。

1)高速公路断面的布置形式

高速公路的横断面包括中央隔离带(分车绿带)、行车道、路肩、护栏、边坡、路旁安全带和护网(图 6.18)。隔离带宽度为 1.8～4.5 m,其内可种植花灌木、草皮、绿篱和较低矮的整形常绿树,较宽的隔离带还可种植一些自然树丛,但不宜种植成行乔木,以免影响高速行进中驾驶员的视线。为了保证安全,高速公路一般不允许行人穿越,分车带内可装设喷灌或滴灌设施,采用自动或遥控装置。

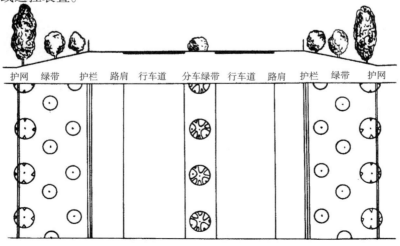

图 6.18　高速公路绿化

2）高速公路对绿化的要求

①高速公路一般要远离建筑物，它们之间要用较宽的绿带隔开。绿带上不种植乔木，以免造成交通事故。

②高速公路中央隔离带的宽度最少为 4 m，但其他地方会受条件限制，为了节约用地也有采用 3 m 的。隔离带中可种植花灌木、草坪、绿篱、矮性整形的常绿灌木，可以形成很好的配置效果，但是高速公路的隔离带也要因地制宜，作分段设计处理，以增加路面景观和有利于消除视力疲劳。但隔离带较窄，为了安全，往往需要增设防护栏。当隔离带较宽时也可种植自然树木。

③当高速公路通过城区时，为了减少对城市环境的污染，往往要求在干道的两侧种植 20～30 m 宽的安全防护地带。

④为了保证安全，一般高速公路不允许行人与非机动车辆穿行于 3.5 m 以上宽的路肩，以供故障车辆停放。路肩上不宜栽种树木，可在其外侧边坡上和安全地带上种植树木、花卉和绿篱。大乔木要距路面有足够的距离，不使树影投射到车道上。

⑤高速公路的平面线形有一定距离要求，一般直线距离不应大于 24 km；在直线下坡拐弯的路段应在外侧种植树木，以增加驾驶员的安全感，并可诱导视线。

⑥当高速公路通过城市中心时，需要设立交桥，并且车行道与人行道严格分开，绿化时也不能种植乔木。

⑦在高速公路上，一般每 50～100 km 设立一处休息站，供司机和乘客停车休息。休息站前、后设计有减速道、加速道、停车场、加油站、汽车修理、食堂、小卖部、厕所等服务设施，需配以绿化。在炎热地区，停车场地可种植树冠大而荫浓的乔木，布置成绿化停车场，以免车辆受到暴晒。场地内用花坛或树坛划分成不同的车辆停放区。

3）高速公路绿地种植设计的类型

（1）视线诱导种植

通过绿地种植来预示可预告公路线条形状的变化，以引导司机安全操作，尽可能地保证快速交通下的安全，这种诱导表现在平面上的曲线转弯方向、纵断面上的线条形状变化等。所以这种种植必须有连续性才能反映线条形状的变化，并且树木要有适宜的高度和位置等才能起到提示诱导的作用。

（2）遮光种植

因为车辆在夜间行驶时常常由于对方车灯光引起炫光，而在高速公路上，对方车辆行驶速度快，这种炫光往往容易引起司机操作上的困难，影响行车安全，所以采用遮光种植。种植的间距、高度与驾驶员视线的高度及路灯的照射角度有关。一般小车的要求树高需在 1.5 m 以上，大车在 2.0 m 以上。

（3）明暗适宜的栽植

当汽车进入隧道光线明暗急剧变化，瞬间不能适应，看不清前方。一般在隧道入口处栽植高大树木，以使侧方光线形成明暗的参差阴影，使亮度逐渐变化，以缩短适应时间。

（4）缓冲栽植

为了减缓发生冲击时，车辆与驾驶员受到的损伤，种植具有一定宽度和厚度的低矮树群，可起缓冲作用。

（5）其他栽植

高速公路其他种植形式有：为了防止危险和行人穿越的隔离种植；防止坡面水土流失的防护种植；遮挡道路边不太美观的景观的背景种植；为了点缀道路边风景的点景种植等。

复习思考题

1. 城市道路绿地的概念。
2. 城市道路绿地的类型。
3. 城市道路绿地植物景观设计的原则。
4. 城市道路行道树的选择要求。
5. 交通岛绿地设计要求。

【项目实训】

实训1　某城市道路绿地规划设计

为了使学生能够更好地将理论结合实际，培养学生的规划设计能力、艺术创新能力和对理论知识的综合运用能力，掌握道路规划设计的方法和程序，特选择当地城市某段道路绿地规划设计作为项目实训内容，要求学生在外业调查的基础上，结合道路功能和当地环境条件进行设计。

1）项目实训条件

①某城市道路规划设计任务书。
②道路所处位置图、绿化用地现状图和各种管线布置图。
③制图室和相应的绘图工具或计算机辅助设计室和绘图软件。

2）项目实训要求

①道路设计应满足交通功能，并能结合当地环境特点，巧妙构思，体现出城市文化内涵和地方特色。
②道路设计立意要求新颖，格调高雅，具有时代气息。
③道路设计布局合理，能满足道路交通方便和安全要求。
④在植物选择上，要考虑绿化和美化的要求，正确运用合理的植物配植形式，符合构图规律，创造出良好的道路景观。
⑤制图规范，设计完成的图纸，能满足施工要求。

3）实训过程步骤、方法、任务评价

（1）方法步骤

①现场调查，收集资料。对给定路段进行现场勘查，了解周围的环境条件及道路的性质、功能、规模和绿地规划设计要求等。了解当地的自然条件、社会条件。确定绿地的风格形式和内容设施。

②分析资料。根据任务书所给的资料和收集的资料，对建设绿地的平面图、管线分布图等基础资料进行进一步分析。

③绘制底图。对收集的基础平面图按照设计比例要求放大，作为规划设计用底图。

④确定方案。确定设计方案，经研讨，与建设单位沟通，经过修改，确定最终设计方案。

⑤完成设计。按照设计要求，最终完成设计图纸和设计文本，包括平面图、立面图、效果图和设计说明书、植物名录等。设计可以手绘完成或计算机完成。

（2）任务评价

任务完成后，对其进行评价，主要从以下5个方面进行考虑：

①景观设计：能因地制宜合理地进行景观规划设计，景观序列合理展开，景观丰富。主题明确，立意构思新颖巧妙。

②功能要求：能根据广场类型结合环境特点，满足设计要求，功能布局合理，符合设计规范。

③植物配植：正确选择植物，种类丰富，配植合理，植物景观主题突出，季相分明。

④方案可实施性：在保证功能的前提下，方案新颖，可实施性强。

⑤设计表现：图面设计美观大方，能够准确表达设计构思，符合制图规范。

第7章 城市广场绿地规划设计

【知识目标】

1. 了解城市广场的概念、发展的历史;理解各类城市广场的类型及基本特点。
2. 掌握城市广场设计的原则和方法。
3. 掌握各类城市广场的规划设计要点和注意事项。

【技能目标】

1. 学会广场设计现场调查和所需资料的收集。
2. 能根据甲方的设计要求提出合理的设计方案。
3. 能绘制一套完整的广场设计图
4. 能进行各类城市广场的规划设计。

【学习内容】

现代城市广场是指由建筑物、街道和绿地等围合或限定形成的永久性城市公共活动空间,是城市空间环境中具公共性、富有艺术魅力、能反映城市文化特征的开放空间。城市广场是城市道路交通体系中具有多种功能的空间,是人们政治、文化活动的中心,通常是公共建筑集中的地方。城市广场是居民社会活动的中心,既可组织集会,交通集散,也是人流、车流的交通枢纽或居民休息和组织商业贸易交流的场所,广场周围一般均布置城市中的重要建筑和设施,能集中体现城市的艺术面貌。城市广场往往成为表现城市景观特征的标志。现代城市广场体现了一个城市的风貌和灵魂,展示了现代城市的生活模式和社会文化内涵。现代城市广场与公园一样,是现代城市开放空间体系中的"闪光点",具有明确的主题、综合的功能、多样的空间等,备受现代都市人的喜爱。

7.1.1 城市广场的分类

城市广场的类型多种多样,城市广场通常是从广场的使用功能、尺度关系、空间形态、材料构成、平面组合等几个方面的不同属性和特征来分类的。其中,最常见的是根据广场的功能性质来进行分类。

1)以广场的使用功能分类

①集会性广场:政治广场、市政广场、宗教广场等。
②纪念性广场:纪念广场、陵园、陵墓广场等。
③交通性广场:站前广场、交通广场等。
④商业性广场:集市、商贸广场、购物广场等。
⑤文化娱乐休闲广场:音乐广场、街心广场等。
⑥儿童游乐广场。

⑦附属广场：商场前广场、大型公共建筑前广场等。

2）以广场的尺度关系分类

①特大广场：特指国家性政治广场、市政广场等。这类广场用于国务活动、检阅、集会、联欢等大型活动。
②中小度广场：街区休闲活动、庭院式广场等。

3）以广场的空间形态分类

①开放性广场：露天市场、体育场等。
②封闭性广场：室内商场、体育场等。

4）以广场的材料构成分类

①以硬质材料为主的广场：以混凝土或其他硬质材料做广场的主要铺装材料，分素色和彩色两种。
②以绿化材料为主的广场：公园广场、绿化性广场等。
③以水质材料为主的广场：大面积水体造型等。

7.1.2　城市广场规划设计的基本原则

1）系统性原则

现代城市广场是城市开放空间体系中的重要节点。它与小尺度的庭园空间、狭长线型的街道空间及联系自然的绿地空间共同组成了城市开放空间系统。现代城市广场通常分布于城市的入口处、城市的核心区、街道空间序列中或城市轴线的交点处、城市与自然环境的接合部、城市不同功能区域的过渡地带、居住区内部等。现代城市广场在城市中的区位及其功能、性质、规模、类型等应有所区别，各自有所侧重。每个广场都应根据周围环境特征、城市现状和总体规划的要求，确定其主要性质、规模等，只有这样才能使多个城市广场相互配合，共同形成城市开发空间体系中的有机组成部分。所以城市广场必须在城市空间环境体系中进行系统分布的整体把握，做到统一规划、合理布局。

2）完整性原则

成功的城市广场设计，其完整性是非常重要的，完整性包括功能的完整和环境的完整两个方面。

功能的完整性是指一个广场应有其相对明确的功能。在这个基础上，做到主次分明、重点突出。从发展趋势看，大多数城市广场的功能都在从过去单纯为政治、宗教服务向为市民服务转化。即使是天安门广场，在今天也改变了以往那种空旷生硬的形象而逐渐贴近生活，周边及中部还增加了一些绿化、环境小品等。

环境的完整性主要考虑广场环境的历史背景、文化内涵、时空连续性、完整的局部、周边建筑的环境协调和变化等问题。在城市建设中,不同时期留下的物质印痕是不可避免的,特别是在改造更新历史上留下来的广场时,更要妥善处理好新老建筑的主从关系和时空连续等问题,以取得统一的环境完整效果。

3)尺度适配性原则

尺度适配性原则是根据广场不同使用功能和主题要求,确定广场合适的规模和尺度。如政治性广场和一般的市民广场在尺度上就应有较大区别,从国内外城市广场来看,政治性广场的规模与尺度较大,形式较规整;而市民广场规模与尺度较小,形式较灵活。

4)生态环保性原则

广场是整个城市开放空间体系中的一部分,与城市整体生态环境联系紧密。一方面,其规划的绿地中花草树木应与当地特定的生态条件和城市景观特点(如市花和市树)相吻合;另一方面,广场设计要充分考虑本身的生态合理性,如阳光、植物、风向和水面等,做到与周围环境协调统一。

5)多样性原则

现代城市广场应有一定的主要功能,可以具有多样化的空间表现形式和特点。广场是人们享受城市文明的舞台,它既反映作为群体的人的需要,也要综合兼顾特殊人群(如残疾人)的使用要求;同时,广场的服务设施和建筑功能也应多样化,使纪念性、艺术性、娱乐性和休闲性兼而有之。

市民在广场上的行为活动,无论是自我独处的个人行为还是公共交往的社会行为,都具有私密性与公共性的双重品格。一些行为心理对广场中的场所空间设计提出了更高要求,就是要给人们提供能满足不同需要的多样化的城市空间环境。

6)步行化原则

步行化是现代城市广场的主要特征之一,也是城市广场的共享性和良好环境形成的必要前提。城市广场空间和各因素的组织应保证人的自由活动行为,如保证广场活动与周边建筑及城市设施使用连续性。在大型广场上,还可根据不同使用功能和主题考虑步行分区规划设计。随着现代机动车逐渐成为城市交通的主导地位,城市广场规划设计的步行化原则显得更为重要。

7)文化性原则

城市广场作为城市开放空间体系中艺术处理的精华,通常是城市历史风貌、文化内涵集中体现的场所,是城市主要景观。其规划设计既要尊重历史传统,又要有所创新、有所发展,这就是继承和创新有机结合的文化性原则。

8)特色性原则

个性特征是通过人的生理和心理感受到的与其他广场不同的内在本质和外部特征。现代城市广场应通过特定的使用功能、场地条件、人文主题及城市景观艺术处理来塑造特色。

广场的特色性不是设计师的凭空创造,更不是套用现成特色广场模式,而是对广场的功能、地形、环境、人文、城市区位等方面做全面分析,不断地总结、加工、提炼,才能创造出与市民生活紧密结合和独具地方、时代特色的现代城市广场。

7.1.3　城市广场的类型

现代城市广场的类型划分,通常是按广场的功能性质、尺度关系、空间形态、材料构成、平面组合和剖面形式等方面划分的,其中,常见的是根据广场的功能性质来进行分类。一般可分为市政广场、纪念广场、交通广场、商业广场、宗教广场、文化休闲娱乐广场。但有的广场兼有多重功能,也具有多重性质,例如,有的纪念性广场也是休息和娱乐广场,如大连星海广场,是集休闲与纪念意义于一体的大型城市广场。

1)市政广场

市政广场一般位于城市中心位置,通常是市政府、城市行政区中心、老行政区中心和旧行政厅所在地,用于政治、文化集会、庆典、检阅、礼仪、传统民间节日活动等广场。市政广场往往布置在城市主轴线上,成为一个城市的象征,如天安门广场(图7.1)。在市政广场上常设有展现该城市特点或代表该城市形象的重要建筑物或大型雕塑。

图7.1　天安门广场

市政广场一般反映该城市面貌,因而在设计广场时,布局一般为规则式,并要与周围建筑布局、环境相协调,无论平面、立面、透视感觉、空间组织、色彩和形体对比等,都应起到相互烘托、相互辉映的作用,以反映出广场的壮丽景观。

2)纪念广场

纪念广场题材非常广泛,可以是纪念人物,也可以是纪念事件。通常广场中心或轴线以纪念雕塑(或雕像)、纪念碑(或柱)、纪念建筑或其他形式纪念物为标志,主体标志物应位于整个广场构图的中心位置(图7.2)。

纪念广场的大小没有严格限制,只要能达到纪念效果即可。因为通常要容纳众人举行缅怀纪念活动,所以应考虑广场中具有相对完整的硬质铺装地,而且与主要纪念标志物(或纪念对象)保持良好的视线或轴线关系。纪念广场的选址应远离商业区、娱乐区等,严禁交通车辆在广场内穿越,以免对广场造成干扰,并注意突出严肃深刻的文化内涵和纪念主题。宁静和谐的环境气氛能大大增强广场的纪念效果。

图 7.2　南昌八一纪念广场

3)交通广场

交通广场包括站前交通广场、大型建筑前广场和环岛交通广场。它是交通的连接枢纽,起交通、集散、联系、过渡及停车作用,并有合理的交通组织,是城市交通的有机组成部分。交通广场是人群集散较多的地方。站前广场主要建在汽车站、火车站、飞机场、轮船码头等主要入口处;大型建筑前广场主要位于剧场、体育馆(场)、展览馆、饭店旅馆等门前;环岛交通广场设在城市干道交叉口处。

(1)站前广场

站前广场是旅客进入城市参与活动的第一个城市客厅性质的公共空间,它对城市形象的塑造起着非常重要的作用。目前国内城市站前广场主要有火车站(包括高铁站)站前广场、长途汽车客运站站前广场等。对外交通的站前交通广场往往是一个城市的入口,其位置通常比较重要,很可能是一个城市或城市区域的轴线端点。广场的空间形态应尽量与周围环境相协调,体现城市风貌,使过往旅客使用舒适,印象深刻(图 7.3)。

站前广场功能分区大致分为两部分,即交通枢纽功能区和城市广场功能区。站前广场分别实现交通枢纽功能和城市广场休闲娱乐功能。站前广场是旅客对一个城市的初步印象,因而要有一定的形象设计,对于城市居民而言,是一个重要的城市公共空间。站前广场设计时要考虑人流疏散、商业娱乐等功能。

①周围街道和广场的关系。为了安全、通畅地处理站前广场和周围区域的交通,在总体设计中必须尽可能地排除与广场功能无关的交通,做到交通线的单向化、通畅化、最小化及人行线与行车线的分离。

②广场的形状。广场的短边与长边之比多设计在(1:1)~(1:3)的范围内,对规模较大的站前广场,有必要注意不同车辆行车线的分离及步行距离的长度,长宽比应对。广场的

图7.3 南京火车站站前广场

大小、形状和周围建筑的高度,对广场设计来说是非常重要的因素,所以需要对站前广场的大小、形状和周围建筑的高度之间的平衡进行探讨。站前广场原则上是平面广场,但在车站设施的构造、与周围建筑的关系、用地之间、行人的便利等方面要求有立体的交通线时,可考虑采用立体广场。

③交通空间、环境空间的协调。把站前广场设计为具有都市或者地区门户,充满个性的设计是非常重要的。在交通空间、环境空间的配置上,应力图协调交通空间和环境空间,确保空间的统一性、整体性,使公共空间能充分发挥其作用,当周围土地被高强度使用、轨道交通车站被高架化或地下化时,必须注意周围建筑与站前广场形态的协调性,在站前广场设置高架人性平台、天桥时,应以站前广场和周围建筑为对象,使该地区整体的人行道通畅化、网络化。

(2)环岛交通广场

环岛交通广场地处道路交会处,尤其是4条以上的道路交会处,以圆形居多,3条道路交会处常常呈三角形。环岛交通广场的位置重要,通常处于城市的轴线上,是城市景观、城市风貌的重要组成部分,形成城市道路的对景。一般以绿化为主,应有利于交通组织和司乘人员的动态观赏,同时广场上往往还设有城市标志性建筑或小品(图7.4)。

图7.4 环岛交通广场

4) 文化广场

文化广场是为了展示城市深厚的文化积淀和悠久历史,经过深入挖掘整理,从而以多种形式在广场上集中地表现出来。因此,文化广场应有明确的主题,与休闲广场无须主题正好相反,文化广场可以说是城市的室外文化展览馆,一个好的文化广场应让人们在休闲中了解该城市的文化渊源,从而达到热爱城市、激发上进精神的目的(图7.5)。

图7.5　某文化广场

5) 休闲广场

休闲广场是供人们休息、娱乐、交流、演出及举行各种活动的重要场所,已成为广大市民最喜爱的重要户外活动空间。它是供市民休息、娱乐、游玩、交流等活动的重要场所,其位置通常选择在人口较密集的地方便于市民使用。广场布局灵活多变,面积可大可小,空间多样自由,但一般与环境结合紧密。广场中宜布置台阶、座凳等供人们休息,设置花坛、雕塑、喷泉、水池及园林小品供人们观赏。广场应创造轻松、愉悦的气氛,以便于市民置身其中得以全身心地放松。

6) 商业广场

商业广场是指位于商店、酒店等商业贸易性建筑前的广场,它是城市广场最古老的类型。商业广场的功能既要便于顾客购物,又要避免人流与车流的交叉,同时可供人们休憩、郊游、聚餐等使用,是城市生活的重要中心之一。商业广场大多采用步行街的布置方式,是商业中心的核心,如南京市湖南路步行街中的广场。商业广场必须与其环境相融、功能相符、交通组织合理,并充分考虑人们购物休闲的需要。例如,交往空间的创造、休息设施的安排和适当的绿化等。广场中宜布置各种城市小品和娱乐、休息设施(图7.6)。

图7.6　商业广场

7.1.4　现代城市广场的基本特点

随着城市的发展，全国各地涌现出了大量的城市广场，为现代市民户外活动提供了重要的活动场所。现代城市广场不仅丰富了市民的社会文化生活，改善了城市环境，带来了多种效益，也折射出当代特有的城市广场文化现象，成为城市精神文明的窗口。在现代社会背景下，现代城市广场面对现代人的需求，主要表现出以下基本特点。

1）功能上的综合性

现代城市广场应满足的是现代人户外多种活动的功能要求。年轻人聚会、老人晨练、歌舞表演、综艺活动、休闲购物等，都是过去以单一功能为主的专用广场所无法满足的，取而代之的必然是能满足各种人群的多种功能需要，具有综合功能的现代城市广场。

2）性质上的公共性

现代城市广场作为现代城市户外公共活动空间系统中的一个重要组成部分，应具有公共性的特点。随着工作、生活节奏的加快，传统封闭的文化习俗逐渐被现代文明开放的精神所代替，人们越来越喜欢丰富多彩的户外活动。

3）空间上的多样性

现代城市广场功能上的综合性，必然要求其内部空间场所具有多样性的特点，以达到不同功能实现的目的。如果没有多样性的空间创造与现代城市广场相匹配，综合性功能是无法实现的。

4）风格上的艺术性

现代城市广场设计时要有自己特色的风格艺术魅力，避免了广场设计不结合当地的实际情况和历史、文化底蕴，从而失去了地方艺术特色，造成了千城一面的艺术风格弊端。一个好的城市广场设计应该空间布局、树木花草造型等方面均富有艺术气息，使人们在广场中的文化活动、休闲与交流的观赏中得到美的精神享受与艺术陶冶。

7.1.5　城市广场绿地规划设计原则

城市广场既是人们政治、文化活动的中心,也是公共建筑最为集中的地方。城市广场规划设计除应符合国家有关规范的要求外,一般还应遵循以下原则。

1)系统性原则

城市广场设计应根据周围环境特征、城市现状和总体规划的要求,确定其主要性质和规模,统一规划、统一布局,使多个城市广场相互配合,共同形成城市的开放空间体系。

2)完整性原则

城市广场设计时要保证其功能和环境的完整性。明确广场的主要功能,在此基础上,辅以次要功能,主次分明,以确保其功能上的完整性。广场不是孤立存在的,应充分考虑其环境的历史背景、文化内涵、周边建筑风格等问题,以保证其环境的完整性。

3)多样性原则

现代城市广场虽应有一定的主导功能,却可以具有多样化的空间表现形式和特点。由于广场是人们共享城市文明的舞台,它既反映作为群体的人的需要,也要综合兼顾特殊人群的使用要求。同时,服务于广场的设施和建筑功能也应多样化,将纪念性、艺术性、娱乐性和休闲性兼容并蓄。

市民在广场上的行为活动,无论是自我独处的个人行为还是公共交往的社会行为,都具有私密性与公共性的双重品格。当独处时,只有在社会安全与安定的条件下才能心安理得地各自存在,如失去场所的安全感和安定感,则无法潜心静处;反之,当处于公共活动时,也不忘带着自我防卫的心理,力求自我隐蔽,敞向开阔视野,方感心平气稳。这样一些行为心理对广场中的场所空间设计提出了更高要求,就是要给人们提供能满足不同需要的多样化的空间环境。

4)生态性原则

现代城市广场设计应以城市生态环境可持续发展为出发点。在设计中,充分引入自然,再现自然适应当地的生态条件,为市民提供的各种活动创造景观优美、绿化充分、环境宜人、健全高效的生态空间。

5)特色性原则

城市广场应具有地方特色,在设计时应继承城市当地本身的历史文脉,适应地方风情民俗文化,突出地方建筑艺术特色,避免千城一面、似曾相识之感,增强广场的凝聚力和城市旅游吸引力。特色广场是对广场的功能、地形、环境、人文、区位等方面做全面的分析,不断地提炼,才能创造出与市民生活紧密结合和独具地方、时代特色的现代城市广场。它既包括自然特色,也包括其社会特色。第一,城市广场应突出其地方社会特色,即人文特性和历史特性。

通过特定的使用功能、场地条件、人文主题及景观艺术处理塑造广场的鲜明特色。第二,城市广场还应突出其地方自然特色,即适应当地的地形地貌和气温气候等。城市广场应强化地理特征,尽量采用富有地方特色的建筑艺术手法和建筑材料,体现地方园林特色,以适应当地气候条件。

6)步行化原则

步行化既是现代城市广场的主要特征之一,也是城市广场的共享性和良好环境形成的必要前提。广场空间和各因素的组织应支持人的行为,如保证广场活动与周边建筑及城市设施使用的连续性。在大型广场,还可根据不同使用功能和主题考虑步行分区问题。随着现代机动车日益占据城市交通主导地位的趋势,广场设计的步行化原则更显示出其无比的重要性。

7.1.6 现代城市广场绿地规划设计原则

①城市广场绿地布局应与城市广场总体布局统一,使绿地成为广场的有机组成部分,从而更好地发挥其主要功能,符合其主要性质要求。

②城市广场绿地的功能应与广场内各功能区相一致,以更好地配合和加强本区功能的实现。如在人口区植物配植应强调绿地的景观效果,休闲区规划则以落叶乔木为主,冬季的阳光、夏季的遮阳都是人们户外活动所需要的。

③城市广场绿地规划应具有清晰的空间层次,独立形成或配合广场周边的建筑、地形等形成优美的广场空间体系。

④城市广场绿地规划设计应考虑与该城市绿化总体风格协调一致,结合城市地理区位特征,植物种类选择应符合植物的生长规律,突出地方特色,季相景观丰富。

⑤结合城市广场环境和广场的竖向特点,以提高环境质量和改善小气候为目的,协调好风向、交通、人流等诸多因素。

⑥对城市广场上的原有大树应加强保护,保留原有大树有利于广场景观的形成,有利于体现对自然、历史的尊重,有利于对广场场所感的接受和利用。

7.1.7 广场绿地种植设计的基本形式

广场绿地种植设计有以下4种基本形式。

1)排列式种植

这种形式属于整形式,主要用于广场周围或者长条形地带,用于隔离或遮挡,或作背景。单行的绿化栽植,可采用乔木、灌木,灌木丛、花卉相搭配,但株间要有适当的距离,以保证有充足的阳光和营养面积。为了近期取得较好的绿化效果在株间排列上可以先密一些,几年后再间移,又能培育一部分大规格苗木。乔木下面的灌木和花卉要选择耐阴品种,并排种植的各种乔木在色彩和体型上注意协调,形成良好的水平景观和立体景观效果。

2)集团式种植

这种形式也是整形式的一种,是为了避免成排种植的单调感,把几种树组成一个树丛,有规律地排列在一定地段上。这种形式有丰富浑厚的效果,排列整齐时远看很壮观,近看又很细腻。可用花卉和灌木组成树丛,也可用不同的灌木或(和)乔木组成树丛。在植物的高低和色彩上都富于变化。

3) 自然式种植

这种形式与整形式不同,是在一个地段内,植物的种植不受统一的株行距限制,而是疏落有序地布置,从不同的角度看去有不同的景致,生动而活泼。这种布置不受地块大小和形状限制,可以巧妙地解决与地下管线的矛盾。自然式树丛的布置要密切结合环境,才能使每一种植物茁壮生长,同时,在管理工作上的要求较高。

4) 花坛式(图案式)种植

花坛式就是图案式种植,是一种规则式种植形式,装饰性极强。材料上可以选择花卉、地被植物,也可用修剪整齐的低矮小灌木构成各种图案。它是城市广场最常用的种植形式之一。花坛的位置及平面轮廓要与广场的平面布局相协调。花坛面积占城市广场面积的比例一般最大不超过广场的1/3,最小不小于1/15。当然,华丽的花坛面积要小些;简洁的花坛面积要大些。为了使花坛边缘有明显的轮廓,并使种植床内的泥土不因水土流失而污染路面和广场,也为了不使游客因拥挤而践踏花坛,花坛往往用边缘石和栏杆保护起来,边缘石和栏杆的高度通常为 10～15 cm,也可在周边用植物材料作矮篱,以替代边缘石或栏杆。

7.1.8　城市广场树种选择的原则

城市广场树种的选择要适应当地土壤与环境条件,掌握选树种的原则、要求,因地制宜,才能达到合理、最佳的绿化效果。

城市广场的土壤与环境,一般说来,不同于山区,其土壤空气、温度、日照、湿度及空中、地下设施等情况,与各城市地区差异很大,并且城市不同也有各自的特点。种植设计、树种选择,都应将城市广场规划用地条件先调查研究清楚。城市道路广场的环境条件复杂,有时是单一因素的影响,有时是综合因素在起作用。每个季节起作用的因素也有差异。因此,在解决具体问题时,要做具体分析。在进行城市广场树种选择时,一般须遵循以下 9 条原则(标准)。

①冠大荫浓:枝叶茂密且冠大、枝叶密的树种夏季可形成大片绿荫,能降低温度、避免行人被暴晒。例如,槐树中年期时冠幅可达 4 m 多,悬铃木更是冠大荫浓。

②耐瘠薄土壤:城市中土壤瘠薄,植物多种植在道旁、路肩和场边。受各种管线或建筑物基础的限制和影响,植物体营养面积很小,补充有限。因此,选择耐瘠薄土壤习性的树种尤为重要。

③深根性:营养面积小,根系生长很强,向较深的土层伸展仍能根深叶茂。根深不会因践踏造成表面根系破坏而影响正常生长,特别是在一些沿海城市更应选择深根性的树种能抵御暴风袭击而不受损害。浅根性树种,根系会拱破场地的铺装。

④耐修剪:广场树木的枝条要求有一定高度的分枝点(一般在 2.5 m 左右)。侧枝不能

刮、碰过往车辆,并具有整齐美观的形象。因此,每年要修剪侧枝,树种具有很强的萌芽能力,修剪后能很快萌发出新枝。

⑤抗病虫害与污染:病虫害多的树种不仅在管理上投资大、费工多,而且落下的枝、叶,虫子排出的粪便,虫体和喷洒的各种灭虫剂等都会污染环境,影响卫生。所以,要选择能抗病虫害且易控制其发展和有特效药防治的树种,选择抗污染、消化污染物的树种,有利于改善环境。

⑥落果少或无飞毛、飞絮:经常落果或有飞毛、飞絮的树种,容易污染行人的衣物,尤其污染空气环境,并容易引起呼吸道疾病。因此,应选择一些落果少、无飞毛飞絮的树种。

⑦发芽早、落叶晚且落叶期整齐:选择发芽早、落叶晚的阔叶树种。落叶期整齐的树种有利于保持城市的环境卫生。

⑧耐旱、耐寒:选择耐旱、耐寒的树种可以保证树木的正常生长发育,减少管理上财力、人力和物力的经济投入。北方大陆性气候,冬季严寒,春季干旱,致使一些树种不能正常越冬,必须予以适当防寒保护。

⑨寿命长:树种的寿命长短影响城市的绿化效果和管理工作。寿命短的树种一般30~40年就要出现发芽晚、落叶早和焦梢等衰老现象,需不断砍伐更新。因此,要延长树的更新周期,必须选择寿命长的树种。

7.1.9 广场植物配植的艺术手法

1)对比和衬托

运用植物不同形态特征包括高低姿态、叶形叶色、花形花色的对比手法,配合广场建筑其他要素整体地表达出一定的构思和意境。

2)韵律、节奏和层次

广场植物配植的形式组合应注意韵律和节奏的表现。同时应注重植物配植的层次关系,尽量求得既要有变化又要有统一的效果。

3)色彩和季相

植物的干、叶、花、果色彩丰富,可采用单色和多色组合表现,达到广场植物色彩搭配取得良好图案化效果。要根据植物四季季相,尤其是春秋季相,处理好在不同季节中植物色彩的变化,产生具有时令特色的艺术效果。

本章小结

本章介绍了现代城市广场的基本特点、广场的类型和设计要点、广场的绿地设计原则,并结合项目案例分析,阐明了在进行广场空间设计和绿地规划设计的程序和基本设计方法。

通过本章的学习,我们应了解不同的地域、不同的国家、不同的民族和不同的城市,都拥有着耐人寻味的历史文化和广场形式,如何更好地参考本土的资源、曾经的成就,创造新的广场空间,是设计者们不断的追求。

复习思考题

1. 简述各类城市广场的主要功能并分析其特点。
2. 各类城市广场在绿化设计时应分别注意哪些问题?
3. 城市广场都有哪些类型,分别都有哪些设计要求?
4. 结合当地广场实例,分析说明现代城市广场的特点。
5. 现代城市广场在设计时应该遵循哪些原则?
6. 广场设计时如何进行场地划分和空间处理?
7. 广场空间环境要素设计有哪些,如何进行这些要素设计?

【项目实训】

实训 2 某文化广场规划设计

为了使学生能够更好地理论结合实际,并且培养学生的规划设计能力、艺术创新能力和对理论知识的综合运用能力,掌握城市广场规划设计的方法和程序,特选择当地某广场作为项目实训内容,要求学生在外业调查的基础上,结合当地历史文化和自然环境现状条件进行设计。

1)项目实训条件

①某文化广场规划设计任务书。
②广场所处位置图、绿化用地现状图和各种管线布置图。
③制图室和相应的绘图工具或计算机辅助设计室和绘图软件。

2)项目实训要求

①广场设计应主题明确,能结合当地环境特点,巧妙构思,体现出城市文化内涵和地方特色。
②广场设计立意要求新颖,格调高雅,具有时代气息。
③广场设计布局合理,能满足市民对广场的使用要求。
④在植物选择上,要考虑绿化和美化的要求,正确运用合理的植物配植形式,符合构图规律,创造出良好的城市空间景观。
⑤制图规范;设计完成的图纸,能满足施工要求。

3)实训过程步骤、方法、任务评价

(1)方法步骤
①外业调查,搜集整理资料。主要包括当地的社会环境、人文环境、自然条件及周边环境

等相关的图文资料。

②根据任务书提出的要求,结合外业调查,完成设计大纲,主要包括广场设计思想、定位、设计内容、景点布置等。

③讨论和修改设计大纲,确定构思总体方案,并完成初步设计。

④正式设计,绘制设计图纸,包括总平面图、植物配植图、重点景观的平面图、立面图、效果图、设计说明等。

(2)任务评价

任务完成后对其进行评价,主要从以下5个方面进行考虑:

①景观设计:能因地制宜合理地进行景观规划设计,景观序列合理展开,景观丰富。主题明确,立意构思新颖巧妙。

②功能要求:能根据广场类型结合环境特点,满足设计要求,功能布局合理,符合设计规范。

③植物配植:植物选择正确,种类丰富,配植合理,植物景观主题突出,季相分明。

④方案可实施性:在保证功能的前提下,方案新颖,可实施性强。

⑤设计表现:图面设计美观大方,能准确地表达设计构思,符合制图规范。

第 8 章　居住区绿地规划设计

【知识目标】

1. 了解居住区的概念、居住区用地的组成,理解居住区整体的规划布局。

2. 了解居住区绿地的组成,理解居住区绿地规划设计的原则和要求。

3. 掌握居住区各类绿地规划设计的内容及方法。

【技能目标】

1. 学会居住区绿地规划的基本方法,能够完成居住区绿地规划方案和构思立意。

2. 学会居住区绿地植物配植和树种选择的方法,能够进行科学合理的植物配植。

3. 能够综合运用所学居住区绿地规划设计方法,完成居住区各类绿地规划设计的任务。

【学习内容】

居住区绿地是城市绿地系统中重要的组成部分,在城市绿地中分布最广、最接近居民的生活。对其进行科学合理的规划设计,不仅能为居民创造良好的休憩环境,还能为居民提供丰富多彩的活动场地,对改善人们的生活环境起着至关重要的作用。

8.1　居住区绿地概述

8.1.1　居住区的概念

居住区按居住户数或人口规模可分为城市居住区(又称居住区)、居住小区、居住组团三级。各级标准控制规模,应符合表 8.1 中的规定。

表 8.1　居住区分级控制规模

规模	居住区	居住小区	居住组团
户数/户	10 000 ~ 15 000	2 000 ~ 4 000	300 ~ 700
人口/人	30 000 ~ 50 000	7 000 ~ 15 000	1 000 ~ 3 000

1)城市居住区

城市居住区一般称居住区,泛指不同居住人口规模的居住生活聚居地和特指被城市干道或自然分界线所围合,并与居住人口规模(30 000 ~ 50 000 人)相对应,配建有一整套较完善的、能满足该区居民物质与文化生活所需的公共服务设施的居住生活聚居地。

2)居住小区

居住小区一般称小区,是被居住级道路或自然分界线所围合的,并与居住人口规模

（7 000～15 000 人）相对应,配建有一套能满足该区居民基本的物质与文化生活所需的公共服务设施的居住生活聚居地。

3）居住组团

居住组团一般称组团,指一般被小区道路分隔,并与居住人口规模（1 000～3 000 人）相对应,配建有居民所需的基层公共服务设施的居住生活聚居地。

8.1.2 居住区用地的组成

居住区用地（R）包括住宅用地、公共服务设施用地（公建用地）、道路用地和公共绿地 4 项用地。

1）住宅用地（R01）

住宅用地是指住宅建筑基底占地及其四周合理间距内的用地（含宅间绿地和宅间小路等）的总称。建筑空间是一种私用空间,是居住区中的基本空间,规划设计好住宅空间是居住区建设的主要任务。

2）公共服务设施用地（R02）

公共服务设施用地一般称公建用地,是与居住人口规模相对应配建的、为居民服务和使用的各类设施的用地,应包括建筑基底占地及其所属场院、绿地和配建停车场等。如居住区的教育、医疗卫生、文化体育、商业服务、金融邮电、市政公用、行政管理等设施。

3）道路用地（R03）

道路用地包括居住区道路、小区路、组团路及非公建配建的居民小汽车、单位通勤车等停放场地。

4）公共绿地（R04）

公共绿地是指满足规定的日照要求、适合于安排游憩活动设施或供居民共享的游憩绿地,应包括居住区公园、小游园和组团绿地及其他块状带状绿地等,是居民进行室外活动、交往的重要场所。

居住区内各项用地所占比例的平衡控制指标,应符合表 8.2 中的规定。

表 8.2 居住区用地平衡控制指标

用地构成	居住区	居住小区	居住组团
1.住宅用地（R01）/%	45～60	55～65	60～75
2.公共服务设施用地（R02）/%	20～32	18～27	6～18
3.道路用地（R03）/%	8～15	7～13	5～12

续表

用地构成	居住区	居住小区	居住组团
4.公共绿地(R04)/%	7.5~15	5~12	3~8
居住区用地(R)	100	100	100

8.1.3 居住区绿地的功能

1)营造绿色户外环境,体现绿地生态功能

居住区绿化以植物为主体,可形成层次分明、色彩丰富、绿荫覆盖、清新幽静的户外空间,从而在净化空气、减少尘埃、吸收噪声、保护居住区环境方面发挥良好的作用,也有利于遮阳降温,防止西晒,调节气温,降低风速,改善居住区小气候。在炎夏静风时,由于温差而促进气流交换,形成微风凉风的环流。

2)塑造优美景观,体现绿地美化环境功能

丰富多彩的植物景观,蜿蜒曲折的游步小径,加之适当的地形、水体的处理、建筑小品的布置等,形成优美的居住区环境。利用园林植物分隔、联系空间,增加空间层次,遮蔽丑陋不雅之处,衬托美化居住建筑,使之更显生动活泼。

3)创造活动空间,满足居民的使用功能

居住区绿地是居民社会交往的重要场所,通过各种绿化空间、社会交往空间、休闲活动空间及公共设施的创造和建设,形成良好的多功能户外活动空间,为居民的社会交往创造便利的条件,组织、吸引居民在就近的绿地中游憩、观赏、参与户外活动,进行社会交往,使其各得其所。

4)经济效益

在居住区绿地中,既选择有观赏价值的植物,形成优美的景观,又选择有经济价值的植物,可生产提供一定数量的林果、药材等副产品,把观赏、经济、生态 3 个功能结合起来,取得良好的综合效益。

5)防护功能

同样,居住区绿地也具有疏散人口、防灾避难、隐蔽建筑的功能。园林植物还能吸收、过滤放射性和有毒有害物质,对居住区环境和居民发挥保护作用。

8.1.4 居住区绿地组成

居住区绿地按其功能、性质及大小,包括公共绿地、宅旁绿地、公共建筑及设施专用绿地、道路绿地 4 类,它们共同构成居住区绿地系统。

1)公共绿地

居住区内的公共绿地,应根据居住区不同的规划组织结构类型,设置相应的中心公共绿地,包括居住区公园(居住区级)、居住小区游园(小区级)和组团绿地(组团级),以及儿童游戏场和其他块状、带状公共绿地等,并应符合表8.3 的规定。

表 8.3　各级公共绿地设置规定

中心绿地名称	设置内容	要　求	最小规模/ha
居住区公园	花木草坪、花坛水面、凉亭雕塑、小卖茶座、老幼设施、停车场地和铺装地面等	园内布局应有明确的功能划分	1.0
居住小区游园	花木草坪、花坛水面、雕塑、儿童设施和铺装地面等	园内布局应有一定的功能划分	0.4
组团绿地	花木草坪、桌椅、简易儿童设施等	灵活布局	0.04

①居住区公园是为全居住区服务的居住区公共绿地,规划用地面积较大,一般在 1 ha 以上,相当于城市小型公园。一般服务半径以 800～1 000 m 为宜,园内布局应有明确的功能划分,设施较为丰富,能满足不同年龄组的需求。

②居住小区游园主要供居住小区内居民就近使用,规划用地面积通常在 0.4 ha 以上,服务半径为 400～500 m,在居住小区中位置要适中。

③组团绿地又称居住生活单元组团绿地,包括组团儿童游戏场,是最接近居民的居住公共绿地,它结合住宅组团布局,以住宅组团内的居民为服务对象。在规划设计中,特别要设置老年人和儿童休息活动场所,一般面积为 0.04 ha 以上,服务半径为 100 m 左右。

2)宅旁绿地

宅旁绿地是小区内最基本的绿地类型,包括宅前、宅后及建筑物本身的绿化,是居民使用的半私密空间和私密空间,主要使用者为邻近居民,老人和学龄前儿童是最常使用的人群。宅旁绿地是小区绿地总面积最大的一种绿地形式。

3)公共建筑及设施专用绿地

公共建筑及设施专用绿地是指居住区内各类公共建筑和公用设施的环境绿地,如活动中心、会所、俱乐部、幼儿园、邮局、银行等用地的环境绿地。其绿化布置要满足公共建筑和公用设施的功能要求,并考虑与周围环境的关系。

4)道路绿地

居住区主要道路两侧或中央的道路绿化带用地。一般居住区内道路路幅较小,道路红线范围内不单独设绿化带,道路的绿化结合在道路两侧的居住区其他绿地中,如居住区宅旁绿地、组团绿地。

8.1.5 居住区绿地规划设计原则与要求

1)系统性原则

小区以上规模的居住用地应首先进行绿地总体规划,用地内的各种绿地应在居住区规划中按照有关规定进行配套,并在居住区详细规划指导下进行规划设计。首先,确定用地内各类绿地的功能和使用性质,划分开放式绿地各种功能区,确定开放式绿地出入口位置等,并协调相关各种市政设施,确定的绿化用地应作为永久性绿地进行建设,必须满足居住区绿地功能,布局合理,方便居民使用。其次,居住区绿地设计在形成自己特色的同时,还要考虑与周围建筑风格、居民的行为心理需求和当地的文化艺术因素等的协调,形成一个整体性系统。最后,绿化形成系统的重要手法就是"点、线、面"结合,保持绿化空间的连续性,让居民随时随地生活在绿化环境中。

2)功能性原则

功能性原则主要指居住区绿地的使用功能,居住区绿地是形成居住区建筑通风、日照、防护距离的环境基础,不同位置不同类型的绿地及其设施,在居住区中各有自身的功能作用,所以在设置时要注意其功能与艺术的统一。特别是在地震、火灾等非常时期,绿地有疏散人流和避难保护的作用,具有突出的使用价值。居住区绿地直接创造了优美的绿化环境,可为居民提供方便舒适的休息游戏设施、交往空间和多种活动场地,具有极高的使用效率。

3)可达性原则

居住区公共绿地无论集中设置或分散设置,都必须选址于居民经常经过并能到达的地方。对于那些行动不便的老年人、残疾人或自控能力低的幼童,更应考虑他们的通行能力,强调绿地中的无障碍设计,强调安全保障措施。

4)生态性原则

居住区绿地是居住区中唯一能有效地维持和改善居住区生态环境质量的环境因素,因此,在绿地规划设计和园林植物群落的营建中,在形成优美的绿地景观、构成符合居住区空间环境要求的绿地空间的基础上,应注重其生态环境功能的形成和发挥。在具体方法上,可通过配合地形变化、园路广场、景观建筑等,设计具有较强生态功能的多样性人工园林植物群落,如采用生态铺装、林荫道、树阵广场等。

5)特色性原则

随着我国经济快速发展,城市化的进程也愈发加快,居住区开发建设异军突起。同时,人们生活水平不断提高,对居住区室外的要求也越来越高,从追求功能齐全向追求个性化转变,每个居民都希望自己的住宅区能够独一无二,这样能感受到来自自然的亲切和愉悦,也容易对自己的住宅区产生自豪感和幸福感。但在一些城市,各项功能设施齐全,高端的住宅区密密层层,但居住区绿地景观设计的雷同却比比皆是。主要表现为以下两点:第一,所在城市的地方特色在居住区绿地景观规划中体现得不够明显;第二,居住区绿地景观规划在特有的环境条件下没有创造出反映地方风格和时代特征的一些元素。

6)亲和性原则

居住区绿地尤其是小区绿地一般面积不大,不可能和城市公园一样有开阔的场地,为了让居民在绿地内感到亲密和谐,就必须掌握好绿地空间、绿地内各项公共设施、景观建筑、建筑小品等各要素的尺度和相互间的比例关系。

7)文化性原则

崇尚历史和文化是近年来居住区环境设计的一大特点,开发商和设计师开始不再机械地割裂居住建筑和环境景观,开始在文化的大背景下进行居住区的策划和规划,通过建筑与环境艺术来表现历史文化的延续性。居住区环境作为城市人类居住的空间,也是居住区文化的凝聚地与承载点;因此,在居住区环境的规划设计中要认识到文化特征对于住区居民健康、高尚情操培育的重要性。而营造居住区环境的文化氛围,在具体规划设计中,应注重住区所在地域自然环境及地方建筑景观的特征;挖掘、提炼和发扬住区地域的历史文化传统,并在规划中予以体现。

8)多元化原则

环境景观的艺术性向多元化发展,居住区环境设计更多关注人们不断提升的审美需求,呈现出多元化发展趋势。同时环境景观更加关注居民生活的方便、健康与舒适性,不仅为人所赏,还要为人所用。尽可能地创造自然、舒适、亲近、宜人的景观空间,实现人与景观有机融合。如亲地空间可以增加居民接触地面的机会,创造适合各类人群活动的室外场地和各种形式的屋顶花园等;亲水空间,营造出人们亲水、观水、听水、戏水的场所;硬软景观有机结合,充分利用车库、台地、坡地、宅前屋后构造充满活力和自然情调的亲绿空间环境;而儿童活动的场地和设施的合理安排,可以培养儿童友好、合作、冒险的精神,创造良好的亲子空间。

8.1.6 居住区绿地规划设计内容与要点

1)公共绿地规划设计

居住区公共绿地是居民日常游憩、观赏、娱乐、锻炼活动的良好场所,是居住区建设中不可缺少的,设计时以满足这些功能为依据。就居住区公共绿地而言,大致可分为居住区公园、居住小区游园及住宅组团绿地3类,在规划设计时,要注意统一规划,合理组织,采取集中与分散,重点与一般相结合的原则,形成以中心公园为核心,道路绿化为网络,宅旁绿化为基础的点、线、面一体的绿地系统。

（1）居住区公园

中心花园是居住区公共绿地的主要形式，它集中反映了居住区绿地的质量水平，一般要求具有较高的规划设计水平和一定的艺术效果。在现代居住区中，集中的大面积的中心花园成为不可缺少的元素，这是因为：从生态的角度看，居住区的中心花园相对面积较大，有较充裕的空间模拟自然生态环境，对于居住区生态环境的创造有直接的影响；从景观创造的角度看，中心花园一般视野开阔，有足够的空间容纳足够多的景观元素构成丰富的景观外貌；从功能角度看，可以安排较大规模的运动设施和场地，有利于居住区集体活动的开展；从民居心理感受而言，在密集的建筑群中，大面积的开敞场地则成为心灵呼吸的地方。因此，中心花园以其面积大、景观元素丰富，往往与公共建筑和服务设施安排在一起，成为居住环境中景观的亮点和活动的中心，是居住区生活空间的重要组成部分。同时，中心花园因其良好的景观效果、生态效益，也往往成为房地产开发的"卖点"。

中心花园设计时要充分利用地形，尽量保留原有绿化大树，布局形式应根据居住区的整体风格而定，可以是规则的，也可以是自然的、混合的或自由的。

①位置。中心花园的位置一般要求适中，便于居民使用，并注意充分利用原有的绿化基础，尽可能地和小区公共活动中心结合起来布置，形成一个完整的居民生活中心。这样不仅节约用地，而且能满足小区建筑艺术的需要。

中心花园的服务半径以不超过 300 m 为宜。在规模较小的小区中，中心花园可在小区的一侧沿街布置或在道路的转弯处两侧沿街布置。当中心花园沿街布置时，可以形成绿化隔离带，能减弱干道的噪声对临街建筑的影响，还可以美化街景，便于居民使用。有的道路转弯处，往往将建筑物后退，可以利用空出的地段建设中心花园，这样，路口处局部加宽后，使建筑取得前后错落的艺术效果。同时，还可美化街景。在较大规模的小区中，也可布置成几片绿地贯穿整个小区，方便居民使用。

②规模。中心花园的用地规模是根据其功能要求来确定的，然而功能要求又和人们的生活水平有关，这些已反映在国家确定的定额指标上。目前，新建小区公共绿地面积采用人均 $1 \sim 2 \ m^2$ 的指标。

中心花园主要是供居民休息、观赏、游憩的活动场所。一般都设有老人、青少年、儿童的游憩和活动等设施，但只有形成一定规模的集中的整块绿地，才能安排这些内容。然而又有可能将小区绿地全部集中，不设分散的小块绿地，造成居民使用不便。因此，最好采取集中与分散相结合，使中心花园面积占小区全部绿地面积的 1/2 左右为宜。如小区为 1 万人，小区绿地面积平均每人 $1 \sim 2 \ m^2$，则小区绿地约为 0.51 ha。中心花园用地分配比例可按建筑用地约占 30% 以下，道路、广场、用地占 10% ~ 25%，绿化用地约占 60% 以上来考虑。

③内容安排。

a. 入口。入口应设在居民的主要来源方向，数量 2 ~ 4 个，与周围道路、建筑结合起来考虑具体的位置。入口处应适当放宽道路或设小型内外广场以便集散。内可设花坛、假山石、景墙、雕塑、植物等作对景。入口两侧植物以对植为好，这样有利于强调并衬托入口设施。

b. 场地。中心花园内可设儿童游戏场、青少年运动场和成人、老人活动场。场地之间可利用植物、道路、地形等进行分隔。

儿童游戏场的位置,要便于儿童前往和家长照顾,也要避免干扰居民,一般设在入口附近稍靠边缘的独立地段上。儿童游戏场不需要太大,但活动场地应铺草皮或选用持水性较小的沙质土铺地或海绵塑胶面砖铺地。活动设施可根据资金情况、管理情况而设,一般应设供幼儿活动的沙坑,旁边应设座凳供家长休息用。儿童游戏场地上应种高大乔木以供遮阴,周围可设栏杆、绿篱与其他场地分隔开。

青少年运动场设在公共绿地的深处或靠近边缘独立设置,以避免干扰附近居民,该场地主要是供青少年进行体育活动的地方,应以铺装地面为主,适当安排运动器械及座凳。

成人、老人休息活动场可单独设立,也可靠近儿童游戏场,在老人活动场内应多设置一些桌椅座凳,便于下棋、打牌、聊天等。老人活动场一定要做铺装地面,以便开展多种活动,铺装地面要预留种植池,种植高大乔木以供遮阴。

除上述所讲的活动场地外,还可根据情况考虑设置其他活动项目,如文化活动场地等。

c.园路。中心花园的园路能将各种活动场地和景点联系起来,使游客感到方便和有趣。园路也是居民散步游憩的地方,所以设计的好坏将直接影响绿地的利用率和景观效果。园路的宽度与绿地的规模和所处的地位、功能有关,通常主路宽2~3 m;可兼作成人活动场所,次路宽2 m左右,根据景观要求园路宽窄可稍作变化,使其活泼。园路的走向、弯曲、转折、起伏,应随地形自然进行。通常园路也是绿地排除雨水的渠道,因此,必须保持一定的坡度,横坡一般为1.5%~2.0%,纵坡为1.0%左右。当园路的纵坡超过8%时,需做成台阶。

d.广场。广场有3种类型:集散、交通和休息。广场的平面形状可规则、自然,也可以是直线与曲线的组合,但无论选择什么形式,都必须与周围环境协调。广场的标高一般与园路的标高相同,但有时为了迁就原地形或为了取得更好的艺术效果,也可高于或低于园路。广场上为造景多设有花坛、雕塑、喷水池等装饰小品,四周多设座椅、棚架、亭廊等供游客休息、赏景。

e.地形。中心花园的地形应因地制宜地处理,因高堆山,就低挖池,或根据场地分区、造景需要适当创造地形,地形的设计要有利于排水,以便雨后及早恢复使用。

f.园林建筑及设施。园林建筑及设施能丰富绿地的内容、增添景致,应给予充分的重视。由于居住区或居住小区中心花园面积有限,因此,其内的园林建筑和设施的体量都应与之相适应,不能过大。

桌、椅、座凳:宜设在水边、铺装场地边及建筑物附近的树荫下,应既有景可观,又不影响其他居民活动。

花坛:宜设在广场上、建筑旁、道路端头的对景处,一般抬高30~45 cm,这样既可当座凳又可保持水土不流失。花坛可做成各种形状,既可栽花,也可植灌木、乔木及草,还可摆花盆或做成大盆景。

水池、喷泉:水池的形状可自然、可规则,一般自然形的水池较大,常结合地形与山体配合在一起;规则形的水池常与广场、建筑配合应用,喷泉与水池结合可增加景观效果并具有一定的趣味性。水池内还可种植水生植物。无论哪种水池,水面都应尽量与池岸接近,以满足人们的亲水感(图8.1、图8.2)。

图 8.1　中心花园规则式水景

图 8.2　中心花园自然式水景

景墙：景墙可增添园景并可分隔空间。常与花架、花坛、座凳等组合，也可单独设置。其上既可开设窗洞，也可以实墙的形式出现起分隔空间的作用（图 8.3、图 8.4）。

图 8.3　中心花园景墙

图 8.4　中心花园隔墙

花架：常设在铺装场地边，既可供人休息，又可分隔空间，花架可单独设置，也可与亭、廊、墙体组合。

亭、廊、榭：亭一般设在广场上、园路的对景处和地势较高处。廊用来连接园中建筑物，既可供游客休息，又可防晒、防雨。榭设在水边，常作为休息或服务设施用。亭与廊有时单独建造，有时结合在一起。亭、廊、榭均是绿地中的点景、休息建筑。

山石：在绿地内的适当地方，如建筑边角、道路转折处、水边、广场上、大树下等处可点缀些山石，山石的设置可不拘一格，但要尽量自然美观，不露人工痕迹。

栏杆、围墙：设在绿地边界及分区地带，宜低矮、通透，不宜高大、密实，也可用绿篱代替。

挡土墙：在有地形起伏的绿地内可设挡土墙。高度在 45 cm 以下时，可当座凳用。若高度超过视线，则应做成几层，以降低高度。还有一些设施如园灯、宣传栏等，应按具体情况配置。

g. 植物配植。在满足居住区或居住小区中心花园游憩功能的前提下，要尽可能地运用植物的姿态、体形、叶色、高度、花期、花色及四季的景观变化等因素来提高中心花园的园林艺术效果，创造一个优美的环境。绿化的配植，一定要做到四季都有较好的景致，适当配植乔灌木、花卉和地被植物,做到黄土不露天。

(2)小区游园

居住小区公园也称小区游园,小区公园更接近居民,一般 10 000 人左右的小区可有一个大于 0.5 ha 小游园,服务半径以不超过 400 m 为宜。小区游园仍以绿化为主,多设置一些座椅让居民在这里休息和娱乐,适当开辟铺装地面的活动场地,也可配置一些简单的儿童游戏设施(图 8.5、图 8.6)。

图 8.5　小游园活动场地

图 8.6　小游园景观设施

①居住小区公园规划设计要点。

a. 配合总体。小游园应与小区总体规划密切配合,综合考虑全面安排,并使小游园能妥善地与周围城市园林绿地衔接,尤其要注意小游园与道路绿化衔接。

b. 位置适当。应尽量方便附近地区的居民使用,并注意充分利用原有的绿化基础,尽可能地与小区公共活动中心结合起来布置,形成一个完整的居民生活中心。

c. 规模合理。小游园用地规模可根据其功能要求来确定,在国家规定的指标上,采用集中与分散相结合的方式,使小游园面积占小区全部绿地面积的一半左右为宜。

d. 布局紧凑。应根据游客不同年龄特点划分活动场地和确定活动内容,场地之间既要分隔,又要紧凑,将功能相近的活动布置在一起。

e. 利用地形。尽量利用和保留原有的自然地形及原有植物。

②居住小区公园规划布置形式。

a. 规则式。采用几何图形布置方式,有明显的轴线,园中道路、广场、绿地、建筑小品等组成对称有规律的几何图案。具有整齐、庄重的特点,但形式较呆板,不够活泼。

b. 自由式。布置灵活,采用曲折迂回道路、可结合自然条件,如冲沟、池塘、坡地等进行布置,绿化种植也采用自然式。特点是自由、活泼、易创造出自然而别致的环境。

c. 混合式。规划式与自由式结合,可根据地形或功能特点,灵活布局,既能与四周建筑相协调,又能兼顾其空间艺术效果,特点是可在整体上产生韵律感和节奏感。

(3)组团绿地设计

①位置。住宅组团的布置方式和布局手法多种多样,组团绿地的大小、位置和形状也是千变万化的,根据组团绿地在住宅组团内的相对位置,可归纳为以下几种类型。

a. 周边式住宅之间:环境安静有封闭感,大部分居民都可以从窗内看到绿地,有利于家长照看幼儿玩耍,但噪声对居民的影响较大。由于将楼与楼之间的庭院绿地集中组织在一起,所以建筑密度相同时,可以获得较大面积的绿地。

b. 行列式住宅山墙间:行列式布置的住宅,对居民干扰少,但空间缺少变化,容易产生单调感。适当拉开山墙距离,开辟为绿地,不仅为居民提供了一个有充足阳光的公共活动空间,而且从构图上打破了行列式山墙间所形成的胡同感觉,组团绿地的空间又与住宅间绿地相互渗透,产生较为丰富的空间变化。

c. 扩大住宅的间距:在行列式布置中,如果将适当位置的住宅间距扩大到原间距的 1.5～2 倍,就可在扩大的住宅间距中,布置组团绿地,并可使连续单调的行列式狭长空间产生变化。

d. 住宅组团的一角:在地形不规则的地段,利用不便于布置住宅的角隅空地安排绿地,能起到充分利用土地的作用,但服务半径较大。

e. 两组团之间:由于受组团内用地限制而采用的一种布置手法,在相同用地指标下绿地面积较大,有利于布置更多的设施和活动内容。

f. 一面或两面临街:绿化空间与建筑产生虚实、高低的对比,可打破建筑线连续过长的感觉,还可使过往群众有歇脚之地。

g. 自由式布置:在住宅组团呈自由式布置时,组团绿地穿插配合其间,空间活泼多变,组团绿地与宅旁绿地配合,使整个住宅群面貌显得活泼。

由于组团绿地所在的位置不同,它们的使用效果也不同,对住宅组团的环境影响也有很大的区别。从组团绿地本身的使用效果来看,位于山墙和临街的绿地效果较好。

②布置方式。

a. 开敞式:可供游客进入绿地内开展活动。

b. 半封闭式:绿地内除留出游步道、小广场、出入口外,其余均用花卉、绿篱、稠密树丛隔离开。

c. 封闭式:一般只供观赏,不能入内活动。

从使用与管理两个方面看,半封闭式效果较好。

③内容安排。组团绿地的内容主要设置有绿化种植、安静休息和一些小品建筑或活动设施。具体内容要根据居民活动的需要来安排,是以绿化为主,还是以游憩为主,以及在居住区内如何分布等,均要遵循小区总体规划设计(图 8.7—图 8.9)。

图 8.7 组团绿地中体育活动区

图 8.8 组团绿地中游憩活动区

图 8.9 组团绿地中儿童活动区

a.绿化种植部分:此部分常在小区周边及场地间的分隔地带,其内可种植乔木、灌木和花卉,铺设草坪,还可设置花坛,也可设棚架种植藤本植物、置水池种植水生植物。植物配植要考虑造景及使用上的需要,形成有特色的不同季相的景观变化及满足植物生长的生态要求。如铺装场地及其周边可适当种植落叶乔木为其遮阴;入口、道路、休息设施的对景处可丛植开花灌木或常绿植物和花卉;周边需障景或创造相对安静空间地段则可密植乔木和灌木,或设置中高绿篱。组团绿地内应尽量选用抗性强、病虫害少的植物种类。

b.安静休息部分:此部分一般也做老人闲谈、阅读、下棋、打牌及练拳等场地。该部分应设在绿地中远离周围道路的地方,内可设桌、椅、座凳及棚架、亭、廊建筑作为休息设施,还可设小型雕塑及布置大型盆景等供人静赏。

2)公共建筑及设施专用绿地设计

居住区配套公共建筑所属专用绿地的规划布置,首先应满足其本身的功能需要,同时应结合满足周围环境的要求。各类公共建筑专用绿地规划设计要点如下:

(1)医疗卫生用地

医疗卫生用地包括医院、门诊等,设计中注重使半开敞的空间与自然环境(植物、地形、水面)相结合,形成良好的隔离条件。其专用绿地应做到阳光充足,环境优美,院内种植花草树木,并设置供人休息的座椅,道路设计中采用无障碍设施,以适宜病员休息、散步。同时,医院用地应加强环境保护,利用绿化等措施防止噪声及空气污染,以形成安静、和谐的气氛,消除患者的恐惧和紧张心理。该用地内树种宜选用树冠大、遮阴效果好、病虫害少的乔木、中草药及具有杀菌作用的植物。

（2）文化体育用地

文化体育用地包括电影院、文化馆、运动场、青少年之家等,此类公建用地多为开敞空间,设计中可令各类建筑设施呈辐射状与广场绿地直接相连,使绿地广场成为大量人流集散的中心。用地内绿化应有利于组织人流和车流,同时要避免遭受破坏,为居民提供短时间休息及交流的场所。用地内应设有照明设施、条凳、果皮箱、广告牌、座椅等小品设施,并以坡道代替台阶,同时要设置公用电话及公共厕所。绿化树种宜选用生长迅速、健壮、挺拔、树冠整齐的乔木。运动场上的草皮应用耐修剪、耐践踏、生长期长的草类。

（3）商业、饮食、服务用地

商业、饮食、服务用地包括百货商店、副食店、饭店、书店等,为了给居民提供舒适、便利的购物环境,此类用地宜集中布置,形成建筑群体,并布置步行街及小型广场等。该用地内的绿化应能点缀并加强其商业气氛,同时设置具有连续性的、有特征标记的设施及树木、花池、条凳、果皮箱、电话亭、广告牌等。用地内的绿化应根据地下管线埋置深度,选择深根性树种,并根据树木与架空线的距离选择不同树冠的树种。

（4）教育用地

教育用地如幼托、中学、小学等,此类用地应相对围合,设计中应将建筑物与绿化、庭园相结合,形成有机统一、开敞而富于变化的活动空间。校园周围可用绿化与周围环境隔离,校园内布置操场、草坪,文体活动场地,有条件的可设置小游园及生物实验园地等。另外,可设置游戏设施、沙池、体育设施、座椅、休息亭廊、花坛等小品,为青少年及儿童提供拥有轻松、活泼、幽雅、宁静的气氛和环境,促进其身心健康和全面发展,该用地绿化应选择生长健壮、病虫害少,管理粗放的树种。

（5）行政管理用地

行政管理用地包括居委会、街道办事处、房管所、物业管理中心等。设计中可以通过乔灌木的种植将各孤立的建筑有机地结合起来,构成连续围合的绿色前庭,利用绿化弥补和协调各建筑之间在尺度、形式、色彩上的不足,并缓和噪声及灰尘对办公的影响,从而形成安静、卫生、优美的工作环境。用地内可设置简单的文体设施和宣传画廊、报栏,以活跃居民业余文化生活,绿化方面可栽植庭荫树及多种果树,树下种植耐阴经济植物,并利用灌木、绿篱围成院落。

（6）其他公建用地

其他公建用地如垃圾站、锅炉房、车库等。此类用地宜构成封闭的围合空间,以利于阻止粉尘向外扩散,并可利用植物作屏障,减少噪声,阻挡外界视线,而且不影响居住区的景观环境。此类用地应设置围墙及树篱、藤蔓等,绿化时应选用对有害物质抗性强,能吸收有害物质的树种,种植枝叶茂密、叶面多毛的乔灌木,墙面、屋顶采用爬蔓植物绿化。

3）宅旁绿地和庭院绿地设计

宅旁绿地和庭院绿地是居住区绿化的基础,占居住区绿地面积的 50% 左右,包括住宅建筑四周的绿地、前后两幢住宅之间的绿地、住宅建筑本身的绿化和底层单元小庭院等。它的主要功能是美化居住生活环境,阻挡外界视线、噪声和灰尘,为居民创造一个安静、舒适、卫生的生活环境。

其绿地布置应与住宅的类型、层数、间距及组合形式密切配合,既要注意整体风格的协调,又要保持各幢住宅之间的绿化特色。宅旁绿地一般不设计过多的硬质园林景观,而主要以园林植物进行布置,当宅间绿地较宽,达到 20 m 以上时,可布置一些简单的园林设施,如小场地、园路、座凳、花架等,以供居民休息游憩使用。

(1)住户小院的绿化

①底层住户小院:低层或多层住宅,一般结合单位平面,在宅前自墙面向外留出 3 m 距离的空地,给底层每户安排一专用小院,可用绿篱、花墙或栅栏围合起来。小院外围绿化作统一规划,内部则由每家自己栽花种草,布置方式和植物品种随住户喜好,但由于面积较小,宜采取简洁的布置方式。

②独户庭院:别墅庭院是独户庭院的代表形式,院内应根据住户的喜好进行绿化和美化。由于庭院面积相对较大,可在院内设小水池、草坪、花坛、山石,搭花架缠绕藤萝,种植观赏花木或果树,形成较为完整的绿地格局。

(2)宅间活动场地的绿化

宅间活动场地属半公共空间,主要为幼儿活动和老人休息之用,其绿化的好坏直接影响居民的日常生活。宅间活动场地的绿化类型主要有以下几种(图8.10—图8.13)。

图8.10 树林型宅间绿地

图8.11 游园型宅间绿地

图8.12 棚架型宅间绿地

图8.13 草坪型宅间绿地

①树林型:以高大乔木为主的一种比较简单、粗放的绿化形式,对调节小气候的作用较大,大多为开放式。居民在树下活动的面积大,但由于缺乏灌木和花草搭配,因此显得较为单调。高大乔木与住宅墙面的距离至少应为 5~8 m,以避开铺设地下管线的地方,便于采光和通风,避免树上的病虫害侵入室内。

②游园型:当宅间活动场地较宽时(一般在 30 m 以上),可在其中开辟园林小径,设置小型游戏和休息园地,并组合配植层次、色彩都比较丰富的乔木和花灌木,是一种宅间活动场地绿化的理想类型,但所需资金较大。

③棚架型:一种效果独特的宅间活动场地绿化类型,以棚架绿化为主,其植物多选用紫藤、炮仗花、珊瑚藤等观赏价值高的攀缘植物。

④草坪型:以草坪绿化为主,在草坪的边缘或某一处种植一些乔木或花灌木,形成疏朗、通透的景观效果。

(3)住宅建筑本身的绿化

住宅建筑本身的绿化包括架空层、屋基、窗台、阳台、墙面、屋顶绿化等几个方面,是宅旁绿化的重要组成部分,必须与整个宅旁绿化和建筑的风格相协调。

①架空层绿化:在近些年新建的居住区中,常将部分住宅的首层架空形成架空层,并通过绿化向架空层的渗透,形成半开放的绿化休闲活动区。这种半开放的空间与周围较开放的室外绿化空间形成鲜明对比,增加了园林空间的多重性和可变性,既为居民提供了可遮风挡雨的活动场所,也使居住环境更富有透气感。

架空层的绿化设计与一般游憩活动绿地的设计方法类似,但由于环境较为阴暗且受层高所限,因此,在植物品种的选择方面应以耐阴的小乔木、灌木和地被植物为主,园林建筑、假山等也一般不予以考虑,只是适当布置了一些与整个绿化环境相协调的景石、园林建筑小品等。

②屋基绿化:屋基绿化是指墙基、墙角、窗前和入口等围绕住宅周围的基础栽植(图8.14、图8.15)。

a.墙基绿化:在垂直的建筑墙体与水平地面之间以绿色植物为过渡,使建筑物与地面之间增添一些绿色,如种植八角金盘、铺地柏、红叶小檗、凤尾竹、南天竹等,打破墙基呆板、枯燥、僵硬的感觉。

b.墙角绿化:墙角种小乔木、竹或灌木丛,形成墙角的"绿柱""绿球",可打破建筑线条的生硬感觉,如种植凤尾竹、芭蕉、胶东卫矛球、锦带花、紫薇等植物。

c.窗前绿化:对于室内采光、通风,防止噪声、视线干扰等方面起着相当重要的作用。其配植方法也是多种多样的,如"移竹当窗"手法的运用,竹枝与竹叶的形态常被喻为清雅、刚健、潇洒,宜种于居室外,特别适合于书房的窗前;又如有的在距窗前 1~2 m 处种一排花灌木,高度遮挡窗户的一小半,形成一条窄的绿带,既不影响采光,又可防止视线干扰,开花时节还能形成五彩缤纷的效果;再比如有的窗前设花坛、花池,使路上行人不致临窗而过。

d.入口绿化:在住宅入口处,多与台阶、花台、花架等相结合进行绿化配植,形成各住宅入口的标志,也作为室外进入室内的过渡,有利于消除眼睛的光感差,或兼作"门厅"之用。

图 8.14　窗前绿化

图 8.15　墙基绿化

③窗台、阳台绿化：是人们在楼层室外与外界自然接触的媒介，这不仅能使室内获得良好的景观，也丰富建筑立面造型并美化了城市景观。阳台有凸、凹、半凸半凹 3 种形式，所得的日照及通风情况不同，也形成了不同的小气候，这对于选择植物有一定的影响。要根据具体情况选择不同习性的植物。种植物的部位有 3 种：一是阳台板面，根据阳台面积的大小，选择植株的大小，但一般植物可稍高些，用阔叶植物从室内观看效果更好。阳台的绿化可形成小"庭院"的效果。二是置于阳台栏板上部，可摆设盆花或设槽栽植，此外不宜种植株高较大的花卉，因为这有可能影响室内的通风，也会因放置不牢出现安全问题。这里设置花卉可呈点状和线状。三是沿阳台板向上一层阳台成攀缘状种植绿化，或在上一层板下悬吊植物花盆成"空中"绿化，这种绿化能形成点、线，甚至面的绿化形态，无论从室内还是从室外看都富有情趣，但要注意不要满植，以免绿化封闭了阳台。

窗台绿化一般用盆栽的形式以便管理和更换。根据窗台的大小，一般要考虑置盆的安全问题，另外窗台处日照较多，且有墙面反射热对花卉的灼烤，故应选择喜阳耐旱的植物。

无论是阳台还是窗台绿化都要选择叶片茂盛、花美色艳的植物，才能使其在空中引人注目。另外，还要使花卉与墙面及窗户的颜色、质感形成对比，相互衬托。

④墙面绿化和屋顶绿化：在城市用地十分紧张的今天，进行墙面和屋顶的绿化，即垂直绿化，无疑是一条增加城市绿量的有效途径。墙面绿化和屋顶绿化不仅能美化环境、净化空气、改善局部小气候，还能丰富城市的俯视景观和立面景观。

4) 道路绿地规划设计

居住区道路绿地是居住区绿地系统的有机组成部分,它作为"点、线、面"绿化系统中"线"的部分,起到连接、导向、分割、围合等作用。同时,道路绿化也能为居住区与庭院疏导气流,输送新鲜空气,改善居住区环境的小气候条件。道路绿化还有利于行人与车辆的遮阳,保护路基,美化街景,增加居住区绿地面积和绿化覆盖率。

居住区内道路分为:居住区(级)道路、小区(级)路、组团(级)路和宅间小路四级,居住区内的道路用地面积一般占居住用地总面积的 8% ~15%,它们联系着住宅建筑、居住区各功能区、各出入口,是居民日常生活和散步休息的必经通道,是居住区开放空间系统的重要部分,在构成居住区空间景观、生态环境方面具有非常重要的作用。

(1) 居住区(级)道路

居住区(级)道路是联系各小区及居住区内外的主要道路,除人行外,有的还通行公共汽车,车辆交通比较频繁,两边应分别设置非机动车道及人行道,并应设置一定宽度的绿地,种植行道树和草坪花卉。按各组成部分的合理宽度,居住区(级)道路红线宽度不宜小于 20 m,有条件的地区宜采用 30 m,机动车道与非机动车道在一般情况下可采用混行方式。行道树的栽植要考虑行人的遮阴及不妨碍车辆的运行,在道路交叉口及转弯处要依照道路安全三角视距的要求进行植物配植,绿化不要影响行驶车辆的视线。

居住区(级)道路通常路幅较宽,可按照城市街道绿化形式进行布置,规模大的居住区主干道绿化形式采用三板四带式居多,中小规模居住区通常采用一板两带式和两板三带式布置形式。

(2) 小区(级)道路

小区(级)道路是联系小区各部分之间的道路,以非机动车和人行交通为主,不能引进公共电车等,一般也采用人车混行方式,路面宽 6~9 m。建筑控制线之间的宽度,需布设供热管线的不宜小于 14 m,无供热管线的不宜小于 10 m。行驶的车辆虽较主干道少,但绿化布置时,仍要考虑交通要求。当道路与居住建筑距离较近时,要注意防尘隔声。次干道还应满足救护、消防、运货、清除垃圾及搬运家具等车辆的通行要求,当车道为尽端式道路时,绿化还需与回车场地结合,使活动空间自然、美观(图 8.16)。

(3) 组团(级)道路

组团(级)道路是进出组团的主要通道,一般以非机动车和人行交通为主,路幅与道路空间尺度较小,路面宽 3~5 m。一般不设专用道路绿化带,绿化与建筑的关系较为密切。在组团道路两侧绿地中进行绿化布置时,常采用绿篱、花灌木、色带、色块等强调道路空间,形成林荫小径,减少交通对住宅建筑和绿地环境的影响(图 8.17)。

(4) 住宅小路

居住区住宅小路是联系各住户或各居住单元门前的小路,主要供人通行。进行绿化布置时,道路两侧的种植宜适当后退,以便必要时急救车和搬运车等可驶入住宅。有的步行道路及交叉口可适当放宽,与休息活动场地结合。路旁植树不必都按行道树的方式排列种植,可以断续、成丛地灵活配置,与宅旁绿地、公共绿地布置配合起来,设置小景点,形成一个相互关联的整体（图8.18）。

图8.16　小区（级）道路绿化　　　　图8.17　组团（级）道路绿化

图8.18　住宅小路绿化

8.1.7　居住区绿化设计的植物选择和配植

　　居住区绿地的植物配植是构成居住区绿化景观的主题，它不仅起到保持水土、改善环境、满足居住功能等要求，而且还起到美化环境、满足人们游憩的要求等作用。居住区绿化时植物的选择和配置还应以生态园林的理论为依据，模拟自然生态环境，让自然界的气息融进人们的居住空间中，利用植物生理、生态指标及园林美学原理，进行植物配植，创造复层结构，保持植物群落在空间、时间上的稳定与持久。

园林植物是现代生态园林建设的重要构成要素之一,它具有鲜明的时空节奏、独立的景观表现。园林植物配植就是将园林植物材料进行科学的、艺术的组合,以满足园林各功能和审美要求,创造出生机盎然的园林境域(图8.19)。

图 8.19　住宅小区植物配植

1)植物选择

①居住区内骨干树种宜选择生长健壮、姿态优美、少病虫害、有地方特色的优良乡土树种。

②在公共绿地的重点地段,注意选择姿态优美、枝繁叶茂、花团锦簇的乔木、花灌木及名贵花木,形成优美的景观效果。

③在房前屋后光照不足的地段,注意选择耐阴植物,在院落围墙和建筑墙面,注意选择攀缘植物,进行垂直立体绿化。

④在儿童活动区周边,注意选择无针刺、无飞毛、无毒无刺激等的树种。

⑤适当配植一些吸引鸟类植物和密源植物,以吸引动物和微生物,创造人与自然和谐共存的居住环境。

2)植物配植

(1)因地制宜,适地适树

要使园林植物的生态习性和栽培条件基本适应,以保证植物的成活和正常生长。植物选择应以乡土树种为主,引种成功的外地优良植物为辅,根据功能与造景要求合理配置其他植物,这样不但经济,而且成活率高,还可以充分显示出居住区的地方特色性。

(2)远近结合,创造相对稳定的植物群落

植物的选择和配置应掌握速生植物与慢长植物相搭配,以解决远近期的过渡问题,但配置时要注意不同树种的生态要求,使之成为稳定的植物群落;从长远效益考虑,根据成年植物冠幅大小决定种植距离,如想在短期内取得良好的绿化效果,可适当密植,在一定时期予以移栽或间伐。

(3)符合居住区绿地的性质和使用功能要求

进行园林植物的选择和配置时,要从居住区绿地的性质和主要功能出发。作为居住区绿地,其主要功能是蔽荫、观赏、休憩、活动,改善小区的小气候,所以在各类绿地中要选择相应的植物,如休憩小广场区就选择树冠荫浓、树形美观的树种,观赏花圃区就宜选择开花繁茂的花灌木、地被等植物。

居住区绿地内往往建有花架、廊、亭、景、墙、座凳等小型建筑和设施,这些单调的建筑设施,需用绿色植物加以综合协调和美化。如花架用紫藤、爬山虎、山荞麦等攀缘植物处理,廊亭周围可采用丛植、孤植等手法,错落有致地配置黄杨球、雪松、白皮松、金叶女贞等常绿植物和合欢、银杏、紫叶李、月季等,以增加绿地内的空间层次。景墙起着分隔和小区标志两种作用,景墙前用低矮的瓜子黄杨、洒金柏、红叶小檗等规则式布置,前者整洁美观,后者洒脱、自然、精致。设在路边的座凳旁,可适当配置一二株垂柳、云杉等落叶或常绿乔木,用以遮阴和创造一种幽静的环境;铺装场地边设的座凳背后,用桧柏等高绿篱加以分隔,也可设置花台,栽植月季、红叶小檗、地被菊等开花灌木或栽种四季露地宿根花卉,用以美化周围环境,使绿地内保持安静。

(4)满足小区居民审美功能的要求

首先,要与总体布局及周围的建筑物相协调,因地造景,因势造景。其次,意境要明确且具有诗情画意。根据园林植物的特性和人们赋予植物不同的品格、个性进行植物配植,可以表现出鲜明的意境。以花木、山石、地被相结合,自然错落的布局手法,形成一幅生动的立体图画。再次,要做到变化与统一相协调。园林植物配植,既要丰富多彩,又要防止杂乱无章。应从大处着眼,进行总体规划,确定主题思想,然后进行具体设计,形成多样而统一的整体。做到主次分明、高低搭配相结合,使得层次分明、主题突出。最后,充分利用植物的色、香、姿、韵等特色及时空变化规律创造美的境域。

（5）体现植物的季相变化

居住区是居民一年四季生活、憩息的环境,植物配植应该有四季的季相变化,使之与居民春、夏、秋、冬的生活规律同步。但居住区绿地不同于公园绿地,面积较小,而且单块绿地面积更小,如果在一小块绿地中要体现四季变化,势必会显得杂乱、烦琐,没有主次、特色。所以植物的季相变化配置,尽可能结合居住区绿地的地形地貌、景观要素、建筑小品等设计,如在小区水景周边栽植春季开花的碧桃、榆叶梅、迎春等植物,营造桃红柳绿的春色景观。在地形起伏较大的丘陵区域栽植银杏、栾树、火炬树、黄栌等秋色叶树种,营造层林尽染的秋色景观。

（6）绿地空间处理

居住区除中心绿地外,其他大部分都是住宅前后,其布局大都以行列式为主,形成了平行、等大的绿地,狭长空间的感觉非常强烈。为此,植物配植时,可以充分利用植物的不同组合,形成不同大小的空间。另外,植物与植物组合时,应避免空间的琐碎,力求形成整体效果。

（7）线形变化

由于居住区绿地内平行的直线条较多,如道路、绿地侧石、围墙、居住建筑等,因此配置植物时,可以利用植物林缘线的曲折变化、林冠线的起伏变化等手法,使平行的直线条内融进曲线。

（8）块面效果

植物与植物搭配时,根据生态园林观点,不仅要有上层、中层、下层植物,而且要有地被植物,使之黄土不见天,形成一个饱满的植物群落。而在这一群落的每一种植物,必须达到一定的数量,形成一个块面效果,植物的种类不宜过多,而开花、矮小、耐修剪的花灌木应占较大的比例,如郁李、火棘、六月雪、海桐、贴梗海棠、木瓜海棠、天竺、杜鹃、月季、黄馨、夹竹桃、桂花等,当这些植物开花时,使之形成各种颜色的大色块。但要注意的是,不能盲目追求块面效果而不顾植物生长规律和工程造价,导致植物生长不良和浪费资金。

8.2　别墅庭院规划设计

别墅庭院是独户庭院的代表形式,院内应根据住户的喜好进行绿化和美化。由于庭院面积相对较大,可在院内进行完整的绿地布局。别墅庭院不仅在风格上更有特色,而且在装饰上极富灵活性、随意性。既使人感受到自然气息,同时又使人享受居住的乐趣(图8.20)。

8.2.1　别墅庭院设计的要求

①满足室外活动的需要,将室内、室外统一起来进行考虑。
②简洁、朴素、轻巧、亲切、自由、灵活。
③为一家一户独享,要在小范围内达到一定程度的私密性。
④尽量避免雷同,每个院落各异其趣,既丰富街道面貌,又方便客户自我识别。

8.2.2　别墅庭院的分区

住宅庭院一般可分为前庭、主庭、后庭、中庭和通道5个区域。

图 8.20　某别墅设计方案平面图

1)前庭(公开区)

从大门到房门之间的区域就是前庭,它给外来访客以整个景观的第一印象,因此,要保持清洁,并给访客一种清爽、好客的感觉。前庭如与停车场紧邻时,更要注重实用美观。前庭包括大门区域、草地、进口道路、回车道、屋基植栽及若干花坛等。设计前庭时,不仅宜与建筑协调,同时应注意街道及其环境四季景色,不宜有太多变化。

2)主庭(私有区)

主庭是指紧接起居室、会客厅、书房、餐厅等室内主要部分的庭院区域,面积最大,是一般住宅庭院中最重要的一区。主庭最足以发挥家庭的特征,是家人休憩、读书、聊天、游戏等从事户外活动的重要场所。故其位置宜设置在庭院的最优部分,最好是南向或东南向。日照应充足、通风良好,如有夏凉冬暖的条件最佳。为使主庭功能充分表现,应设置水池、假山、花坛、平台、凉亭、走廊、喷泉、瀑布、座椅及家具等。

3)后庭(事务区)

后庭是家人工作存放杂物的地区,同厨房与卫生间相对,是日常生活上接触时间最多的地方。后庭位置很少向南,为防西晒,可在建筑北、西侧,栽植高大常绿屏障树。与后庭出入口相连的道路,要以平坦、保持畅通为原则。

4)中庭

中庭指三面被房屋所包围的庭院区域,通常占地最少。一般中庭日照、通风都较差,不适合种植树木、花草,但如果摆设雕塑品、庭院石或整形的浅水池,陈设一些奇岩怪石,或铺以装饰用的砂砾、卵石等比较合适。此外,在中庭配置植物时要选择耐阴性的种类,最好是形状比较工整、生长不快的植物,栽植数量也不可多,以保持中庭空间的幽静整洁。

5)通道

通道是庭院中联络各部分必经的功能性区域。可采用踏石或其他铺地增加庭院的趣味性,沿着通道种些花草,更能衬托出庭院的高雅气氛。其空间范围虽少,却可兼具道路与观赏用途。

8.2.3　别墅庭院设计要点

1)庭院风格的确定

庭院有多种不同的风格,一般是根据业主的喜好确定其基本的样式。庭院的样式可简单地分为规则式和自然式两大类,目前从风格上私家庭院可分为四大流派:亚洲的中国式和日本式、欧洲的法国式和英国式。而建筑却有多种多样的不同风格与类型,如古典与现代的差距、前卫与传统的对比、东方与西方的差异。常见做法大多是根据建筑物的风格来大致确定庭院的类型。过去具有典型日本庭院风格的杂木园式庭院与茶庭等,往往融自然风景于庭院之中,给人以清雅、幽静之感。

2)庭院空间的划分

庭院别墅只是一家所有,多为主人一家使用或其亲戚朋友参观。庭院空间的划分应根据家庭人员组成与年龄结构有所选择。重点考虑老人与儿童的安全性和活动场地的设置。此外,庭院空间设计必须考虑其私密性和室内空间延伸的特点。用木条栅栏、篱笆或花架与邻家庭院相通。在休闲区域可以考虑用拱门或花架来进行空间划分。产生"曲径通幽"和"柳暗花明又一村"的效果。

3)地形

在别墅庭院中,由于场地小,一般不设置微地形或只设置坡度很缓的微地形。

4)水体

庭院水体的特点是小而精致,常用形式有两种:一种是自然状态下的水体,如自然界的湖泊、池塘、溪流等;另一种是人工状态下的水体,如喷水池、游泳池等。还可以选择现代的墙式水景,如金属或石料水碗、墙壁水、水幕墙等。但需要注意的是无论选择哪一种,水体的深度既不能太深又不能太浅,主要从安全性上考虑(图 8.21)。

5)植物

别墅庭院里的植物种类不宜太多,应以一两种植物作为主景植物,再选种一两种植物作为搭配。植物的选择要与整体庭院风格相配,植物的层次要清楚、形式简洁而美观。别墅中经常用柔质的植物材料来软化生硬的几何式建筑形体,如基础栽植、墙角种植、墙壁绿化等形式（图 8.22）。

图 8.21　某别墅设计方案景观水体图

图 8.22　某别墅设计方案景观绿化图

6）园林小品

在庭院景观中常用的小品有假山、凉亭、花架、雕塑、桌凳等。同时还可用一些装饰物和润饰物，风格力求大胆，如日晷、雕像、花盆等。运用小品把周围环境和外界景色组织起来，使庭院的意境更生动、更富有诗情画意（图 8.23）。

图 8.23　某别墅设计方案景观小品图

7）园路

别墅庭院中的园路主要供庭院主人散步、游憩之用。主要突出窄、幽、雅。铺装一般较灵活,可用天然石材或者各色地砖、黑白相间的鹅卵石铺就,还可使用步石、旱汀等铺就(图8.24)。

图 8.24　某别墅设计方案景观园路图

复习思考题

1. 居住区公共绿地的组成。
2. 居住区绿地设计的原则。
3. 居住区小游园的规划设计形式。
4. 居住区组团绿地的布置形式。
5. 居住区绿地植物的选择要求。

【项目实训】

实训 3　居住区组团绿地设计

1）实训目的

①明确居住区组团绿地在居住区绿地中的功能和地位。

②熟悉居住区组团绿地设计的内容和要求。

③掌握居住区组团绿地设计的方法和步骤。

④掌握居住区组团绿地的植物配植和景观营造。

2）实训内容

选择一个居住区组团绿地进行真题设计。

实训题目:××××小区组团绿地设计。

实训学时:4~6学时。

3）实训工具

测量仪器、记录本、照相机、绘图工具、图纸等。

4）实训条件

①设计区域的地形图、竖向图。

②设计区域内地上、地下的管线布置图。

5）实训步骤方法

①实地勘察。教师带领学生到现场进行实地考察、图纸核实、场地内现状物记录。并在现场给学生讲解此次实训的目的、重点、难点、内容及方法，并指导学生用科学的方法对现场及周边环境做调查。

②收集相关资料与调查数据分析。对与实地相关的其他资料进行收集，主要有自然条件、环境条件、社会经济条件、使用者情况等；并与现场调查数据，一起做科学合理的分析。

③编制设计任务书。

④构思设计总体方案。

⑤完成初步设计。

⑥绘制设计图纸，编制设计说明书。

6）实训成果要求

①总体布局方案图。

②详细设计方案图。

③竖向设计图。

④植物种植设计图（包括苗木统计表）。

⑤主要建筑景观小品等硬质景观的平、立、剖面图。

⑥整体或局部效果图。

⑦设计说明书。

7）实训任务评价

任务完成后对其进行评价，主要从以下几个方面考虑：

①景观设计：能因地制宜合理地进行景观规划设计，景观序列合理展开，景观丰富。主题明确，立意构思新颖巧妙。

②功能要求：能根据广场类型结合环境特点，满足设计要求，功能布局合理，符合设计规范。

③植物配植：植物选择正确，种类丰富，配植合理，植物景观主题突出，季相分明。

④方案可实施性：在保证功能的前提下，方案新颖，可实施性强。

⑤设计表现：图面设计美观大方，能准确表达设计构思，符合制图规范。

实训4 居住区绿地规划设计

1）实训目的

①明确居住区绿地规划设计的指导思想和原则。

②熟悉居住区绿地规划设计的内容和要求。

③掌握居住区绿地规划设计的方法和步骤。

④掌握居住区绿地的植物配植。

⑤增强居住区绿地的景观营造能力。

2)实训内容

选择一个居住区绿地进行真题规划设计。

实训题目:××××居住区绿地规划设计。

实训学时:8～10 学时。

3)实训工具

测量仪器、记录本、照相机、绘图工具、图纸等。

4)实训条件

①居住区平面布局图、地形图、竖向图。

②居住区内地上、地下的管线布置图。

5)实训步骤方法

①实地勘察。教师带领学生到现场进行实地考察、图纸核实、场地内现状物记录。在现场给学生讲解此次实训的目的、重点、难点、内容及方法,并指导学生用科学的方法对现场及周边环境做调查。

②收集相关资料与调查数据分析。对与实地相关的其他资料进行收集,主要有自然条件、环境条件、社会经济条件、使用者情况等;并结合现场调查数据做科学合理的分析。

③编制设计任务书。

④构思设计总体方案。

⑤完成初步方案设计。

⑥完成详细设计。

⑦绘制设计图纸,编制设计说明书。

6)实训成果要求

①功能分区规划图。

②总体平面布局设计图。

③详细设计图。

④竖向设计图。

⑤植物种植设计图(包括苗木统计表)。

⑥主要建筑景观小品等硬质景观的平、立、剖面图。

⑦整体或局部效果图。

⑧设计说明书。

7)实训任务评价

任务完成后对其进行评价,主要从以下几个方面考虑:

①景观设计:能因地制宜合理地进行景观规划设计,景观序列合理展开,景观丰富。主题明确,立意构思新颖巧妙。

②功能要求:能根据广场类型结合环境特点,满足设计要求,功能布局合理,符合

设计规范。

　　③植物配植:植物选择正确,种类丰富,配植合理,植物景观主题突出,季相分明。

　　④方案可实施性:在保证功能的前提下,方案新颖,可实施性强。

　　⑤设计表现:图面设计美观大方,能准确表达设计构思,符合制图规范。

第 9 章　单位附属绿地规划设计

【知识目标】

1.了解各类单位绿地的用地组成。

2.掌握单位附属绿地绿化的基本原则。

【技能目标】

会各类单位附属绿地各组成部分的规划设计。

【学习内容】

单位附属绿地是城市园林绿地系统的重要组成部分。一般分布广、范围大,在改善城市小气候,降低噪声,卫生防护,防止污染以及保护城市生态环境方面起着重要作用;并且还能体现单位的面貌和反映单位的形象。单位附属绿地主要包括工厂绿地、校园绿地、医疗机构绿地、公共建筑附近绿地等。

9.1　单位附属绿地的概述

9.1.1　单位附属绿地的概念

单位附属绿地是指在某一部门或单位内,由本部门或本单位投资、建设、管理、使用的绿地。专用绿地主要为本单位人员使用,一般不对外开放使用。因此又称为城市专用绿地或单位环境绿地。

9.1.2　城市专用绿地的类型

城市专用绿地是城市绿地规划建设用地之外的城市各类单位用地中的附属绿化用地。其中包括单位绿地:即机关团体、学校、医院、工厂、部队等单位绿地;公用事业绿地:即公共交通停车场、自来水厂、污水处理厂、垃圾处理厂等处的绿地;公共建筑庭院绿地:即机关、学校、医院、宾馆、饭店、影剧院、体育馆、博物馆、图书馆、商业服务中心等公共建筑旁的附属绿地。单位附属绿地在城市园林绿地系统规划中,一般不单独进行用地规划,它们的位置取决于本单位的用地条件和要求。

9.1.3　城市专用绿地的功能

1)单位绿地

机关团体、部队、学校、医院等绿地的功能主要是调节内部小气候、降低噪声、美化环境,而工厂、仓库绿地的主要功能是减轻和降低有害气体或有害物质对工厂及附近居民的危害,改善小气候环境条件,以防风防火为目的。

2)公用事业绿地

公用事业绿地的主要功能是净化空气、改善环境卫生条件,减少细菌和病菌繁殖及美化环境。

3)公共建筑庭院绿地

公共建筑庭院绿地的主要功能是丰富城市景观效果,衬托建筑,突出建筑物的个性,增加建筑艺术感染力。

9.2　工矿企业的园林绿地规划设计

工矿企业的园林绿地是城市园林绿地系统的重要组成部分,工矿企业的园林绿化能美化厂容,使职工有一个清新优美的劳动环境,振奋精神、提高劳动效率。工矿企业的园林绿化是美化市容的一环,也是改善全市环境质量的重要措施。

9.2.1　工矿企业的园林绿化的功能作用

由于工厂在城市中占有很大的面积(一般占城区总用地的20%～30%),所以工厂绿化在城市绿地系统中占据重要地位。它不仅能美化工厂环境,陶冶心情,振奋职工们的精神,而且是工厂文明的标志,信誉的投资;在维护城市生态平衡中起到重要作用,如结合生产还能取得一定的经济收益。

1)美化环境、陶冶心情

工厂绿化搞好了,可起到衬托主体建筑的作用。绿化与建筑相呼应形成一个整体,具有大小不一、高低起伏的效果。由于植物具有一年四季的季相变化,千姿百态,色彩美观,可以陶冶心情,使人感到富有生命力。

2)文明的标志,信誉的投资

工矿企业绿化搞好了,可以反映出工厂生产管理井井有条,工人的组织性、纪律性严谨。优美的工厂绿化环境,可以陶冶工人的情操,消除疲劳,使工人精神振奋地进行工作生产,不断提高劳动生产率。工矿企业绿化可使空气清新,减少灰尘,有利于产品质量的提高。因此,它的价值会潜移默化地深入产品中,深入用户的思想深处。工矿企业园林绿化、美化既是社会主义现代化建设中精神文明的重要标志,也是工厂的信誉投资。

3)维护社会生态平衡

工业城市中,工厂用地面积还会比一般其他性质的城市工业用地更多些。而绿色植物对有害气体、粉尘和噪声具有吸附、吸滞、过滤的作用。工矿企业绿化不仅可以美化环境,而且对社会环境的生态平衡起着巨大作用。

4）创造经济收益

工矿企业绿化应根据工厂的地形、土质和气候条件，因地制宜结合生产，种植一些经济作物，既绿化了环境，又为工厂创造了一定的经济效益。

9.2.2　工厂企业绿化的特点

工矿企业绿化由于工业生产而有着与其他用地上绿化不同的特点，工厂的性质、类型不同，生产工艺特殊，对环境的影响及要求也不相同。主要表现在以下几个方面：

1）环境恶劣

工厂在生产过程中常常会排放、逸出各种对人体健康、植物生长有害的气体、粉尘、烟尘及其他物质，使空气、水、土壤受到不同程度的污染。因为经济、科学技术和管理水平的限制，从根本上解决气体、粉尘、烟尘的污染问题还不太可能，所以只能用园林绿地来改善和保护工厂环境。另外，工业用地的选择尽量不占用耕地良田，加之基本建设和生产过程中材料的堆放，废物的排放，使土壤的结构、化学性能和肥力变差，造成树木生长发育的立地条件较差。因此，根据不同类型、不同性质的工厂，选择适宜的花草树木，是工厂绿化成败的关键。

2）用地紧凑

城市用地相当紧张，工厂工业建筑及各项设施的布置都比较紧凑，建筑密度大，特别是城市中的中、小型工厂，通常能提供绿化的用地很少，因此，工厂绿化中要"见缝插绿"，甚至"找缝插绿""寸土必争"地栽种花草树木，灵活运用绿化布置手法，争取绿化用地。充分运用攀缘植物进行垂直绿化，开辟屋顶花园，都是增加工厂绿地面行之有效的办法。

3）保证生产安全

工厂的中心任务是发展生产，为社会提供高质量的产品。工业企业的绿化要有利于生产正常运行，有利于产品质量的提高。工厂里空中、地上、地下有着种类繁多的管线，不同性质和用途的建筑物、构筑物、铁路、道路纵横交叉，厂内厂外运输繁忙。因此，绿化植树时要根据其不同的安全要求，既不影响安全生产，又要使植物能有正常的生长发育条件。确定适宜的植物栽植距离，对保证生产的正常运行和安全是至关重要的（表9.1）。

表 9.1　树木与建筑物、构筑物、地下管线的最小间距

序号	建筑物、构筑物及地下管线的名称	间距/m	
		至乔木中心	至灌木中心
1	建筑物外墙（有窗）	3.0	1.5
2	建筑物外墙（无窗）	2.0	1.5
3	围墙	2.0	1.0

续表

序号	建筑物、构筑物及地下管线的名称	间距/m	
		至乔木中心	至灌木中心
4	标准轨距铁路中心线	5.0	3.5
5	道路路面边缘	0.5	0.5
6	人行道边缘	0.5	0.5
7	土排水明沟边缘	0.3	0.3
8	给水管管壁	1.5/1.0	0.5
9	排水管管壁	1.5/1.0	0.5
10	热力管(沟)壁	1.5/1.0	1.5/1.0
11	煤气管管壁	1.2/1.0	1.0
12	电力电缆外缘	1.5/1.0	0.5
13	照明电缆外缘	1.0	0.5

4)服务对象

工厂绿地是本厂职工休息的场所。职工的职业性质比较接近,人员相对固定,绿地使用时间短、面积小,加上环境条件的限制,使可以种植的花草树木种类受到限制,因此,如何在有限的园林规划面积中,尽量以绿化美化为主,条件许可时适当布置一些景点和景区,点缀园林建筑小品、园林休息设施,使之内容丰富,发挥其最大的使用效率,这是工厂绿化中的关键问题。

9.2.3 工厂园林绿地规划设计

1)工厂园林绿地规划设计前的准备

在规划设计前必须调查自然条件、工厂生产性质及规模、工厂总体布置示意图及社会情况等材料。

(1)自然条件的调查

工厂绿化的主要材料是树木、花草等。它们都有各自的生态习性和生长特性,所以必须对当地的自然条件进行充分调查。

(2)工厂生产性质及其规模的调查

各种不同性质的工厂生产性质不同,对周围环境的影响也不一样,即使工厂性质相同,但生产工艺也可能不同,所以还需进行规模调查。必须对工厂设计文件、同类工厂进行调查才能弄清生产特点,确定本厂或他厂所有的污染源位置和性质,进行选择相应的抗污染植物,才能正确进行工厂园林绿化设计。

（3）了解工厂总图

工厂总图不仅有平面图,而且有竖向图等。从平面图中可知工厂绿化面积情况,从竖向图中可知挖方、填方数及土壤结构变化,从管线图中可知绿化树木的栽种位置。

（4）社会条件的调查

要做好工厂的园林绿地规划设计,应深入了解工厂职工、干部对环境绿化的意见,以便更好地进行工厂园林绿地规划建设和管理。最后还要调查工厂建设进展步骤,明确所有空地的近期、中期、远期使用情况,以便有计划地安排绿地分期建设。

2）工厂绿地规划的原则

工厂绿地规划关系到全厂各区、车间内外生产环境的好坏,所以在进行绿地规划时应注意以下几个方面。

①工厂绿化规划,是工厂总体规划的有机组成部分,应在工厂总图规划的同时进行绿化规划,以利全厂统一安排、统一布局,减少建设中的种种矛盾。

②工厂绿化规划设计,是以工业建筑为主体的环境设计。由于工厂建筑密度较大,一般占到工厂用地面积的 20%～40%,所以绿化规划设计要与工业建筑主体相协调。按总平面构思与布局对各种空间进行绿化布置,在工厂内起美化、分流、指导、组织等作用。在视线集中的主题建筑四周。作重点绿化处理,能起到烘托主体的作用;如适当的配置园林小品,还能形成丰富、完整、舒适的空间。在工厂的河湖临水部分,布置带状绿地,形成工厂的林荫道、小游园等休息场所。

③工厂绿化规划要保证工厂生产的安全。由于工厂生产的需要,往往在地上地下设有很多管线,在墙上开大窗户等,因此绿化规划设计一定要合理,不能影响管线和车间劳动生产的采光和通风需要,以保证生产的安全。

④应维护工厂环境卫生。有的工厂在生产过程中会放出一些有害物质,除工厂本身应积极从工艺上进行三废处理、保证环境卫生外,还应考虑从绿化着手,植物尽量选择具有抗污染、吸收有害气体、吸滞尘埃、降低噪声作用的树木进行绿化,以便减少对环境的污染。

⑤工厂绿化规划设计应结合本厂地形、土壤、光照和环境污染情况,因地制宜地进行合理布局,才能得到事半功倍的效果。

⑥工厂绿化规划要与全厂的分期建设相协调一致。既要有远期规划,又要又近期安排。从近期着手,兼顾远期建设的需要。

⑦工厂园林绿地规划还要适当结合生产。在满足各项功能要求的前提下因地制宜地种植乔灌木、果树、芳香、药用、油料与经济价值高的园林植物。

（1）工厂绿化指标

工厂绿地作为城市园林绿地系统组成部分也要符合一定的绿化指标。工厂绿化面积指标工厂绿化规划是工厂总体规划的一部分。绿化在工厂中要充分发挥作用,必须有一定的面积来保证。一般来说,只要设计合理,绿化面积越大,减噪、防尘、吸毒和改善小气候的作用也就越好。例如,我国城建部门对新建工矿企业绿化系数的要求见表 9.2。

表9.2　工矿企业绿化系数

企业类型	近期/%	远期/%
精密机械	30	40
化工	15	20
轻工纺织	25	30
重工业	15	20
其他工业	20	25

根据工厂的卫生特征、规模大小、厂区位置、轻工业和重工业类别不同,绿化空间占地面积比例见表9.3。

表9.3　绿化空间占地面积比例

绿化空间	内地型工厂/%	沿海型工厂/%	全体/%
前庭	30.1	24.2	27.9
外围	34.2	36.2	35.0
车间四周	17.3	21.8	19.0
生活区	18.4	17.9	18.1
绿化带	10.2	23.1	16.5

（2）工厂绿地规划布局

工厂绿地规划布局的形成一定要与各区域的功能相适应,虽然工厂的类型有冶炼、化工、机械、仪表、纺织等,但都有共同的功能分区,如厂前区、生产区、生活区及工厂道路等。

厂前区绿化包括大门到工厂办公用房的环境绿化。这与城市紧密相连,它不仅是本厂职工上下班密集地,也是外来客人入厂形成第一印象的场所,其绿化形式、风格、色彩应与建筑统一考虑。绿化的布局不仅要照顾到本厂面貌,而且要和城市干道系统融为一体,相互渗透。一般多采用规则式、混合式布局来表现整齐庄重。布局花园路要和工厂小花园、俱乐部相结合,用中国造园艺术的手法布置花草、树木和小品,以利职工开展业余室外活动、休息、谈心等。

生活区是职工起居的主要空间,包括居住楼房、食堂、幼儿园、医疗设施等。另外,对于那些厂房密集、没有大块绿化的老厂来说,可用见缝插针的形式,在适当位置布局各种小块绿地,使大树、小树相结合,花台、花坛、座凳相结合,创造复层绿化效果;还可沿建筑围墙的周边及道路的两侧布置花坛、花台,利用已有的墙面屋顶进行垂直绿化,在人行道上布置花廊、花架,不仅节约了土地面积,也增加了美化效果。

总之,要以厂内大小道路旁的带状绿化串联厂前区、生产区、生活区的大片绿化,使全厂形成一个绿色整体,充分发挥绿化效益。

9.2.4 工厂局部园林绿地设计

1) 大门环境及围墙的绿化

工厂大门是对内和对外联系的纽带,也是工人上下班必经之处。厂门绿化与厂容关系较大。工厂大门环境绿化,首先要注意与大门建筑造型相协调,还要有利于出入。大门建筑有利于形成厂前广场,便于组织交通和行人出入。门前广场两旁绿化应与道路绿化相协调一致,可种植高大的乔木,引导人流通往厂区。门前广场中心可以设花坛、花台,布置色彩绚丽、多姿、气味香馥的花卉;但是其高度不得超过 0.7 m,否则影响汽车驾驶员的视线。在门内广场可以布置花园,设立花坛、花台或水池喷泉、雕像、假山石等,营造清洁、舒适、优美的环境。

工厂围墙绿化设计应充分注意防卫、防火、防风、防污染和减少噪声,还要注意遮掩建筑的不足之处,与周围景观相调和。绿化树种通常沿墙内外带状布置,以女贞、冬青、珊瑚树、青冈栎等常绿树为主,以银杏、枫香、乌桕等落叶树为辅,常绿树与落叶树的比例以 4 : 1 为宜;栽植 3 ~ 4 层树木,靠近墙栽植乔木,远离墙的一边栽植灌木花卉。具有丰富色彩和立体景观层次。

2) 厂前区环境的绿化

为了节约用地,创造良好的室内外空间,这些建筑往往组成一个综合体,多数建在工厂大门附近。此处为污染风向的上方,管线较少,因而绿化条件较好。绿化目的是要创造一个清新、安静、优美的工作环境。绿化形式与建筑形式相协调,靠近大楼附近的绿化一般用规则式布局;门口可设计花坛、草坪、雕像、水池等,要便于行人出入;远离大楼的地方则可根据地形的变化采用自然式布局,设计草坪、树丛、树木等。如天津立新搪瓷厂的厂前区,就把这些功能不同的建筑统一考虑综合设计,有机地组合室内外空间,创造几个不同的庭院,布置紧凑,使用方便。

在建筑屋的四周绿化要做到朴实大方,美观舒适。也可与小游园绿化相结合,但不一定要照顾到室内采光、通风。在东、西两侧可种植落叶大乔木,以减弱夏季太阳直射;北侧应种植常绿耐阴树种,以防冬季寒风袭击;房屋的南侧应在距离 7 m 以外种植落叶大乔木,近处栽植花灌木,其高度不应超过窗口。在办公室与车间之间应种植常绿阔叶树,以阻止污染物、噪声等对这些地方的影响。对自行车棚、杂院等,可用常绿树种做成树墙进行分隔。其正面还可种植樱花、海棠、紫叶李、红枫等具有色彩变化的花灌木以利观赏。在高层办公楼的楼顶最好修建屋顶花园,以利高层办公人员就近休息。

3) 车间周围的绿化

车间是人们工作和生产的地方,其周围的绿化对净化空气、消声等均有很重要的作用。车间周围的绿化要选择抗性强的树种,并注意不要与上下管道产生矛盾。在车间的出入口与车间的小空间,特别是宣传廊前可重点布置一些花坛、花台,选择花色鲜艳、姿态优美的花木进行绿化。在亭廊旁可种松、柏等常绿树种,设立绿廊、绿亭、座凳等,供工人工间休息使用。一般车间四旁绿化要从光照、遮阳、防风等方面来进行考虑(表9.4)。

表9.4　生产车间周围的绿化特点及设计要点

类型	绿化特点	设计要点
1.精密仪器车间	对空气质量要求较高	栽植常绿树为主,选用不散放飞絮、种毛,不易掉叶的乔灌木。可栽藤本植物和铺设大块草地
2.化工车间	有利于毒气的扩散、稀释	栽植抗污能力强、吸污能力高的树种
3.粉尘车间	有利于吸附粉尘	栽植叶面积大,表皮粗糙,具绒毛和分泌腺脂的植物。结构要紧凑、严密
4.噪声车间	有利于减弱噪声	栽植枝叶茂密、分枝低矮、叶面积大的乔木和灌木。可与常绿、阔叶、落叶树木组成复层混交林带
5.恒温车间	有利于改善和调节环境小气候	栽植较大型的常绿、落叶混交型自然式绿地。可多种草皮及其他地被植物
6.食品、医药卫生车间	对空气质量要求较高	栽植能挥发杀菌素的树种。选用不散放飞絮、种毛,不易掉叶的乔灌木。可铺设大块草地
7.易燃易爆车间	有利于防火	栽植防火树种,并留出足够的消防用地
8.露天作业区	起隔离、分区、遮阴作用	栽植常绿、落叶混交林带和大树冠的乔木
9.高温车间	有利于调节气温	栽植高大的阔叶乔木和色淡味香的花灌木,可配置园林小品
10.工艺美术车间	创造优美的环境	栽植姿态优美、色彩丰富的种类,并配置园林小品
11.供水车间	对空气质量要求较高	栽植常绿树为主,选用不散放飞絮、种毛,不易掉叶的乔灌木
12.暗室作业车间	形成荫蔽的环境	栽植枝叶浓密的大树或搭设荫棚

4)工厂小游园

目前很多工厂在厂内因地制宜地开辟小游园,特别是设在自然山地或河边、湖边、海边等地的工厂更为有利。设置小游园主要是方便职工做操、散步、坐息、谈话、听音乐等,也便于群体在厂内开展各项活动。如果小游园面积大、设备较全,也可向附近居民开放。园内可用花墙、绿篱、绿廊分隔空间,并因地势高低变化布置园路,点缀小池、喷泉、山石、花廊、座凳等来丰富园景,提高工人的兴致。水边可种植水生花草,如鸢尾、睡莲、荷花等。小游园的绿化也可和本厂的工会俱乐部、电影院、阅览室、体育活动等相结合统一布置,扩大绿化面积,实现工厂花园化(图9.1)。

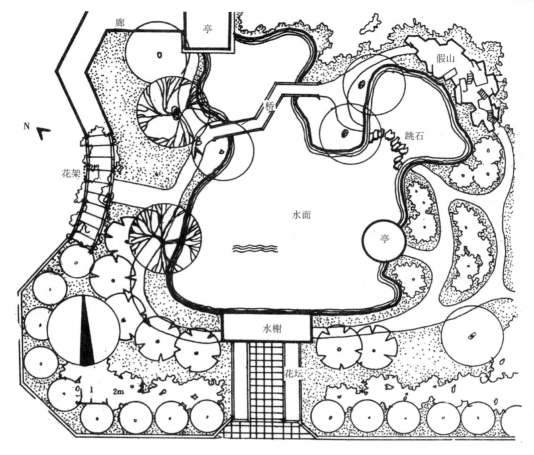

图9.1 工厂小游园

5)工厂道路的绿化

工厂道路贯通厂内外,由于车辆来往频繁灰尘和噪声污染较重,工人下班较集中,路旁的建筑设施电杆、电缆、地下给排水管、检查井等纵横交错,给绿化带来一定的困难。因此,绿化前必须充分了解以上设施和路面结构、道路的人流量、通车率、车速、有害气体、液体的排放情况和当地的自然条件等;然后选择生长健壮、适应能力强、分支点高、树冠整齐、耐修剪、遮阴好、无污染、抗性强的落叶乔木为行道树。

主干高度为10 m左右时,两边行道树多采用行列式布置,创造林荫道的效果。有的大厂主干道较宽,其中间也可设立分车绿带,以保证行车安全。在人流集中、车流频繁的主干道两边,也可设置宽1~2 m的绿带,将快、慢车道与人行道分开,以利安全和防尘。绿带宽度为2 m时,可种常绿花木和铺设草坪。路面较窄的可在一旁栽植行道树,东西向的道路可在南侧种植落叶乔木,以利夏季遮阴。主要道路两旁的乔木株距因树种不同而不同,通常为6~10 m。棉纺厂、烟厂、冷藏库的主道旁,由于车辆承载的货位较高,行道树干高度应比较高,第一个分枝不得低于3 m,以便顺利通行大货车。主道的交叉口、转弯处,树干高度不得低于0.7 m,以免影响驾驶员的视野。

厂内的次道、人行小道的两旁,宜选用四季有花、叶色富于变化的花灌木进行绿化。道路与建筑物之间的绿化要有利于室内采光和防止噪声及灰尘的污染等；也可利用道路与建筑物之间的空地布置小游园，创造景观良好的休息绿地。

在大型工厂企业内部，为了交通需要设有铁路。铁路两旁的绿化主要功能是减弱噪声，加固路基，安全防护等，所以在其旁种植灌木要远离铁轨 6 m 以外，种植乔木时要远离 8 m 以上，在弯道内侧应留出 200 m 的安全视距。在铁路与其他道路的交叉处，绿化时要特别注意乔木不应遮挡行车视线和交通标志、路灯照明等。

6）工厂防护林的设计

在《工业企业设计卫生标准》（GB 21—2010）中规定：凡产生有害因素的工业企业与生活区之间应设置一定的卫生防护距离，并在此距离内进行绿化。在工厂外围营造防护林可以起到防风、防火或减少有害气体污染、净化空气等作用；还可起到与生活区隔离的作用。

（1）防护林的形式

防护林带因构成的树种不同，所以形成的林带断面的形状也不同。防护林带断面形式可分为矩形、三角形、马鞍形、梯形等。矩形防风效果较好；三角形有引风上升扩散的效果；马鞍形对净化粉尘效果较好；梯形介于三角形和马鞍形之间（图 9.2）。

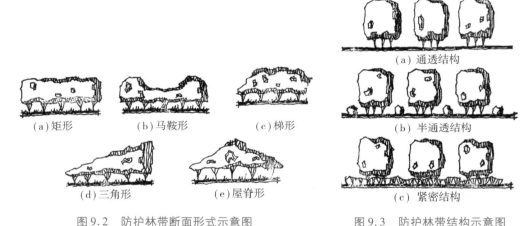

| (a) 矩形 (b) 马鞍形 (c) 梯形 (d) 三角形 (e) 屋脊形 | (a) 通透结构 (b) 半通透结构 (c) 紧密结构 |

图 9.2　防护林带断面形式示意图　　　　图 9.3　防护林带结构示意图

防护林带因内部结构不同可分为透式、半透式、不透式等（图 9.3）。

①透式：由乔木组成，株行距较大（3 m×3 m），风从树冠下和树冠上方穿过，从而减弱风速，阻挡污染物质。在林带背后 7 倍树高处风速最小；52 倍树高处风速与林前相等。因此，可在污染源较近处使用。

②半透式：以乔木为主，外侧配一行灌木（2 m×3 m）。风的部分从林带孔隙中穿过，在林带背后形成一个小旋涡，而风的另一部分从树冠上面走过，在 30 倍树高处分速较低。

③不透式：由乔木和耐阴小乔木或灌木组成。风基本上从树冠上绕行，使气流上升扩散，在林缘背后急速下沉。它适用于卫生防护林或在远离污染源处使用。

（2）防护林的树种选择和设置

①树木选择。防护林的树种应注意选择生长健壮、抗性强的乡土树种。防护林的树种配置要求常绿与落叶的比例为 1∶1，快长与慢长相结合；乔木和灌木相结合；经济树种与观赏树

种相结合。

在一般情况下,污染空气最浓点到排放点的水平距离等于烟体上升高度的 10～15 倍,所以在主风向下侧设立 2～3 条林带非常有益(图 9.4、图 9.5)。

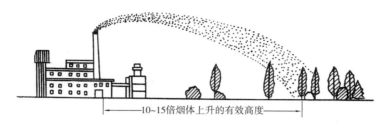

图 9.4 工厂防护林离污染源的距离

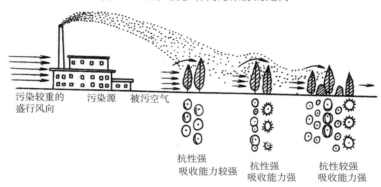

图 9.5 工厂防护林的树种特征

②防护林的设置。如果是污染性的工厂,在工厂的生产区与生活区之间要设置卫生防护林带或防火林带。防护林带的方位应和生产区与生活区的交线相一致,应根据污染轻、重的两个盛行风向而定。其形式有两种:一是"一"字形;二是"L"字形。当本地区两个盛行风向呈 180°时,则在风频最小风向上风设置工厂,在下风设置生活区,其间设置一条防护林带,呈"一"字形。当本地区两个盛行风向呈一夹角时。则在非盛行风向频相差不大的条件下,生活区安排在夹角之内,工厂区设在对应的方向,其间设立防护林带,呈"L"字形。

工厂防护林带应根据工厂与居住区之间的地形、地势、河流、道路的实际情况而设置。在污染较重的盛行风向的上侧设立引风林带也很重要,特别是在逆温条件下,引风林带能组织气流,使通过污染源的风速增大,促进有害气体的输送与扩散。其方法是设一楔形林带与原防护林带呈一夹角,两条林带之间形成一个通风走廊。这种林带在弱风区或静风区,或有逆温层地区更为重要,它可以把郊区的静风引到通风走廊加快风速,促进有害气体的扩散。当然也可将通向厂区的干道绿带、河流防护林带、农田防护林带相结合形成引风林带(图 9.6)。

(3)工厂绿化树种选择的一般原则

工厂绿化树种的选择原则要使工厂绿化树木生长好,创造较好的绿化效果,必须认真选择那些能适应本厂的树种。应注意以下几点:

①一般工厂绿化树种应选择观赏和经济价值高的、有利环境卫生的树种。

②有些工厂在生长过程中会排放一些有害气体、废水、废渣等。因此,这些工厂绿化就要认真选择适应当地气候、土壤、水分等自然条件的乡土树种,特别是应选择那些对有害物质抗

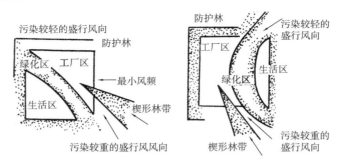

图 9.6　工厂防护林带与引风林带示意图

性强的或净化能力较强的树种。

③沿海的工厂选择绿化树种要有抗盐、耐湿、抗风、抗飞沙等特性。

④工厂的厂址通常选择在土壤瘠薄的地方,所以这里的绿化要选择既能耐瘠薄,又能改良土壤的树种。

⑤树种选择要注意速生和慢生相结合,常绿和落叶树种相结合,以满足近、远期绿化效果的需要,冬、夏景观和防护效果的需要。

⑥一般来说,工厂企业绿化面积大,管理人员少,所以要选择便于管理的当地产、价格低、补植方便的树种。

⑦因工厂土地利用多变,还应选择容易移植的树种。

9.2.5　工厂绿化常用树种

1)抗二氧化硫气体树种

(1)抗性强的树种

大叶黄杨、棕榈、十大功劳、重阳木、雀舌黄杨、凤尾兰、无花果、九里香、合欢、瓜子黄杨、枸杞、侧柏、海桐、夹竹桃、青冈栎、银杏、刺柏、女贞、白蜡、广玉兰、槐树、山茶、构骨、木麻黄、鹅掌楸、紫穗槐、小叶女贞、枇杷、相思树、柽柳、黄杨、枳橙、金橘、榕树、梧桐。

(2)抗性较强的树种

华山松、楝树、菠萝、粗榧、柿树、白皮松、白榆、丁香、垂柳、云杉、沙枣、卫矛、胡颓子、赤松、朴树、紫藤、杜松、罗汉松、蜡梅、无患子、杉木、龙柏、榉树、苏铁、玉兰、太平花、桧柏、毛白杨、八仙花、紫葳、侧柏、丝棉木、扁桃、地锦、石榴、木槿、枫杨、蓝桉、月桂、丝兰、泡桐、乌桕、广玉兰、桃树、凹叶厚朴、槐树、柳杉、香梓、旱柳、七叶树、连翘、垂柳、八角金盘、金银木、青桐、蒲桃、紫荆、小叶朴、臭椿、米兰、花柏、桑树。

(3)反应敏感的树种

苹果、悬铃木、云南、梅花、梨、雪松、湿地柏、樱花、玫瑰、毛梾、油松、落叶松、贴梗海棠、月季、郁李、马尾松、白桦、油梨。

2)抗氯气的树种

(1)抗性强的树种

龙柏、凤尾兰、臭椿、皂荚、苦楝、侧柏、棕榈、榕树、槐树、白蜡、大叶黄杨、构树、九里香、黄杨、杜仲、紫藤、小叶女贞、白榆、厚皮香、山茶、无花果、广玉兰、沙枣、柳树、女贞、樱桃、柽柳、椿树、枸杞、夹竹桃、构骨、合欢。

（2）抗性较强的树种

桧柏、紫穗槐、银桦、杜松、珊瑚树、乌桕、细叶榕、云杉、天竺桂、悬铃木、蒲葵、柳杉、旱柳、水杉、太平花、小叶女贞、青桐、木兰、鹅掌楸、楝树、凹叶厚朴、瓜子黄杨、梧桐、卫矛、朴树、山桃、重阳木、接骨木、板栗、银杏、刺槐、地锦、无花果、柽柳、罗汉松、桂香柳、毛白杨、桂花、枣、石楠、石榴、丁香、榉树、梓树、君迁子、紫薇、白榆、泡桐、紫荆。

（3）反应敏感的树种

枫杨、紫椴、赤杨、山核桃、木棉。

3）抗氟化氢气体的树种

（1）抗性强的树种

大叶黄杨、构树、青冈栎、白榆、海桐、朴树、侧柏、沙枣、厚皮香、石榴、皂荚、夹竹桃、栌木、山茶、石榴、槐树、棕榈、银杏、凤尾兰、桑树、柽柳、天目琼花、瓜子黄杨、香椿、黄杨、金银花、龙柏、丝棉木、木麻黄、杜仲。

（2）抗性较强的树种

桧柏、榆树、楠木、丝兰、油茶、女贞、太平花、鹅掌楸、白玉兰、臭椿、朴树、含笑、珊瑚树、刺槐、紫茉莉、紫薇、无花果、合欢、白蜡、梧桐、地锦、垂柳、杜松、云杉、乌桕、柿树、桂花、白皮松、广玉兰、凤尾兰、山楂、枣树、小叶朴、月季、旱柳、棕榈、梓树、丁香、木槿、胡颓子、柳杉、小叶女贞、凹叶厚朴。

（3）反应敏感的树种

葡萄、山桃、梓树、白千层、杏、榆叶梅、梅、紫荆。

4）抗乙烯的树种及对乙烯反应敏感的树种

（1）抗性强的树种

夹竹桃、悬铃木、凤尾兰。

（2）抗性较强的树种

黑松、枫杨、乌桕、柳树、罗汉松、女贞、重阳木、红叶李、香樟、白蜡、榆树。

（3）反应敏感的树种

月季、大叶黄杨、苦楝、刺槐、臭椿、合欢、玉兰。

5）抗氨气的树种及对氨气反应敏感的树种

（1）抗性强的树种

女贞、柳杉、石楠、无花果、紫薇、樟树、银杏、皂荚、玉兰、丝棉木、紫荆、朴树、木槿、广玉兰、蜡梅、杉木。

（2）反应敏感的树种

紫藤、虎杖、杜仲、枫杨、楝树、小叶女贞、悬铃木、珊瑚树、芙蓉、刺槐、杨树、薄壳山核桃。

6）抗二氧化氮的树种

龙柏、女贞、无花果、刺槐、旱柳、黑松、樟树、桑树、丝棉木、糙叶树、夹竹桃、构树、楝树、乌柏、垂柳、大叶黄杨、玉兰、合欢、石榴、蚊母树、棕榈、臭椿、枫杨、酸枣、泡桐。

7）抗臭氧的树种

枇杷、银杏、樟树、夹竹桃、连翘、悬铃木、柳杉、青冈栎、海州常山、八仙花、枫杨、日本扁柏、日本女贞、冬青、美国鹅掌楸、刺槐、黑松。

8）抗烟尘的树种

香榧、珊瑚树、槐树、苦楝、皂荚、粗榧、厚皮香、臭椿、榉树、樟树、广玉兰、银杏、三角枫、麻栎、女贞、构骨、榆树、桑树、紫薇、樱花、苦槠、桂花、朴树、悬铃木、蜡梅、青冈栎、大叶黄杨、木槿、泡桐、黄金树、楠木、夹竹桃、重阳木、五角枫、大绣球、冬青、栀子花、刺槐、乌柏。

9）滞尘能力较强的树种

臭椿、麻栎、凤凰木、冬青、厚皮香、槐树、白杨、海桐、广玉兰、构骨、楝树、柳树、黄杨、珊瑚、皂荚、悬铃木、青冈栎、石楠、朴树、刺槐、樟树、女贞、夹竹桃、银杏、白榆、榕树。

9.3   学校园林绿地规划设计

学校有大学、中学和小学等不同层次，但都是提高国民文化素质及培养人才的重要基地。学校园林绿化包括教学环境、行政办公环境、生活环境、体育活动环境、科研及生产环境等的园林绿化建设。其目的是为广大师生员工创造一个良好的生活和学习环境。

城市中学校园林绿地规划设计是城市园林绿地总体规划的一部分，又具有为教育服务的特点。除利用自然条件、历史古迹外，更主要的是人文绿化。学校园林绿地是校园文化艺术的重要组成部分，其规划设计又不同于一般的要求。

9.3.1   学校园林绿化的重要意义

学校园林绿化对教育、学习、科学研究及生活、娱乐、体育等具有重大意义。其主要作用是使园林绿化或花园化，成为清洁、优美的教育环境。广大师生员工生活在这样美好的环境中，可尽情享受大自然的美景，接受自然与人为美景的熏陶，从而进一步激发热爱大自然、热爱祖国、热爱学校的思想感情；同时又可愉悦心情，消除疲劳，提高教育、学习、工作效率。据统计，清新、优美、舒适的环境，可使工作和学习效率提高15%～30%。大量试验报道，当绿色在视野中占25%时，可使人们心情舒畅、精神愉快，还能消除疲劳。

学校园林绿化还为师生员工提供良好的休息场所和各种文娱体育活动场所，对增强体质、提高健康水平具有积极的促进作用。

学校园林绿化也为该地区的群众集会、政治与科普教育以及共建两个文明活动开辟了一个良好的环境和场所。很多学校举行会议、庆祝活动以及体育运动会,吸引社会人员参加,使人们感受到学校优美环境的熏陶,得到知识与启迪。

学校园林绿化,除专业人员参加外,又有广大师生参加,也是对广大师生进行热爱劳动、热爱校园、培养正确的劳动观、人生观和良好思想品德的一个重要课堂。

园林绿化空间是面向实际的绿色课堂。如农、林、医、药、气象、畜牧、水产、美术等有关专业都要配备相应的室外实验、实习场所,使校园绿化有目的地成为教学、科研和生产相结合的基地,更是贯彻德、智、体、美、劳五育并举的综合课堂。

园林绿化不仅有生态效益,而且有一定的经济效益。学校的农场、球场、牧场、养殖场、花圃、药圃、果园、茶园以及盆景园等既改造了小环境、小气候,又直接或间接地创造了物质财富和经济价值。例如,来自园林植物的食品、装饰品、木材、药材、化工原料和各种各样的种子、苗木、接穗、花果等。

9.3.2　学校园林绿化的特点

校园建设有学校建设的多样化、校舍建设多样化、师生员工集散性及其所处地理位置、自然条件和历史条件各不相同等特点。学校园林绿化要根据学校自身的特点,因地制宜地进行规划设计,精心施工,才能展现出各自的特色与取得的优化效果。

(1)学校性质多样

我国各级、各类学校众多,其绿化除遵循一般的园林绿化原则之外,还要与学校性质、级别、类别相结合,即与该校教学、学生年龄、科研及试验生产相结合。如大中专院校,工科要与工厂相结合,理科要与实验中心相结合,文科要与文化设施相结合,林业院校要与林场相结合,农业院校要与农场相结合,医科要与医药、治疗相结合,体育、文艺院校要与活动场地相结合,等等。

(2)校舍建筑功能多样

校园内的建筑环境多种多样,有以教学楼为主的,有以宿舍楼为主的,有以实验楼为主的,有以医院或医务室为主的,有以办公楼为主的,有以体育馆或体育场为主的,有以门户建筑环境为主的,等等。各类院校中还有现代化环境,可以使多种多样、风格不同的建筑形体统一在绿色的整体中,并使工人建筑景观与绿色的自然景观协调统一,达到艺术性、功能性与科学性相协调一致。各种环境绿化相互渗透、相互结合,使整个校园不仅环境质量好,而且有整体美观的风貌。

(3)师生员工集散性强

学校上课、训练、集会等活动频繁,需要有适合大量的人流聚集或分散的场所。校园绿化要适应这一特点,有一定的集散活动空间,否则即使是优美的园林绿化环境,也会因不适应学生活动需要而遭到破坏。

另外,由于师生员工聚集机会多,师生员工的身体健康就显得越发重要。其园林绿化建设要以绿化植物造景为主,树种应选择无毒无刺激性异味,对人体健康无损害的树木花草为宜;力求多彩化、香化、富有季相变化的自然景观,尽快达到陶冶情操、促进身心健康的目标。

（4）学校所处地理位置、自然条件、历史条件各不相同

我国地域辽阔,学校众多,分布广泛,各地学校所处地理位置、土壤性质、气候变化各不相同,学校历年也各有差异。学校园林绿化也应根据这些特点,因地制宜地进行规划、设计和植物种类的选择。例如,位于南方的学校,可以选用亚热带喜温植物;北方的学校则应选择适合于温带生长环境的植物;在旱、燥气候条件下应选择抗旱、耐旱的树种;在低洼地区则要选择耐湿或抗涝的植物;积水之处应就地挖池,种植水生植物。具有纪念性、历史性的环境,应设立纪念性景观,或设雕塑,或种植纪念树,或维持原貌,以利教育后代。

（5）绿低指标要求

一般高等院校内,包括教学区、行政管理区、学生生活区、教职工生活区及幼儿教育和卫生保健等功能分区,这些都应根据国家要求,进行合理分配绿化用地指标,统一规划,认真建设。据统计,我国高等院校目前绿地率已达10%,平均每人绿化用地已达 $4 \sim 6 \ m^2$。但按照国家规定,要达到人均绿化田地 $7 \sim 11 \ m^2$,绿地率达30%。今后,学校的新建和扩建都要努力达标。如果高校园林绿化结合学校教学、实习园地,则绿地率完全可以达到30% ～50%的绿化指标。所以,对于新建院校来说,其园林绿化规划与全校各功能分区规划和建筑规划同步进行,并且可把扩建预留地临时用来绿化。对于扩建或改建的院校来说,也应保证绿化指标,创建优良的校园环境。

9.3.3　学校园林绿地规划原则

1）学校园林绿地总体规划与学校总体规划同步进行

学校园林绿地规划是学校总体规划的重要组成部分。特别是新建学校的园林绿地规划必须与学校总体规划同步进行。已有学校在修改总体规划的同时也应依本校规模大小、学校性质、人数定额考虑绿地规划的修改,与学校的道路、建筑给排水、供电、煤气等设施统筹安排、合理规划,使各项设施用地比例配合恰当协调。园林绿化风格与学校的建筑风格也应协调一致,创造具有学校特色的景观,避免各项工程不协调现象所产生的浪费。

2）园林绿地的规划形式应与学校总体规划布局形式相协调一致

学校的园林绿化是以建筑为主的庭院环境绿化,其园林绿化的形式应与学校的总体规划协调一致。规划式轴线布局的学校,其园林绿地的总体布置形式应采取规划式;地形起伏大的自然式规划的学校,其园林绿地应采用自然式。

3）努力贯彻执行国家或地方有关的城市园林绿化方针

学校是社会组成部分之一与整个社会环境关系密切。

学校园林绿地总体规划,应正确贯彻执行国家及地方有关的城市园林绿化的方针政策,达到或超过绿化项目的有关定额指标。如果学校地处风景或风景区附近,还应大于国家的定额指标。

4) 因地制宜,具有地方特色和时代精神

各校的园林绿地规划,应充分考虑所在地区的土壤、气候、地形、地质、水源适生植物等自然条件,结合环境特点因地制宜地利用地形、河流水系。在低凹处可人工处理,挖土成池;在高凸部位,可稍予堆土叠石形成假山,创造适合绿化的环境,满足各种绿色植物生长的需要。

校内绿化要与其周围的绿色大山、大川、湖海等大环境相结合,充分利用借景创造自然景观,使学校融在大自然之中形成良好的生态环境。

在学校的内部应注意集中与分散相结合、干道上的行道树要与其旁的小游园等一般绿化相结合,创造大绿地景观,不仅节约用地,而且可以节省经费开支。

学校的园林绿化设计思想要有地方特色,也要体现时代精神。在规划前要充分调查当地土地利用情况、城市地区规划中土地利用情况、当地风土人情、人文景观,使学校与社会融为一体,使植物景观和人工设施景观体现地方特色,反映现代科学技术水平要求。

5) 实用与造景相结合

学校园林绿地要注意造景与使用功能的合理结合,以教学区为中心,重点用绿色植物组织空间,绿化校门区、干道、教学主楼及图书馆的环境。

在学生生活区,特别是宿舍周围和体育活动区,应以绿色植物来创造生动的生活空间。在人流量较大的主干道、食堂前、路旁可设置雕塑、喷泉、宣传廊等。在全校面积较大的集中绿化空间,吸收传统的造园艺术,设置小游园、休息亭、花架、科技画廊、园椅、园凳、纪念碑、雕塑、喷泉、水池等,形成丰富的校园景观,体现学校的文明素质。

6) 学校园林绿地规划应考虑便于施工和日常管理

三分种七分管。要达到优美的校园景观效果,必须加强日常的管理。绿化总体规划时应充分考虑各项建设的技术水平、苗木和花草的运送出入、平时花草树木的喷灌、病虫害防止、清洁卫生管理等因素,以便节省人力物力。

9.3.4　校园局部绿化设计

校园局部绿化设计是指校门、校园路、校园内各功能区、建筑物附近的绿化设计,校园园林绿化的各部分的具体绿化施工及管理的依据。凡需绿化处都应该设计,主要包括以下几个部分的设计。

1) 大门与围墙的环境绿化设计

各类学校都有造型各异的出入口,学校大门常设在比较显露的位置。面临城市的主要干道,除供出入和警卫外,还具装饰性、审美性。其绿化既要创造学校的特色,又要与节景或路景相一致。门内外一般都留有较大的空间广场。门外广场可以布置花坛、树木、喷泉等;两边可放置花台或花景,多配置花灌木和花草,以观赏植物色彩为主,给人以较强的感染力。门内广场、道路要与干道绿化相结合,其间可布置花坛、花台、雕塑、喷泉、水池、全校导游线、路牌等。

主要大门景观以建筑为主体,植物培植起衬托作用,更好地体现大门主题建筑特色和雄伟、庄严的气派。

一所学校除主要大门外,往往还有便门或校内某些分区的出入口。这些门同一般的庭院出入口相仿,除供人们方便出入外,还具有空间组合分隔和相互渗透、丰富造景层次的作用。其绿化有 3 种方式:首先是直接以常绿、分枝低的龙柏、珊瑚树等为主体,创造绿色门景,可以四季常青,充满生机,端庄有效。其次是与园门建筑相结合进行绿化布置,将有生命的花木材料与建筑材料相结合创造景观。例如,将绿色植物栽到装饰的空心柱上或门的两侧,或在门柱基部设立花台,把树木花草栽在花台中,创造观花、观叶门景。这种形式要注意门花的高度,要选择耐旱植物品种。最后是垂直绿化的方式,用钢筋、竹、木、水泥等制作门架,在其两旁设花池,种植攀缘植物,使绿化与门架融为一体。南向的门前,可以均衡配置草本花卉及花灌木;北向的门前比较阴冷,绿化时应种植乔木,以利通风和夏季遮阴。东、西向的门都可在其两侧栽植落叶乔木或进行垂直绿化。总之,门旁的绿化要求简洁、朴素、自然,要有明显的季节感,花的色彩与门的色彩对比要强烈。所选用的花木应无污染、无刺,开花期要长,花型要小。

2)道路及广场绿化设计

(1)道路绿化设计

干道既是校内外交通要道和联系各个分区的绿色通道,也常是不同功能分区的分界线。它具有防风、防尘、减少干扰、美化校园的作用。

校园干道的绿化有一板二带、二板三带等主要形式;另有林荫道、花园路等。

一板二带:即在干道两旁设置两条绿带。这种形式容易形成林荫,造价低,管理方便。

二板三带:即在上下行车道之间和外侧共设 3 条绿带。道路中间的绿带又称为分车绿带,其主要功能是分隔上下行车辆。外侧的绿带为人行道绿带。

人行道绿带是指车行道外缘至建筑之间的绿化带。其中的乔木、灌木、花卉、草坪根据绿带的大小、道路两侧建筑环境的变化进行合理配置。

人行道绿带中骨干树为行道树。它沿着道路纵轴线的方向栽植,可以是一排,也可以是一排以上,根据路面宽窄而定。路面较宽时,两侧的行道树可以相对栽植;如果路面较窄,行道树可在两侧交叉排列或者只在一侧种植。一侧种植时,通常是在东西向道路的南侧栽植。

行道树应留有 1.5 m 宽的种植带,以保证树木能正常生长。行道树的株距根据地区、树种不同而有差异,太稀不能很快形成良好的效果,过密则几年后又影响树木本身的生长,同时也增大了投资。一般常用的株行距为 5~8 m。为了保证行道树的生长和扩大行人活动面积,方便来往行人,在行道树种植点上可做一个树池(1.5 m×1.5 m 或 2 m×2 m),在树池上设置与地面相平行的金属或水泥预制板透空的池盖。

行道树的树种选择可以是多种多样的,如常绿、落叶、针叶、阔叶等,但必须满足具体道路特点的绿化功能需要。人行道绿带中花灌木、草花及草坪的运用也必须与环境相协调,与功能相一致。为了美化环境,使绿带中有点彩色,则可在行道树下配置一些耐阴花灌木或草坪,如山茶、杜鹃等。在种植上可以铺设草坪,但草种必须具备相当的耐阴特性,使人行道绿地覆盖率达到100%的水平,这样可避免绿地中泥土因雨水冲刷流失,把尘土飞扬降到最小限度乃至零。

如果人行道及其以外的绿地面积较宽敞,则除在靠近车行道处种植行道树外,其余的地方可以设计成自然式的绿化带,设置各种形状的花台、花箱、座椅、石凳甚至花架、凉亭等,使人行道与小游园相结合形成多功能的校园绿地。

行道树与马路间的距离以及株距,必须根据绿地宽窄、地下管线和地上架空线的位置以及树种特性而定。总的要求是树木栽植点不宜与马路及管线靠得太近,避免林木多年生长后树根或树枝影响甚至破坏路面和地下管线、架空线等。行道树株距以树木在预计时间内或长成后树冠相接为准。

校园内处于重要地段的干道,如大门至教学楼或行政办公楼的道路以及人车流量较大、路面较宽的道路,更要强调环境的美化功能。这类干道在进行绿化时,着重运用植物的形态美和色彩美,创造优美的植物景观。如在道路中央设分车花坛,则视花坛的宽窄设计绿化树种,宽度在120 cm以下的分车花坛,一般以一二年生草本花卉为主,适当采用1~2种矮生花灌木和可以进行强度修建造型的常绿小灌木及宿根花卉,以观赏丰富的色彩美为主。即以小灌木为花坪的骨架,以便在更换草花期间仍然保留有一定的植物景观。宽度在120 cm以上的分车花坛,以矮生花灌木为主,配以适量的多年生球根、宿根花卉和一二年生草本花卉,既有美化作用,又方便实用。道路两侧的行道树,可以用乔木,也可以栽花灌木或者乔灌木并用,或者草本花卉(包括一二年生花卉和多年生球根、宿根花卉)。这类道路一般都设有人行道,行道树种植与人行道外侧,整个种植设计要根据绿地宽度而定。宽度在3 m以内的种植带,一般采用单行行道树,但窄冠树如水杉等可植两行,树下种植能耐阴的花灌木或草本花卉以及绿篱等。种植带在5 m以上,可运用复层形式,最外一层为常绿或落叶乔木,中间用灌木,最里边靠近人行道的为矮生花灌木或宿根、球根花卉或绿篱。这样不但景观层次丰富,而且还可创造季相变化,做到四时有景。也可在人行道与车间之间设置绿化隔离带,种植塔形树木如龙柏等和花灌木、球根、宿根花卉等;紧靠人行道的内侧或外侧可以种植窄冠型的行道树,用于行人遮阴,如水杉等。

校园内有些较窄的道路如生活区或高楼的北面,可用尖塔形常绿树绿化,适当配一些花灌木,达到美化环境、分隔空间的作用。

以观赏为主的干道绿化在选择树种时要注意花灌木与乔木的关系,避免相互影响。草坪及一般的花灌木都是阳性的多对光线要求较强,只有少数花灌木如杜鹃、山茶等能耐阴。所以一般具有分车花坛的干道,其行道树不宜选用大冠幅的高大乔木,而要根据道路的具体情况和功能要求,选择树冠较小或枝叶稀疏但又有一定遮阴功能和观赏价值的树种。

校园内靠近化学品仓库、实验室等可能出现有害物质污染的道路,在进行绿化设计时,要选择能抗污染、净化空气的树种。

校园内有些主要道路距离建筑物较近,在进行绿化设计时,要注意树木与建筑物的距离,既要满足道路绿篱化的需要,又不影响树木的正常发育和建筑物的室内采光、通风等。

道路绿化在树种选择方面,除观赏特性外,还必须注意当地的气候条件和土壤条件,保证正常情况下树木生长发育良好。一般用适合本地区生长的、具有一定观赏价值的适宜树种或乡土树种;在保证能生长的条件下,也可以适当引进其他地区的优良树种,以丰富校园绿化景观。

(2)广场绿化设计

校园的广场一般规模较小,位于学校大门内外和干道交叉路口。交通性广场一般设有花坛或栏杆围地,花坛以种植一二年生草本植物为主,也可适当种植一些观赏价值较高的矮生花灌木,但应严格控制树木高度,一般不超过 70 cm,不妨碍驾驶员的视线;在少数面积较大的广场绿地中,可以设计种植高大的乔木和灌木,组成以乔木为主的多层次性交通"树岛",但注意所选树种植株高度要适宜。交通性广场花坛周围可设绿篱、栏杆,其内宜种植草本花卉或矮株木本花卉。

纪念性广场或雕塑环境的绿化设计,常采用大片的草坪和规整的花坛。选择有代表性的、树形优美的常绿灌木树种,形成块面绿化色彩来衬托纪念物或雕塑像。

集散性广场绿化通常布置在建筑物前方。设有大面积的铺装地面和草坪,并适当设置一些花坛或花境;其中草坪周围不宜布置绿篱笆,为开放性,以方便广大师生员工活动、休息和欣赏,同时广阔的空间能更好地衬托主体建筑的雄伟秀丽。草坪要选择耐践踏性能好的虎皮草、狗牙根、翦股颖等。

3)行政管理区绿化

行政办公楼是学校主要建筑之一。这里的环境绿化会直接影响学校的社会声誉。

行政办公楼的绿化设计一般采用规则式布局手法,在大楼的前方,一般与大楼的入口相对处,设置花坛、雕塑或大块草坪,在空间组织上留出开阔空间,有利于体现景观,突出办公大楼的主导地位。植物配置起丰富主景观的作用,以衬托主体建筑艺术的美。

花坛一般设计成规则的几何形状,其面积根据主体建筑的主体大小和形式以及周围环境空间的大小而定,要保证有一定面积的广场路面。以便人员、车辆集散。花坛植物主要用一二年生草木花卉和少量矮生花灌木及球根花卉、宿根花卉和花灌木,如观赏价值较高的月季、玫瑰、桂花等,再适量配植一些草木花卉。但一般仍以花坛为多,特别是节日期间更要使用丰富多彩的草花来创造欢快、热烈的气氛。花坛植物色彩画面,再配以点点的白色花朵,既柔和又美观,既热烈又不乏沉稳。花坛周围可设置低矮的绿篱,如用雀舌黄杨或瓜子黄杨做绿篱,或用冬青、葱兰等植物镶边,也可设置低矮的栏杆等。花坛内不设小路,人员不宜入内。

花坛形式可设计成平面的,也可设计成立体的,只要能与大楼环境相统一,形式不拘,也可以设计成以常绿观赏树木为主体,适当配植草本花卉的圆形、长方形、菱形等规则几何形状。树木除选形规整以外,要常做整形修剪,可选雪松、龙柏、桂花、大叶黄杨、瓜子黄杨、桧柏等,周围一般都配置绿篱。

行政办公楼前可设置喷水池或纪念性、象征性雕塑以及大面积的草坪。喷水池的形状一般为几何形,也可以是单纯的喷泉水池。水池的体量大小乃至喷水高度,都要设计的得与大楼建筑比例相协调。喷水池是采用平面的还是单层次的或立体多层次的,应根据环境特点和经济条件决定。

行政办公楼周围的绿化采用乔、灌、草花相结合的形式。乔木、灌木为绿树和观花观叶的落叶树要相结合配置。绿地边缘、路边可设置绿篱围护,适当的地方可运用高大落叶或常绿大乔木孤植或丛植,以供遮阴休息之用。树下可设座椅、石凳、石桌等,方便工作人员或有关人员休息、活动。乔、灌、花卉结合配置,必须层次清晰,距离建筑物 10 m 以外植乔木,再向外依次为灌木、小灌木及花卉绿篱。大楼绿地还可设置草坪,靠近墙一侧只种一些小型花灌木或布置花台,边缘绿篱可设也可不设。如果绿篱较窄,就不必再设置绿篱,以免拥挤和堵塞而有碍观赏。靠近大楼种植乔木或大灌木,不要正对着窗户,以免影响办公室自然采光和室内空气流通。一般栽植在两扇窗之间。树木与墙要有适当的距离,以利树木正常生长和发育,一般乔木距墙 5 m 以上,灌木 2 m 以上。在大楼的北面,处于遮阴情况下的绿地,要注意选择能耐阴的树种。

如果绿地面积较小,而且周围环境又以林荫道或树林为主,为了和环境统一协调,可简单设置行道树和草地。行道树应覆盖从墙基到路边的整个绿化用地;树下可种植地被植物,并适当配植一些阴生花卉作点缀。

在办公楼的东西两侧,要种植高大的阔叶乔木,防止烈日东晒和西晒。办公楼的墙壁上也可进行垂直绿化,在墙基 50 cm 以内种植具有吸附式攀缘植物来绿化墙面,这对美化大楼、调节室内气候、提高工作人员的工作效率很有意义。常用来做墙面绿化的攀缘植物有地锦、常春藤、蝙蝠葛等。

4）教学区绿化

教学区以教学楼、图书馆、实验室为主体,是老师和学生上课、做实验的场所。既要安静、卫生、优美,又要满足学生在课间休息时间里能够欣赏到优美的植物景观,呼吸新鲜空气,调剂大脑活动,消除上课时的紧张和疲劳。绿色的环境对师生们的视力具有一定的保护作用。

教学楼和图书馆大楼周围的绿化以树木为主,以常绿、落叶相结合。在教学楼大门两侧可以对称布置常绿树木和花灌木,在靠近教室的南侧要布置落叶乔木,夏天能遮阴,冬天树木落叶后又有阳光照射,改善室内气温,使教室内有冬暖夏凉之感。在教学楼的北面,可选择具有一定耐阴性能的常绿树木,以减弱寒冷北风的袭击。乔木一般要离墙 10 m 以外,灌木离墙2～3 m,乔木和高度超过一楼窗户的大灌木,要布置在两窗之间的墙前,以免影响室内采光。条件好的学校还可以铺装,以供学生课外活动休息。在其周围还可以多种一些芳香植物绿化,花开放时能释放出使人感到心情舒畅的香味,可使师生紧张的大脑得到调剂与放松。

大楼的东西两侧要布置高大的落叶乔木,夏季遮阴,防东晒和西晒;也可用落叶藤本植物绿化墙面来防止夏季烈日直接照射大楼。还要注意美化功能,楼前地方较宽敞的,可以设置花坛、花境等,美化教学环境。花坛、花境可以结合草坪进行布置,在草坪的中间设置纪念性雕塑或纪念性构筑物等。雕塑基部配置花坛。基础配置用常绿小灌木,外围布置草花,但色彩必须协调统一。

实验室周围的绿化要注意具体的功能要求,如配有精密仪器的实验室要求空气洁净,建筑周围避免栽植易燃烧的林木树种,地面要用草坪或地被植物覆盖,减少尘土飞扬,确保环境卫生。

实验楼绿化设计多采用规则式布局,植物以草坪和花灌木为主,沿边设置绿篱。草坪以观赏为佳或以乔灌木为骨架,配以草坪和地被植物。在具有化学污染物的实验室外围,要选择一些抗污染的植物配植,如夹竹桃、女贞、蚊母树等,使其对污染具有一定的抵抗和吸收作用。在安置大型实验设备如冷却塔等处,可选用高大整齐的树木进行遮掩和隔离;某些可能产生噪声的设备设施,还要相应种植枝叶茂密、树冠宽大的常绿树种,以减少噪声对周围环境的影响。

种植设计时要进行实地调查或查看有关资料,了解实验室周围地下管线的铺设情况,避免树木妨碍地下管线。实验楼基可设置花台,种植一些姿态优美多彩的矮生灌木,丰富实验楼周围的绿化色彩变化。

5)生活区绿化

高等院校的生活区包括学生生活区和教职工生活区。生活区的绿化功能主要是改善小气候,为广大师生创造一个整洁、卫生、舒适、优美的生活环境。

(1)学生生活区绿化设计

学生宿舍区由于人口密度大,室内外空气流通和自然采光很重要。绿化必须远离宿舍大楼 10 m 以上,特别是窗前附近墙面的种植,要充分注意室内采光和通风的需要。

宿舍楼的北向,道路两侧可配置耐阴花灌木;南向一般都有较宽的晒场,绿化时要全面铺设耐践踏型草坪。宿舍四周用常绿花灌木营造闭合空间。

学生宿舍楼的附近或东西两侧,如有较大面积的绿化用地,则可设置疏林草地或小游园。其中适当布置石凳、石椅、石桌等小品设施,供学生室外学习、休息和社交活动使用。建筑旁用花灌木、窄冠树木。绿地外通常与道路绿化相连,无论有无行道树,绿地外围都用绿篱围护,使其与整个宿舍区环境绿化相协调,并留有多个出入口,以便进出。

(2)教职工生活区的绿化设计

教职工生活区的绿化设计要具备遮阴、美化和游览、休息、活动的功能。

教职工在住宅楼周围多采用绿篱和花灌木,适当配植宿根、球根花卉。在距离建筑 7 m 以外,可结合道路绿化种植行道树。由于安全防护需要,住宅楼前常设栅栏和围墙,可以充分利用藤本植物进行垂直绿化。有条件的教职工生活区,应设置小游园或小花园,供教职工业余时间游览休息使用。

另外,在建设教职工生活区时必须处理好树木与化粪池、下水道、自来水管、煤气管道以及架空电线的距离,避免相互影响。因此,设计前应做认真的调查,包括查找有关资料和进行现场勘察。

(3)学校食堂周围绿化设计

学校食堂周围绿化设计要以卫生、整洁、美观为原则。要选用生长健康、无毒、无臭、无污染和抗病虫的树种,最好是具有一定的防尘、吸尘作用的树种。

在食堂周围栽植芳香和开花美丽的植物,可以促进用餐人员的食欲,有助于消化和身心健康。多种植常绿植物,创造四季常绿景观,可以防风、防环境污染。在餐厅外围可设置沿墙花台等,种植矮小的花灌木或草花。操作间周围宜种植枝叶茂密的常绿乔灌木,以达到一定的防护作用。

教职工食堂就餐人员相对较少,人流量小,而且常有外来客人光顾,可适当设置花坛、花台,种植色彩丰富的一二年生球根、宿根花卉,周围种植香花植物和景观植物,并以常绿树木为主,边缘配置整齐的绿篱,地面铺放草坪或用地被覆盖,减少二次灰尘飞扬。有条件的还可在食堂大厅前设置水池、喷泉等园林景观,将食堂与花园融为一体。

锅炉房、浴室绿化,以卫生防护为主要功能,尤其是锅炉房,由于煤烟、灰尘、废气较多,应着重选用抗污染、耐高温、滞尘防火的树种,如夹竹桃、女贞、龙柏、凤尾兰、枫香、银杏等。在进行种植设计时,要注意树木与热水管、蒸汽管不可相互妨碍。

垃圾箱是生活区的必备设施,其周围绿化既要方便人们倾倒各种生活垃圾和垃圾清运,又要适当加以隐蔽;周围用树丛或树墙加以配植,或在其南侧、后侧种植高大乔木,减少烈日暴晒,防止发生腐臭和大风吹起垃圾物等,使环境得以相对优化。常用树种有珊瑚树、女贞、冬青、香樟、石楠、桂花等。

自行车棚也是生活区的重要设施,其周围绿化以乔木为主。乔木树冠分枝多,冠幅较大,可发挥其遮阴功能。树种与行道树相同。

幼儿园是教职工生活区的重要组成部分。其环境绿化设计要满足整洁、卫生、无毒、无刺、无臭以及色彩对比鲜艳、适当遮阴的要求。绿地面积应占全园总面积的70%以上,园内设置花台、花坛、花架、草坪等,并将植物修剪成各种动物形状或几何形状。幼儿园的活动场地和儿童娱乐设施,除沙坑外,都应铺上草坪。木马、滑梯、翘翘板等都应布置在草坪上,其周围绿化以花灌木为主。园内办公室和休息室周围宜种植落叶乔木,以利夏天遮阴,冬季采光。为了预防外人随意进出,可在幼儿园的四周设置卫生、安全的防护绿篱;有围墙的则进行垂直绿化。

6)体育活动区绿化

学校活动区是学生开展体育活动的主要场所。绿化一般应规划在远离教学区或行政管理区,而靠近学生生活区的地方。这样既方便学生进行体育活动,又避免体育活动区的嘈杂声音对教学和工作的影响。在体育活动区外围常用隔离带或疏林将其分隔,以减少相互干扰。

体育活动区内包括田径场、各种球场、体育馆、训练房、游泳池以及其他供学生从事体育活动的场地和设施。这些地方的绿化要充分考虑运动设施和周围环境的特点。

田径场一般又被称为足球场,常选择耐践踏的草种;田径场周围、跑道外侧栽植高大的乔木,以供运动员们休息时遮阴。如田径场配有看台,主席台两侧则用低矮的常绿球形树及花卉布置。

在篮球场、排球场周围,可栽植高大挺拔、冠大而且整齐的落叶乔木,以利夏季运动员们遮阴,不可用带刺激性臭味的落花、落果或茸毛易于飞扬的树种。乔木栽植的距离要求成年树冠不伸入球场上空;树下铺设草坪或放置长凳,以供运动员们休息、观看。如果球场设置在低处,则可以在球场外侧边缘结合地形地势做成台阶式看台,在其外侧种植乔木,以利夏季观众休息遮阴。

网球场和排球场周围常设置栏网,可在栏网外侧种植藤本植物,绿化、美化球场环境。

体育馆周围的绿化可以布置得精细一些,特别是在大门两侧,可设置花坛或花台,种植观赏价值较高的花灌木和一二年生草花,以鲜艳的花卉色彩衬托出体育运动的热烈气氛。地面种植地被植物或铺装草坪等,边缘栽植绿篱树种。

游泳池周围的绿化,以常绿树木为主,少栽落叶树木,以防落叶影响游泳池的清洁卫生。不可选择有落花、落果污染的植物和有毒有刺的植物。游泳池旁也可放置花架进行垂直绿化,以利游泳者们在花架下遮阴休息。

在各种运动场地之间可用常绿乔灌木进行空间分隔,以减少互相之间的干扰,只要不影响运动功能的需要,可多栽植一些树木。特别是单双杠等体操活动场地,可设在大树林的下面,以利夏季活动时遮阴。另外,还要考虑在进行体育活动时,对绿化也会有一定的影响和损坏。例如,球类场地周围的植物,经常遭飞球袭击,必须选择主干高大挺拔而且萌发力较强的树种。这样,即使遭受破坏也能很快恢复生长,而不影响整个绿化风格。如果有条件,应根据需要设置防护网或栏杆。

7)专业实习场地绿化

学校的实习工厂、农场、林场及牧场等占有相当大的面积,这些部分的绿化除了美化环境、调节人们的精神状态外,还可直接、间接地获得经济效益。例如,种植果树、河藕、药用花卉、用材树种以及其他经济作物,都可创造一定的经济收入,也是学校园林绿化的重要组成部分。

农林牧场绿化,主要是行政管理区和生产区的绿化。用乔木、灌木和草花相结合,设置花坛、花台、花架等。生产区要结合农田防护、动物保护等特点,以改善生产环境为主。特别是牧场或动物饲养区的绿化,要给动物圈舍周围遮阴,改善环境气候条件。动物的生活环境、饲养员的工作环境,主要以种植落叶乔木为主,结合配植花灌木。在动物饲养区和行政管理区之间布置乔灌木相结合的防护隔离带,以防护来自动物区的空气污染。

学校工厂绿化,在具体进行规划设计前,必须做好自然条件、工厂生产性质和规模的调查;另外,对工厂建筑设施规划总图及工厂职工和园林部门的意向等社会因素,也要充分了解。其规划设计的原则是:第一,绿化植物要衬托工厂的主体建筑,美化环境;第二,要保证生产的安全,应满足环境卫生和环境保护的需要,消除和减少环境污染;第三,必须结合厂址地形、地势、土壤、水分等自然条件、光线和环境情况,因地制宜地合理布局,使工厂绿化的功能突出,作用显著。

8)学校小游园设计

小游园是学校园林绿化的重要组成部分,是美化校园的集中表现。小游园的设计要根据不同学校的特点,充分利用山丘、水塘、河流、林地等自然条件,结合布局,创造特色,并力求经济、美观。小游园也可和学校的电影院、俱乐部、图书馆、人防设施等总体规划相互结合,统一规划设计。小游园一般选在教学区或行政管理区与生活区之间,作为各分区的过渡。其内部结构布局紧凑灵活,空间处理虚实并举,植物配植需有景可观,全园应富有诗情画意。

小游园绿地如果靠近大型建筑物而面积小、地形变化不大,可规划为规则式;如果面积较大,地形起伏多变,而且有自然树木、水塘或临近河、湖水边,可规划为自然式。在其内部空间处理上要尽量增加层次,有隐有显,曲直幽深,富于变化,充分利用树丛、道路、园林小品或地形,将空间巧妙地加以分隔,花墙有虚有实,忽隐忽显,忽断忽续,显显隐隐,明明暗暗,高高低低,色彩四季多变,将有限空间创造成无限变幻的美妙境界。不同类型的小游园,要选择一些造型与之相适应的植物,使环境更加协调、优美,具有观赏价值、生态效益和教育功能。

规则式的小游园可以全部铺设草坪,栽植色彩鲜艳、生长健壮的花灌木或孤植树,适当设置座椅、花棚架,还可设置水池、喷泉、花坛、花台。花台可以和花架、座椅相结合,花坛可以与草坪相结合,或在草坪边缘,或在草坪中央而形成主景。草坪和花坛的轮廓形状要有统一性,而且符合规则式的布局要求。单株种植的树木可以进行空悬式造型,如松树、黄杨、柏树。园内小品多为规则式造型,园路平直,如有弯曲,也是座椅对称的;如有地势落差,则设置台阶踏步。

自然式小游园,常以乔灌木相结合,用乔灌木丛进行空间分隔组合,并适当配置草坪,多为疏林草地或林边草坪等。如果没有水体,还可利用自然地形挖池堆山进行地形改造,既创造了水面动景,又产生了山林景观。有自然河流、湖泊等水面的小游园则可加以艺术改造,创造有自然山水特色的园景。园中也可设置各种花架、花境、石椅、石凳、石桌、花台、花坛、小水池、假山,但其形状特征必须与自然式的环境相协调。如果用建筑材料设置时,出入口两侧的建筑小品应采用对称均衡的形式,但其体量、形状、姿态应有所变化。例如,用钢筋或竹竿作成框架,用攀缘植物绿化,形成绿色门洞和景门,既美观又自然。

小游园的外围可以用绿墙布置,在绿墙上修剪出景窗,使园内景物若隐若现,别有情趣。中、小学的小游园还可设计成为生物学教学劳动园地。

9.4　医疗机构的绿地设计

医院、疗养院等医疗机构的绿地也是城市园林绿地系统的重要组成部分,是城市普遍绿化的基础。做好医疗机构的园林绿化一方面可以创造优美安静的疗养和工作环境,发挥隔离和卫生防护功能,有利于患者康复和医务工作人员的身体健康;另一方面对改善医院及城市的气候,保护和美化环境,丰富市容景观具有十分重要的作用。在现代医院设计中,园林绿地作为医院环境的组成部分,其基本功能不容忽视,将医院建筑与园林绿化有机结合,可使医院功能更加完善。

9.4.1　医疗机构的绿地规划

1)医院的类型及其规划特点

按医院的性质和规模,一般将其分为综合医院、专科医院及其他门诊性质的门诊部、防治所及较长时期医疗的疗养院等。

综合医院是由各个使用要求不同的部分组成的,在总体布局时,按各部分功能要求进行。

综合医院的平面可分为医务区及总务区两大部分,医务区又分为门诊部、住院部、辅助医疗等部门。

（1）门诊部

门诊部是接纳各种患者,对病情进行诊断,确定门诊治疗或住院治疗的地方。同时也进行防治保健工作。门诊部的位置,既要便于患者就诊,靠近街道设置,另外,又要保证治疗需要的卫生条件和安静环境。门诊部建筑一般要退后红线 10～25 m。

（2）住院部

住院部要尽可能地避免一切外来干扰或刺激,如创造安静、卫生、适宜的治疗和疗养环境。

（3）辅助医疗部门

对于辅助医疗部门的用房,大型医院中可按门诊部和住院部各设一套辅助医疗用房,中小型医院则合用。

（4）行政管理部门

行政管理部门主要是对全院的业务、行政与总务进行管理,可单独设在一幢楼内,也可设在门诊部门。

（5）总务部门

总务部门属于供应和服务性质,一般设在较偏僻的一角,与医务部门既有联系又有隔离。

（6）其他

如太平间及病理解剖室,通常布置在单独区域内,应与其他部分保持较远的距离,并与街道及相邻地段有所隔离。

2）医疗机构园林绿化的基本原则

医院绿化的目的是卫生防护隔离,阻滞烟尘,减弱噪声,创造一个幽雅安静的绿化环境,使患者在药物治疗的同时,在精神上可受到优美的绿化环境的良好影响,以利人们防病治病,尽快恢复身体健康。

医院绿化应与医院的建筑布局相一致,除建筑之间有一定绿化空间外,还应在院内,特别是住院部留有较大的绿化空间,建筑与绿化布局紧凑,方便患者治病和检查身体。建筑前后绿化不宜过于闭塞,病房、诊室都要便于识别。通常全院绿化面积占总用地面积的 70% 以上才能满足要求。树种选择以常绿树为主,可选用一些具有杀菌及药用作用的花灌木和草本植物。

9.4.2　医疗机构的绿地设计

1）大门区绿化

大门区绿化应与街景协调一致,也要防止来自街道和周围的尘土、烟尘和噪声污染,所以在医院用地的周围应密植 10～20 m 宽的乔灌木防护林带。

2）门诊区绿化

门诊部位置靠近出入口,人流比较集中,一般均临街。它是城市街道和医院的接合部,需要有较大面积的缓冲场地,并在场地及周边做适当的绿化布置,以美化装饰为主,布置花坛、花台,有条件的可设喷泉、主题性雕塑,形成开朗、明快的格调。广场周围可种植整形绿篱、开阔的草坪、花开四季的花灌木,但花木的色彩对比不宜强烈,应以常绿素雅为宜。在节日期间还可用一二年生花卉作重点装饰。广场周围还应种植高大乔木以遮阴。门诊楼建筑前的绿化布置应以草坪为主,丛植乔灌木,乔木应离建筑 5 m 以外栽植,以免影响室内通风、采光及日照。在门诊楼与总务性建筑之间应保持 20 m 的卫生间距,并以乔灌木隔离。医院临街的围墙以通透式为宜,使医院庭园内的碧绿草坪与街道上的绿荫树木交相辉映。

为了便于患者候诊,医院的门诊部一般都安排在主要出入口附近。因此,门诊部前除需要设有一定面积的广场外,布置休息绿地也是十分必要的。广场内可修砌树池,种植落叶乔木作为遮阴树,利用花坛、水池和开花灌木等进行重点美化;周围绿地可用较密的乔木、灌木群围起来,形成一个比较安静的空间。种植花草树木,可选择有一定分泌杀菌素能力的树种,如雪松、白皮松、悬铃木、银杏、杜仲、七叶树等有药用价值的乔木作为遮阴树,还可种植一些药用灌木和草花,如女贞、连翘、金银花、木槿、玉簪、紫茉莉、蜀葵等;并可在树荫下、花丛间设置座椅,供患者候诊和休息使用。

3）住院区绿化

住院区常位于医院比较安静的地段。在中心部分可有较整型的广场,设花坛、喷泉、雕塑、假山石等,放置座椅、棚架。这种广场可兼作日光浴。面积较大时可采用自然式布置,设置少量园林建筑、装饰性小品、水池、雕塑等,形成优美的自然式庭园。有条件的可利用原地形挖池叠山,配置花草、树木等,形成优美的自然景观,植物布置要有明显的季节性,常绿树与开花灌木应保持一定的比例,一般为 1∶3 左右,使花灌木丰富多彩。在场地上以铺设草坪为主,也可采用铺装地面并间以草,以保持空气清洁卫生。一般病房与隔离病房应有设 30 m 宽的绿化隔离地段。

4）辅助区绿化

周围密植常绿乔灌木,形成完整的隔离带。特别是手术室、化验室、放射科等,四周的绿化必须注意不种植有绒毛和飞絮的植物,防止东、西日晒,保证通风和采光。

5）服务区绿化

晒衣场与厨房等杂物院可单独设立,周围密植常绿乔灌木作隔离,形成完整的隔离带。有条件时要有一定面积的苗圃、温室,除了庭园绿化布置外,可为病房、诊疗室等提供公园用花及插花,以改善、美化室内环境。

医疗机构的绿化,在植物种类选择上,可多种植些杀菌能力较强的树种,如松、柏、樟、桉树等。有条件的还可选种一些经济树种、果树等,药用植物如核桃、山楂、海棠、柿、梨、杜仲、槐、白芍药、牡丹、杭白菊、垂盆草、麦冬、枸杞、长春花等,既美观又实惠的种类,使绿化同医疗结合起来,是医院绿化的一大特色。

9.4.3　不同性质医院的一些特殊要求

1)儿童医院

儿童医院主要接受年龄在 14 周岁以下的患儿。在绿化布置中要安排儿童活动场地及儿童活动的设施,其造型、色彩、比例尺度都要按照儿童的心理与需要进行设计与布局。树种选择要尽量避免种子飞扬、有臭味、有异味、有毒、有刺的植物,以及引起过敏的植物,还可布置一些图案式的装饰物及园林小品。良好的绿化环境和优美的布置,可减小患儿对医院、疾病的心理压力。

2)传染病医院

传染病医院主要接受有急性传染病、呼吸道系统疾病的患者。医院周围防护隔离带的作用就尤为突出,其宽度应比普通医院宽,15 ~ 25 m 的林带由乔灌木组成,并将常绿树与落叶树一起布置,使之在冬天也能起到良好的防护效果。不同病区之间也要适当隔离,利用绿地将不同患者组织到不同空间中去休息、活动,以防交叉感染。患者活动区布置一定的场地和设施,以供患者进行休息散步等活动,为他们的身体康复提供良好的条件。

9.4.4　医疗机构绿地树种的选择

在医院、疗养院绿地设计中,要根据医疗单位的性质和功能,合理地选择和配植树种,以充分发挥绿地的功能。

(1)选择杀菌力强的树种

具有较强杀灭真菌、细菌和原生动物能力的树种,主要有侧柏、圆柏、铅笔柏、雪松、杉松、油松、华山松、白皮松、红松、湿地松、火炬松、马尾松、黄山松、黑松、柳杉、黄栌、锦熟黄杨、尖叶冬青、大叶黄杨、桂香柳、核桃、月桂、七叶树、合欢、刺槐、国槐、紫薇、广玉兰、木槿、茉莉、女贞、日本女贞、丁香、悬铃木、石榴、枣树、石楠、钻天杨、垂柳、栾树、臭椿等。

(2)选择经济类树种

医院、疗养院还应尽可能地选用果树、药用等经济类树种,如山楂、核桃、海棠、柿、石榴、梨、杜仲、国槐、山茱萸、白芍药、金银花、连翘、丁香、垂盆草、麦冬、枸杞、丹参、鸡冠花等。

9.5　机关单位绿地规划设计

机关单位绿地是指党政机关、行政事业单位、各种团体及部队机关内的环境绿地,也是城市园林绿地系统的重要组成部分。做好机关单位的园林绿化,不仅为工作人员创造良好的户外活动环境,工休时间得到身体放松和精神享受,给前来联系公务和办事的客人留下美好印象,提高单位的知名度和荣誉度;也是提高城市绿化覆盖率的一条重要途径,对绿化、美化市容,保护城市生态环境的平衡起着举足轻重的作用;还是机关单位乃至整个城市管理水平、文明程度、文化品位、精神面貌和整体形象的反映。

机关单位绿地与其他类型绿地相比,规模小,较分散。其园林绿化需要在"小"字上做文章,在"美"字上下功夫,突出其特色及个性化。

机关单位往往位于街道侧旁,其建筑物又是街道景观的组成部分。因此,园林绿化要结合文明城市、园林城市、卫生和旅游城市的创建工作,结合城市的建设和改造,逐步实施"拆墙透绿"工程,拆除沿街围墙或用透花墙、栏杆墙代替,使单位绿地与街道绿地相互融合、渗透、补充、统一和谐。新建和改造的机关单位,在规划阶段就应尽可能地扩大绿地面积,提高绿地率。机关单位绿地主要包括入口处绿地、办公楼前绿地(主要建筑物前),附属建筑旁绿地、庭院休息绿地(小游园)、道路绿地等。

1)大门入口处绿地

大门入口处是单位形象的缩影,入口处绿地也是单位绿化的重点之一。绿地的形式、色彩和风格要与入口空间、大门建筑统一协调,设计时应充分考虑,以形成机关单位的特色及风格。一般大门外两侧采用规则式种植,以树冠整、耐修剪的常绿树种为主,与大门形成强烈对比,或对植于大门两侧,衬托大门建筑,强调入口空间。在入口轴线对景位置可设计花坛、喷泉、假山、雕塑、树丛等。

大门外两侧绿地,应由规则式过渡到自然式,并与街道绿地中人行道绿化带相结合。入口处及临街的围墙要通透,也可用攀缘植物绿化。

2)办公楼绿地

办公楼绿地可分为楼前装饰性绿地、办公楼入口处绿地及其周围基础绿地。

大门入口至办公楼前,根据空间和场地大小,往往规划成广场,供人流交通集散和停车,绿地位于广场两侧。若空间较大,也可在楼前设置装饰性绿地,两侧为集散和停车广场。大楼前的广场在满足人流、交通、停车等功能的条件下,可设置喷泉、假山、雕塑、花坛、树坛等,作为入口的对景,两侧可布置绿地。办公楼前绿地以规则式、封闭型为主,对办公楼及空间起装饰、衬托、美化作用;以草坪铺底,绿篱围边,点缀常绿树和花灌木,低矮开敞,或做成模纹图案,富有装饰效果。办公楼前广场两侧绿地,视场地大小而定,场地小宜设计成封闭型绿地,起绿化和美化作用,场地大可建成开放型绿地,兼休息功能。

办公楼入口处绿地,一般结合台阶,设花台或花坛,用球形或尖塔形的常绿树或耐修剪的花灌木,对植于入口两侧,或用盆栽的苏铁、棕榈、南洋杉、鱼尾葵等摆放于大门两侧。

办公楼周围基础绿带,位于楼与道路之间,呈条带状,既美化衬托建筑,又进行隔离,保证室内安静,还是办公楼与楼前绿地的衔接过渡。绿化设计应简洁明快,绿篱围边,草坪铺底,栽植常绿树与花灌木,低矮、开敞、整齐,富有装饰性。在建筑物的背阴面,要选择耐阴植物。为保证室内通风和采光,高大乔木可栽植在距建筑物 5 m 之外;多防日晒,也可在建筑物的两山墙处结合行道树栽植高大乔木。

3) 庭园式休息绿地(小游园)

如果机关单位内有较大面积的绿地,可设计成休息性的小游园。游园中以植物绿化、美化为主,结合道路、休闲广场布置水池、雕塑及花架、亭、桌、椅、凳等园林建筑小品和休息设施,满足人们休息、观赏、散步等活动。

4) 附属建筑绿地

单位附属建筑绿地指食堂、锅炉房、供变电室、车库、仓库、杂物堆放等建筑及围墙内的绿地。这些地方的绿化首先要满足使用功能,如堆放煤及煤渣、垃圾、车辆停放、人流交通、供变电要求等。其次要对杂乱、不卫生、不美观之处进行遮蔽处理,用植物形成隔离带,阻挡视线,起卫生防护隔离和美化作用。

5) 道路绿地

道路绿地也是机关单位绿化的重点,它贯穿于机关单位各组成部分之间,起着交通、空间与景观之间的联系和分隔作用。

道路绿化应根据道路及绿地宽度,采用行道树及绿化带种植方式。

由于机关单位道路较窄,建筑物之间空间较小,行道树应选择观赏性较强、分枝点较低、树冠较小的中小乔木,株距 3 ~ 5 m。同时,也要处理好与各种管线之间的关系,行道树种不宜繁杂。

复习思考题

1. 简述工厂绿化的基本原则。
2. 简述工厂绿地各组成部分的设计。
3. 简述医疗机构的类型。
4. 简述医疗机构绿化的基本原则。
5. 简述机关单位绿地的组成。
6. 根据功能分区,简述大专院校校园绿地的组成。
7. 简述宾馆饭店的用地组成。
8. 简述宾馆饭店绿地各组成部分的功能要求。

【项目实训】

实训 5　单位附属绿地实训

1) 实训任务

为了培养学生的规划设计能力、艺术创新能力和理论知识的综合运用能力,帮助学生掌握单位附属绿地绿化设计的方法和要求,为从事专业技术工作奠定坚实基础。特选择当地某学校或工厂的绿地进行规划设计,或依据该学校或工厂的园林绿地进行模拟设计。根据单位大小,可做局部绿地设计或整体设计。

2)实训要求

①立意新颖,格调高雅,具有时代气息,与单位环境协调统一。

②根据绿地性质、功能、场地形状和大小,因地制宜地确定绿地形式和内容设施,体现多种功能,突出主要功能。

③以植物绿化、美化为主,适当运用其他造景要素。

④道路广场进行平面布局,园林建筑小品仅进行平面设计。

⑤植物选择配置应与乔灌花草、常绿落叶结合,以乡土树种为主。植物种类数量适当。能正确运用种植类型,符合构图规律,造景手法丰富,注意色彩、层次变化,能与道路、建筑相协调,空间效果较好。

⑥图面表现能力:按要求完成图纸设计,能满足施工要求;图面构图合理,清洁美观;线条流畅,墨色均匀;图例、比例、指北针、设计说明、文字和尺寸标注、图幅等要素齐全,且符合制图规范。

3)规划设计工作步骤

①现场踏查,了解情况:到设计现场实地踏查,熟悉设计环境,了解建设单位绿地的性质、功能、规模及其对规划设计的要求等情况,作为绿化设计的指导和依据。

②搜集基础图纸资料:搜集建设单位总体布局平面图、管道图等基础图纸资料。若建设单位没有图纸资料,可实地测量,室内绘制。

③描绘、放大基础图纸:若建设单位提供的基础图纸比例太小,可按 1∶200~1∶300 的比例放大、分幅,或将实测的草图按此比例绘制,作为绿化设计的底图。

④总体规划设计:绘制出设计草图,送建设单位审定,征求意见,修改定稿。

⑤完成设计任务:按制图规范,完成墨线图,晒蓝或复印,做苗木统计和预算方案。作为设计成果,评定成绩或交建设单位施工。

4)设计成果

①总体规划图:比例 1∶200~1∶300,1、2 号图(图中进行道路、广场、园林建筑小品等规划布局,并标注尺寸)。

②绿化设计图(含彩色平面图):比例、图幅同总体规划图(1、2 项可提供 CAD 设计图)。

③单位整体或局部效果图(彩色图)。

④设计说明书。该说明书包括小游园园名、景名、分区功能及种植设计景观特征描述。

⑤植物名录及其他材料统计表。

⑥绿化工程预算方案。

5)评分标准

①功能要求:能结合环境特点,满足设计要求,功能布局合理,符合设计规范。

②景观设计:能因地制宜合理地进行景观规划设计,景观序列合理展开,景观丰富,功能齐全,立意构思新颖巧妙。

③植物配植:植物选择正确,种类丰富,配植合理,植物景观主题突出,季相分明。

④方案可实施性:在保证功能的前提下,方案新颖,可实施性强。

⑤设计表现:图面设计美观大方,能够准确地表达设计构思,符合制图规范。

第 10 章　公园规划设计

【知识目标】

1. 了解公园的类型。
2. 理解各类公园规划设计的基本原则。
3. 掌握各类公园规划设计。

【技能目标】

1. 学会公园规划设计的方法。
2. 能够进行公园规划设计。
3. 达到公园规划设计能力。

【学习内容】

公园是城市绿地系统的重要组成部分,也是城市居民文化生活不可缺少的重要因素,它不仅为城市提供大面积的绿地,而且具有丰富的户外游憩活动的内容和设施。它是城市居民的文化教育、娱乐、休息的场所,并对城市的形象和面貌,生态环境的保护以及社会生活发挥着重要的作用。本章主要学习综合性公园和专类公园等相关内容。

10.1　综合性公园

综合性公园是城市公园系统的重要组成部分,也是城市居民文化生活不可缺少的重要因素,它不仅为城市提供大面积的绿地,而且具有丰富的户外游憩活动的内容和设施,适合各种年龄和职业的城市居民进行一日或半日游赏活动。它是城市居民文化教育、娱乐、休息的场所,并对城市的形象和面貌、生态环境的保护以及社会生活发挥着重要作用。

10.1.1　综合性公园的分类

我国根据综合性公园在城市中的服务范围,分为市级公园和区级公园两种类型。

(1)市级公园

市级公园为全市居民服务,是全市公共绿地中集中面积最大、功能最多、活动内容和游憩设施最完善的绿地。公园面积一般在 100 hm² 以上,随市区居民总人数的多少而有所不同。其服务半径为 2 ~ 3 km,步行 30 ~ 50 min 可到达,乘坐公共汽车 10 ~ 20 min 可到达。

(2)区级公园

在特大、大城市中除设置市级公园外,还设置区级公园。区级公园是为一个行政区的居民服务。公园面积按该区居民的人数而定,园内一般也有比较丰富的内容和设施。其服务半径为 1 ~ 1.5 km,步行 15 ~ 25 min 可到达,乘坐公共汽车 10 ~ 15 min 可到达。

10.1.2 综合性公园的功能

综合性公园除具有园林绿地的一般功能作用外,对丰富城市居民的文化娱乐活动方面的功能更为突出。其功能主要体现在以下 3 个方面。

（1）政治文化方面

宣传党的方针政策,为举办各种展览、节日游园活动、联谊活动、集体活动提供场所。

（2）游乐休憩方面

不同年龄、职业、兴趣爱好、生活习惯的游客通过游览、娱乐、休息等能够各得其所。

（3）科普教育方面

宣传科技成果,普及生态及生物地理知识,通过公园中各组成要素布置,以及形成的景观环境,潜移默化地影响游客,寓教于游,寓教于乐,提高人们的科学文化水平。

10.1.3 综合性公园在城市中的位置

①综合性公园的服务半径应使城市居民能方便使用,并与城市主要交通干道、公共交通设施方便联系。

②符合城市园林绿地系统规划中确定的公园性质及规模,尽量结合城市原有的地形地貌、河湖水系、道路交通、生活居住用地规划综合考虑。并选择不宜于工程建设及农业生产的地段。

③充分发挥城市水系的作用,选择具有水面的地段建设公园,既有利于保护水体,改善城市小气候,增加公园景色,也有利于开展水上游乐活动、城市和公园地面排水以及园区灌溉、水景用水的需要。

④尽量选择地形起伏比较大、植被丰富以及有古树名木的地段,还可在原有林场或苗圃的基础上加以改造,建设公园,这样可投资少、见效快。

⑤选择原有的古典园林、名胜古迹、革命遗址、人文历史、园林建筑等地点建设公园绿地,既可丰富公园的内容,又可保护历史文化遗产。

⑥园址选择还要考虑今后发展的可能性,预留出适当发展的备用地。

10.1.4 综合性公园的功能分区

公园内功能分区的划分,要因地制宜,对规模较大的公园,要使各功能区布局合理,游客使用方便,各类游乐活动的开展,互不干扰;对面积较小的公园,分区若有困难的,应对活动内容作适当调整,进行合理安排。一般可分为文化娱乐区、观赏游览区、安静休息区、儿童活动区、老人活动区、体育活动区和园务管理区。

1）文化娱乐区

文化娱乐区是人流集中的活动区域。公园内的主要建筑一般都设在文化娱乐区,成为全园布局的构图中心,因此,该区常位于公园的中部,并对单体建筑和建筑群组合的景观要求较高。有展览馆、游戏场、技艺表演场、展览室、科技活动场等,各种设施应根据公园的规模大小、内容要求因地制宜合理地进行布局设置。避免区内各项活动彼此之间相互干扰,为达到活动舒适、方便的要求,文化娱乐区的用地以 30 m²/人为宜,以避免不必要的拥挤。文化娱乐区内游客密度大,要考虑设置足够的道路、广场和生活服务设施。文化娱乐区的规划,应尽可能地利用地形特点,创造出景观优美、环境舒适、投资少、见效快的景点和活动区域。文娱活动建筑的周围要有较好的绿化条件,与自然景观融为一体。

2)观赏游览区

观赏游览区以观赏、游览参观为主,主要进行相对安静的活动,是游客喜欢的区域。为达到良好的观赏游览效果,要求游客在区内分布的密度较小,以人均游览面积 100 m² 左右较为合适,该区在公园中占地面积较大,是公园的重要组成部分。选择现状用地地形起伏较大、植被等比较丰富的地段,设计布置园林景观。

在观赏游览区中如何设计合理的游览路线,形成较为合理的动态风景序列,是十分重要的问题。道路的平、纵曲线、铺装材料、铺装纹样、宽度变化等都应根据景观展示和动态观赏的要求进行规划设计。

3)安静休息区

安静休息区主要供游客安静休息、学习、交往或开展较为安静的活动,如太极拳、太极剑、漫步、聊天等,是公园中占地面积最大、游客密度最小的区域。一般选择地形起伏比较大、景色最优美的地段,如山地、谷地、溪边、河边、湖边、瀑布等环境最为理想,并且要求树木茂盛、绿草如茵,有较好植被景观的环境。该区景观要求也比较高,宜采用园林造景要素巧妙组织景观,形成景色优美、环境舒适、生态效益良好的区域。区内建筑布置宜分散不宜聚集,宜素雅不宜华丽;结合自然风景,设立亭、水榭、花架、曲廊、茶室、阅览室等园林建筑。可布置在远离公园出入口处。游客的密度要小,用地以 100 m²/人为宜。

4)儿童活动区

儿童活动区主要供学龄前儿童和学龄儿童开展各种儿童游乐活动。为了满足儿童的特殊需要,在公园中单独划出供儿童活动的区域。大公园的儿童活动区与儿童公园的作用相似,但比单独的儿童公园的活动及设施要简单。一般可分为学龄前儿童区和学龄儿童区,也可分成体育活动区、游戏活动区、文化娱乐区、科学普及教育区等。用地最好能达到人均 50 m²,并按用地面积大小确定所设置内容的多少。

儿童活动区规划设计应注意以下几个方面:

①该区位置一般靠近公园主出入口,便于儿童进园后能尽快到达区内开展自己喜爱的活动。避免儿童入园后穿越其他功能区,影响其他各区游客的活动。

②儿童区的建筑、设施要考虑少年儿童的尺度,并且造型新颖、色彩鲜艳;建筑小品的形式要适合少年儿童的兴趣,富有教育意义,最好有童话、寓言的内容或色彩;道路布置要简洁明确,容易辨认,最好不设台阶或坡度过大的道路,以方便童车通行。

③植物种植应选择无毒、无刺、无异味、无飞毛飞絮、不易引起儿童皮肤过敏的树木、花

草;儿童区也不宜使用铁丝网或其他具有伤害性的物品,以保证活动区儿童的安全。

④儿童区活动场地周围应考虑遮阴树木、草坪、密林,并能提供缓坡林地、小溪流、宽阔的草坪,以便开展集体活动及更多遮阴。

⑤儿童区还应考虑成人休息、等候的场所,因儿童一般都需要家长陪同照顾,所以在儿童活动区域、游戏场地的附近要留有可供家长停留休息的设施,如座凳、花架、小卖部等。

5)老年人活动区

随着城市人口老龄化速度的加快,许多老年人上午在公园中晨练,下午在公园中活动,晚上和家人、朋友在公园中散步、谈心。公园中老年人活动区的设置是不可忽视的问题。

老年人活动区在公园规划中应设在观赏游览区或安静休息区附近,要求环境优雅、风景宜人。具体内容可从以下 4 个方面进行考虑:

（1）动静分区

在老年人活动区内宜再分为动态活动区和静态活动区。动态活动区以健身活动为主,可进行球类、武术、舞蹈、慢跑等活动;静态活动区主要供老人们晒太阳,下棋、聊天、观望、学习、打牌、谈心等,活动区外围应有遮阴的树木及休息设施,如设置亭、廊、花架、座凳等,以便老年人活动后休息。

（2）设置必需的服务建筑和活动设施

在公园绿地的老年人活动区内应注意设置必要的服务性建筑,并考虑老年人的使用方便,如设置厕所。还应考虑无障碍通行。选择有林荫的草地或设置一些体育健身设施等。

（3）设置一些有寓意的景观可激发老人的生命活力

有特点的建筑小品,建筑上的匾额、对联,景石、碑刻、雕塑以及植物等景观,只要设计构思恰当,都可获得较好的效果。通过景物引发联想,唤起老年人的生命活力或激起他们的美好遐想,这些景物都可以起到很好的心理调剂作用。

（4）注意安全防护要求

由于老年人的生理机能下降,其对安全的要求较高,所以在老年人活动区设计时应充分考虑相关问题,如注意道路广场平整、防滑,供老年人使用的道路不宜太窄、道路上不宜用汀步,钓鱼区近岸处水位应浅些等。

6)体育活动区

由于居民对体育活动参与性的增强,在城市的综合性公园内,宜设置体育活动区。该区是属于比较喧闹的功能区,应以地形、建筑、树丛、树林等与其他各区有相应分隔。区内可设场地较小的篮球场、羽毛球场、网球场、门球场、武术表演场、大众体育区、民族体育场地、乒乓球台等。若经济条件允许,可设体育场馆,但一定要注意建筑造型的艺术性。各场地不必同专业体育场一样设专门的看台,可利用缓坡草地、台阶等作为观众看台,从而增加人们与大自然的亲合性。

7)园务管理区

园务管理区是为公园经营管理的需要而设置的内部专用区域。区内可设置办公室、仓库、花圃、苗圃、生活服务等设施和水电通信等工程管线。园务管理区要与城市街道有方便的联系并设有专用出入口,到管理区内要有行车道相通,以便于运输和消防。本区要隐蔽,不要暴露在风景游览的主要视线上。

10.1.5　综合性公园出入口的规划设计

公园出入口的规划设计,是公园规划设计中的一项重要内容。游客能否方便地出入公园,对城市交通、市容及园内功能分区均会产生直接的影响。

1)综合性公园出入口类型

公园一般可设一个主要出入口、一个或若干个次要出入口和专用出入口。

（1）主要出入口

在设置公园出入口时,要充分考虑城市规划的要求,合理地确定安排。主要出入口应与城市主要交通干道、游客主要来源方位以及公园用地的自然条件诸因素综合考虑后确定。主要出入口的位置应设在邻近城市主要道路和公共交通方便的地方,在出入口内外应留有足够的人流集散广场,附近应设停车场及自行车存放处,方便游客出入,但不要受外界过境交通的干扰(图 10.1)。

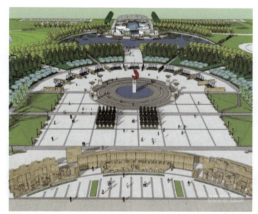

图 10.1　综合性公园主要出入口

（2）次要出入口

次要出入口是为附近地区居民和城市次干道的人流服务。同时,在节假日游客高峰时期,也为主要出入口分散人流。

（3）专用出入口

专用出入口是根据公园管理工作的需要而设置的,既方便生产管理,又不破坏公园景观,多选择在园务管理区附近或较偏僻不易为人所发现之处,由园务管理区直接通向街道,一般不供游客使用。

2)综合性公园出入口设计要点

公园出入口设计还要充分考虑对城市街景的美化作用,以及公园景观外貌的形成,作为游客进入公园的第一个视线焦点,给游客以深刻的第一印象,其平面布局、立面造型、整体风格应根据公园的性质、规模和内容具体确定。一般公园大门造型应与周围的城市建筑有较明显的区别,以突出公园特色。

出入口的布局形式多种多样,常见的手法有以下 4 种:

(1)欲扬先抑,柳暗花明

此手法适用于规模较小的公园,通常在出入口处设置障景,或者通过空间开合的强烈对比,使游客入园后产生豁然开朗、别有洞天之感,如苏州留园、西安春晓园和洛阳西苑公园等。

(2)开门见山,一览无余

规模较大的公园以及纪念性公园,为了宏伟壮观、通透开敞、庄严肃穆的观景效果,往往采用这种手法,从出入口到园内有一条明显的轴线和开阔的空间,如南京中山陵、北京天坛公园等。

(3)外场内院,空间多变

该手法一般以公园大门为界,门外为大空间的交通集散广场,门内为较封闭的、小空间的步行内院,布置有山石、植物等小景,亲切宜人,如北京紫竹院公园、西安盆景园。

(4)T 形空间,夹景障景

入园后,广场与主要园路 T 字形连接,两侧及前方以山石、植物形成夹景和障景,如北京紫竹院公园西门、洛阳西苑公园和北京大观园等。

10.1.6 综合性公园的地形改造设计

公园总体规划在出入口确定、功能分区的基础上,必须进行整个公园的地形设计。无论是规则式、自然式或混合式园林,都存在着地形设计问题。地形设计涉及公园的艺术形象、山水骨架、种植设计的合理性以及土方工程等问题。从公园的总体规划角度出发,地形设计是为满足公园造景的需要而进行的地形处理(图 10.2)。

图 10.2 综合性公园地形处理

①规则式园林的地形设计,主要是运用直线或折线构成并创造不同高程的平面地形。水体造型轮廓为规则的几何形状。由于规则式园林的构图要求,构成不同标高平面所在的平台,又适合规则式平面图案的布置。

②自然式园林的地形设计,首先要根据公园用地现状的地形特点,进行利用或改造。地形设计的基本手法是"高方欲就亭台,低凹可开池沼"的"挖湖堆山"。既是平地,也是需人工"平地挖湖",将挖出的土方堆山。

公园中地形设计还应与全园的植物种植规划紧密结合。公园中的块状绿地,如密林和草坪,应在地形设计中结合山地、缓坡进行布置;结合水面及周围的驳岸应考虑水生、湿生、沼生植物等不同的生物学特性创造地形。山林地坡度应小于 33%;草坪坡度不应大于 25%。

地形设计还应结合各功能分区规划的要求,如安静休息区、老年人活动区等,要求有一定山林地、溪流蜿蜒的小水面,或利用山水组合空间造成局部幽静环境。而文娱活动区域,地形起伏变化不宜过大,以便开展大量游客短期集散的活动。儿童活动区宜选用平坦或起伏不大的地形,以保证儿童活动的安全。

公园地形设计中,为保证公园内游客安全,水体深度,一般控制在 0.8 ~ 1.5 m,硬底人工水体近岸 2.0 m 范围内的水深不得大于 0.7 m,超过者应设护栏。无护栏的园桥,汀步附近 2.0 m 范围以内,水深不得大于 0.5 m。竖向控制还包括园路主要转折点、交叉点、变坡点的标高;主要建筑的底层、室外地坪的标高;各出入口内、外地面的标高;地下工程管线及地下构筑物的埋深标高。

10.1.7　综合性公园的园路规划设计

1) 园路的功能与类型

园路既是公园的构景要素,同时也是公园景观的骨架、脉络和纽带。各种园路联系着公园各个功能区、建筑、活动设施、景区景点,担当着组织交通、分隔联系空间、引导游览等功能。

园路根据功能要求分类有主干道、次干道、专用道、散步道等,各种类型的园路形成了公园的园路系统。

①主干道是全园的主要道路,通往公园各功能区、主要活动建筑设施、景区和风景点,要求方便游客集散,通畅、蜿蜒曲折、高低起伏,并组织园区景观。路宽 4 ~ 6 m,纵坡 8% 以下,横坡 1% ~ 4%,能通行运输、管理车辆。

②次干道是公园各功能区内的主道,引导游客到各景点、专类园,自成体系,组织景观,对主干道起分流作用。

③专用道多为园务管理使用,在园内应尽可能地与游览路分开,减少交叉,以免干扰游客游览。

④游步道是为游客游览使用的道路,联系各个景区景点,方便快捷,宽 1.2 ~ 2 m。

2) 园路的布局

规则式园林要规则式的园路布局,笔直宽大,轴线对称,呈几何形。自然式园林要自然式的园路布局,蜿蜒曲折、高低起伏。公园中的园路设计要求主次分明。园路的布局应考虑以下因素:

①回环性:公园中的道路应多为四通八达的环行路,游客从园内任何一处出发都能游遍全园,不走回头路。

②疏密度:园路的疏密度与公园的性质、规模有关,一般公园内道路用地面积大致占总面积的 10% ~ 12%。

③因景筑路：将园路与侧旁的景观结合起来布置，取得因景筑路、因路得景的效果。

④曲折性：园路随地形和景物而蜿蜒曲折，高低起伏，若隐若现，丰富景观，延长游览路线，增加景深层次，活跃空间气氛。

⑤多样性和装饰性：公园中的道路形式是多种多样的，而且应具有较强的装饰性。在人流聚集的地方或在庭院中，园路可以转化为场地；在林间或草坪中，园路可以转化为步石小径或休息性的集散广场，遇到建筑，园路可以转化为亭廊花架；遇水，园路可以转化为桥、堤、汀步等。园路以它丰富的形式和情趣装点园林，达到引人入胜的目的。

3）园路线形设计

园路线形设计应与地形、水体、植物、建筑物、铺装场地及其他场地结合，形成完整的景观构图，创造连续的园林景观的空间或欣赏前方景物的透视线。

4）弯道的处理

园路遇到山水陡坡、建筑、树木等障碍时，必然会产生弯曲。弯曲有组织景观的作用，弯道的两侧，往往是绿化造景的重点部位，应形成层次丰富的道路景观。园路的弯曲转折应衔接通顺，符合游客的行为规律。弯曲弧度要大，外侧高，内侧低，外侧应设防护墩或护栏，以免发生交通事故。

5）园路交叉口处理

两条主干道相交时，应呈正交方式交叉，交叉口应做扩大处理，形成小广场，以方便游客、车辆相会、通行。次干道应斜交，但不应交叉过多，两个交叉口也不宜距离太近，而要主次分明，相交角度不宜太小。"丁"字交叉口，是视线的焦点，可形成对景，也是绿化造景的重点部位。上山路与主干道交叉要自然，半藏半露，含蓄朦胧，冰山一角，耐人寻味，吸引游客上山。

6）园路与建筑的关系

当园路通往大型建筑时，为了避免游客干扰建筑内部的活动，可在建筑前面设置集散广场，形成空间过渡带，使园路通过广场的过渡和建筑相联系，同时，广场及其绿化也美化、衬托了建筑物；当园路通往一般建筑时，可在建筑前面适当加宽路面，或形成分支，以利游客分流。

10.1.8　园林广场

公园中的广场是园路的扩大，主要功能是供游客集散、活动、演出、休息等使用，其形式有自然式和规则式两种。根据功能又分为集散广场、休息广场和生产广场。

①集散广场。以集中、分散人流为主，可布置在出入口内外、大型建筑前和主干道交叉口处。

②休息广场。供游客休息为主，多布置在公园的僻静之处。与地形结合，如山间、林下、水旁，形成幽静的环境；与道路结合，方便游客到达；与休息设施结合，如亭廊花架、花坛花台、桌椅座凳、铺装地面、树丛草坪等，以利游客休息赏景。

③生产广场。为公园生产的晒场、堆场等。公园中广场的排水坡度应大于1%,树池周围的广场应采用透气性铺装,范围为树冠投影区域。

10.1.9 综合性公园的建筑布局设计

建筑的形式要与公园的性质、功能相协调,全园的建筑风格应保持统一。建筑物的位置、朝向、体量、空间组合、造型、材料、色彩及其使用功能,应符合公园总体规划要求。建筑设计要讲究造型艺术,既要有统一风格,又要避免千篇一律,单体建筑之间要有一定的对比变化,体现民族形式、地方风格和时代特色。充分发挥园林建筑在公园景观中画龙点睛的作用。

游览、休憩、服务性建筑物设计应与地形、地貌、山石、水体、植物等其他造园要素统一协调。公园中的服务、生产管理性建筑及其他工程设施的布局设计,要满足游览观景、生产管理的需要,如变电室、泵房、厕所等,在设置时,位置要隐蔽,体量应尽量小,保证环境卫生和创造优美景观,要有明显的标志,方便游客使用。公园内不得修建与其性质无关的、单纯以营利为目的的餐厅、旅馆和舞厅等建筑。公园中方便游客使用的餐厅、小卖部等服务性建筑设施的规模应与游客容量相适应。

10.1.10 综合性公园的种植设计

1)综合性公园植物配植的原则

综合性公园植物的配植,是综合性公园规划设计的一项重要内容,其对公园整体绿地景观的形成、良好的生态和游憩环境的创造,起着极为重要的作用。

(1)全面规划,重点突出,远期和近期相结合

公园的植物配植规划,必须根据公园的性质、功能,结合植物造景、游客活动、全园景观布局等要求,全面考虑,布置安排。由于公园面积大,立地条件及生态环境复杂,活动项目多,所以选择绿化树种不仅要掌握一般规律,还要结合公园特殊要求,因地制宜,以乡土树种为主,以经过驯化后生长稳定的外地珍贵树种为辅。公园用地内的原有树木,应充分加以利用,尽快形成整个公园的绿地景观骨架。使速生树种与慢生树种相结合,常绿树种与落叶树种相结合,针叶树种与阔叶树种相结合,乔灌花草相结合,尽快形成绿色景观效果。选择既有观赏价值,又有较强抗逆性、病虫害少的树种,易于管理;不得选用有浆果和招引害虫的树种。

(2)注重植物种类搭配,突出公园植物特色

每个公园在植物配植上应有自己的特色,突出一种或几种植物景观,形成公园绿地的植物特色。例如,杭州西湖孤山公园以梅花为主景,曲院风荷以荷花为主景,西山公园以茶花、玉兰为主景,花港观鱼以牡丹为主景,柳浪闻莺以垂柳为主景。

全园的常绿树与落叶树应有一定的比例。一般华北、西北、东北地区,常绿树占30% ~ 40%,落叶树占60% ~ 70%;华中地区,常绿树占50% ~ 60%,落叶树占40% ~ 50%;华南地区,常绿树占70% ~ 80%,落叶树占20% ~ 30%。在林种搭配方面,混交林可占70%,单纯林可占30%。做到三季有花有色,四季常绿,季相明显,景观各异。

（3）注意全园基调树种和各景区主、配调树种的规划

在树种选择上，应有 1 ~ 2 个树种分布在整个公园，在数量和分布范围上占优势，成为全园的基调树种，起统一景观的作用。还应在各个景区选择不同的主调树种，形成各个景区不同的植物景观主题，使各景区在植物配植上各有特色而不雷同。公园中各景区的植物配植，除有主调树种外，还有配调树种，以起烘托陪衬的作用。全园植物规划布局，要达到多样变化、和谐统一的效果。

（4）充分满足使用功能要求

根据游客对公园绿地游览观赏的要求，除用建筑材料铺装的道路和广场外，整个公园应全部用植物覆盖起来。所以把公园中一切可以绿化的地方，乔灌花草结合配植，形成复层林相是可以实现的。主要建筑物和活动广场，也要考虑遮阴和观赏的需要，配置乔灌花草。

公园中的道路，应选用树冠开展、树形优美、季相变化丰富的乔木作行道树，既形成绿色纵深空间，也起到遮阴作用。规则式道路，行道树采用行列式种植；自然式道路，采用疏密有致的自然式种植。儿童活动区、安静休息区、体育活动区等各功能区也应根据各自的使用要求，进行植物的种植规划。

（5）四季景观和专类园设计是植物造景的突出点

植物的季相表现不同，因地制宜地结合地形、建筑、空间和季节变化，进行规划设计，形成富有四季特色的植物景观，使游客春观花，夏纳凉，秋观叶、品果，冬赏干观枝。

（6）适地适树，根据立地条件选择植物，为其创造适宜的生长环境

植物的选择配置，必须根据园区的立地条件和植物生长的生态习性，使之相适应，有利于树冠和根系的发展，保证高度适宜和适应近远期景观的要求。在不同的生态环境下，选择与之适应的植物种类，则易形成各景区的特色。

2）公园设施环境及分区的绿化

在统一规划的基础上，根据不同的自然条件，结合不同的功能分区，将公园出入口、园路、广场、建筑小品等设施环境与植物合理配置，形成景区、景点，才能充分发挥其功能作用。

（1）出入口

大门，为公园主要出入口，大都面向城镇主干道，绿化时应注意丰富街景，并与大门建筑相协调，同时还要突出公园的特色。规则式大门建筑，应采用对称式绿化布置；自然式大门建筑，则要用不对称方式来布置绿化。大门前的集散广场，四周可用乔、灌木绿化，以便夏季遮阴及相对隔离周围环境；在大门内部可用花池、花坛、灌木与雕像或导游图标牌相配合，也可铺设草坪，种植花灌木，但不应妨碍视线，且须便利交通和游客集散。

（2）园路

主要干道绿化，可选用高大、荫浓的乔木作行道树，用耐阴的花卉植物，在两侧布置花境，但在配置上要有利于交通，还要根据地形、建筑、风景的需要而起伏、蜿蜒。次干道和游步道延伸到公园的各个角落，景观要丰富多彩，达到步移景异的观赏效果。山水园的园路多依山面水，绿化应点缀风景而不妨碍视线。山地则要根据地形起伏、环路，绿化布置疏密有致；在有风景可观的山路外侧，宜种植低矮的花灌木及草花，才不影响景观；在无景可观的道路两

旁,可密植、丛植乔灌木,使山路隐在丛林之中,形成林间小道。平地处的园路,可用乔灌木树丛、绿篱、绿带分隔空间,使园路侧旁景观,高低起伏,时隐时现。园路转弯处和交叉口是游客游览视线的焦点,是植物造景的重点部位,可用乔木、花灌木点缀,形成层次丰富的树丛、树群。

（3）广场绿化

广场绿化既不能影响交通,又要形成景观,妥善处理观赏空间、交通空间和休息空间的关系。如休息广场,四周可植乔木、灌木,中间布置草坪、花坛,形成宁静的气氛。铺装的停车广场,应留有树穴,种植落叶大乔木,利于夏季遮阴,但树冠下分枝高应不低于 4 m,以方便停车。如果与地形相结合,种植乔木、灌木、花卉、草坪,还可设计成山地、林间、临水之类由嵌草铺装的活动广场。

（4）园林建筑小品

公园建筑小品附近,可设置花坛、花台、花境。展览室、游艺室内可设置耐阴花木,门前可种植浓荫大冠的落叶大乔木或布置花台等。沿墙可利用各种花卉境栽,成丛布置花灌木。所有树木花草的布置,要和建筑小品协调统一,与周围环境相呼应,四季色彩变化要丰富,给游客以愉快之感。

（5）科学普及文化娱乐区

该区要求地形开阔平坦,绿化以花坛、花境、草坪为主,便于游客集散,适当点缀几株常绿大乔木,不宜多种灌木,以免妨碍游客视线,影响交通。在室外铺装场地上应留出树穴,栽种大乔木。在各种参观游览的室内,可布置一些耐阴的盆栽花木。

（6）体育运动区

该区应选择高大挺拔、冠大而整齐的乔木树种,栽植于场地周边,以利夏季遮阴;但不宜选用易落花、落果、种毛散落的树种,以免影响游客运动。球类场地四周的绿化要离场地 5 ~ 6 m,树种的色调要单一,以便形成绿色背景。不要选用树叶反光发亮的树种,在游泳池附近可设花廊、花架,不可栽种带刺或夏季落叶、落果的花木。日光浴场周围应铺设柔软耐践踏的草坪。

（7）儿童活动区

该区绿化可选用生长健壮、冠大荫浓的乔木,忌用有刺、有毒或有刺激过敏性反应的植物。在其四周应栽植浓密的乔木、灌木与其他区域相隔离。不同年龄的少年儿童,也应分区活动,各分区用绿篱、栏杆相隔,以免相互干扰。活动场地中要适当疏植大乔木,供夏季遮阴。在出入口可设立塑像、花坛、山石或小喷泉等,配以体形优美、色彩鲜艳的灌木和花卉,以增加儿童的活动兴趣。

（8）游览休息区

该区可以当地生长健壮的几个树种为骨干,突出周围环境季相变化的特色。在植物配植上应根据地形的高低起伏和天际线的变化,采用自然式种植类型,形成树丛、树群和树林。在林间空地中可设置草坪、亭、廊、花架、座凳等,在路边或转弯处可设月季园、牡丹园、杜鹃园等专类花园。

（9）公园管理区

公园管理区要根据各项生产管理活动的功能不同，因地制宜地进行绿化，但要与全园景观相协调。

10.2　专类公园的规划设计

10.2.1　植物园

1）植物园的概念、性质和任务

植物园是植物科学研究机构，包括植物采集、鉴定、引种驯化、栽培实验，培育和引进国内外优良品种，挖掘、保护野生植物资源，并扩大在各方面的应用；也是供人们游览的公园绿地。其主要任务如下：

（1）科学研究

科学研究是植物园的主要任务之一。利用科学手段，挖掘野生植物资源，调查收集稀有珍贵和濒危植物种类，驯化野生植物为栽培植物，引进、驯化外来植物，培育新的优良品种，丰富栽培植物种类和品种，为生产实践服务，为城市园林绿化服务，建立具有园林外貌和科学内容的各种展览和试验区，作为科研科普的园地。

（2）科学普及

植物园通过露地展区、温室、标本室等室内外植物材料的展览，丰富广大群众的自然科学知识。

（3）科学生产

通过科学研究得出的技术成果，推广应用到生产领域，创造社会效益和经济效益。科学生产是建立植物园科学研究的最终目的。

（4）观光游览

植物园还应结合植物的观赏特点，以公园绿地的形式进行规划设计和分区，创造出优美的植物景观环境，供人们观光游览。

2）植物园的类型

植物园按其性质可分为综合性植物园和专业性植物园两种。

（1）综合性植物园

综合性植物园兼有科研、游览、科普及生产等。一般规模较大，占地面积在 $100\ hm^2$ 左右。

综合性植物园的隶属关系有的归科学院系统，以科研为主，结合其他功能，如北京植物园（南园）、南京中山植物园、武汉植物园、昆明植物园等；有的归园林系统，以观光游览为主，结合科研科普和生产功能，如北京植物园（北园）、上海植物园、杭州植物园、深圳仙湖植物园等。

（2）专业性植物园

专业性植物园是指根据一定的学科专业内容布置的植物标本园,如树木园、药圃等。这类植物园大多属于科研单位、大专院校,又称为附属植物园。例如,浙江农业大学植物园、广州中山大学标本园、武汉大学树木园等。

3）植物园的组成部分

综合性植物园主要分三大部分,即以科普为主,结合科研与生产的展览区和以科研为主,结合生产的苗圃试验区,还有职工的生活区。

（1）科普展览区

本区的目的是把植物世界的客观自然规律,以及人类利用植物、改造植物的知识陈列和展览出来,供人们参观学习。其展览形式主要以下几种:按植物进化系统布置展览区;按植物的经济生产价值布置展览区;按植物地理分布和植物区系布置展览区;按植物的形态、生态习性与植被类型布置展览区;按植物的观赏特性布置展览、树木园、温室植物展览区、自然保护区等。

（2）苗圃试验区

苗圃试验区是专门进行科学研究和生产的用地,不向游客开放,仅供专业人员参观、学习。主要有苗圃区、实验地、检疫苗圃、引种驯化区等。

（3）生活服务区

一般植物园布置在市郊,离市区较远,需设生活服务区。包括行政办公楼、宿舍楼、餐厅、托儿所、幼儿园、理发室、供暖、服务于生活的银行、邮局、医院、商店等。

4）植物园的规划设计

（1）植物园用地选择

①选在城市近郊区,与市区有方便的交通联系,同时又要远离城市污染区,位于城市水系的上游和上风方向,以免影响植物的正常生长。

②为了满足植物不同生态环境和生态因子的要求,宜选择有较复杂地形地貌的地段,从而形成不同的小气候条件,以利于植物的生长。

③应有充足的水源,以满足灌溉要求。同时要排水良好,尽可能地创造和利用人工与自然水体,丰富园中景观。

④要注意选择不同的土壤类型、土壤结构和酸碱度,同时要求土层深厚,含腐殖质高。

⑤选择园址时要重视有丰富的自然植被,对于建园是极有利的条件。

（2）植物园的规划设计要点

①确定建园的目的、性质和任务。

②确定植物园的总用地面积、分区与各部分的用地面积和比例,进行用地平衡。

一般展览区可占全园总用地面积的 40% ~60%;苗圃及实验区占 25% ~35%;其他用地占 25% ~35%。

③确定展览区的位置。展览区是向群众开放的,所以在确定位置时,应考虑既要选择有

起伏变化的地形,形成丰富多彩的景观,又要考虑对外有方便的交通联系,便于游客到达。

④苗圃试验区不向群众开放,应与展览区分开,但应便于联系城市交通,可设专用出入口。

⑤确定建筑的位置及面积。植物园建筑有展览性建筑、科学研究用建筑及服务性建筑3类。

⑥道路系统规划设计。道路系统可起联系、分隔、引导的作用,也是园林景观中的重要因素。一般可分成以下3级。

主干道:园内的主要干道,满足园内的交通运输,引导游客进入各主要展览区及主要建筑区,并作为大区的分界线,一般以宽5~7 m为宜。

次干道:各分区内的主要道路,是联系各小区及小区界线的道路,一般不通行大型汽车,可通行小型运输车辆,一般以宽3~4 m为宜。

游步道:为了方便游客仔细观赏植物及管理工作的需要而设,以步行为主,有时也起分界线的作用,一般宽为1.5~2 m。

⑦确定排灌系统。植物园排灌系统功能要完善,以保证植物健壮生长,一般利用地势的自然起伏,用明沟或暗沟排除雨水至园中主要水体,生活污水必须经过处理后才能排出。灌溉系统均以埋设暗管为宜,避免明沟破坏园林景观。

10.2.2　动物园

1)动物园的概念、性质和任务

(1)动物园的概念和性质

动物园收集多种野生动物及优良品种的家畜、家禽,集中饲养,以供展览、科研之用,因而,它是动物科学研究机构。同时,还可供人们休息、游览、观赏,进行动物科普教育,在城市园林绿地系统中,动物园是很受人们欢迎的公园绿地中的一种。动物园在大城市中是独立设置的园林绿地,在中小城市常附设在综合性公园内,以动物角出现。

(2)动物园的任务

①科学研究。科学研究是动物园的主要任务之一。

②科学普及教育。使人们在园内正确识别动物,了解动物的进化、分类、利用以及我国具有特点的动物区系和动物种类,同时可以满足学生学习生物课程的需要,起到教育人们热爱自然,保护野生动物资源的作用。

③异地保护。动物园是野生动物重要的庇护场所,尤其是为濒临灭绝的动物提供避难地。

④观光游览。为游客提供观光游览也是动物园的任务之一,结合丰富的动物科学知识,以公园绿地的形式,供游客游览观光。

2)动物园的类型

依据动物园的位置、规模、展出形式,一般将动物园划分为以下4种类型。

（1）城市动物园

该类动物园一般位于大城市的近郊区,用地面积大于 20 hm²,展出的动物种类丰富,几百种甚至上千种,展出形式比较集中,以人工兽舍结合动物室外运动场为主。这类动物园根据规模的大小又可分为:全国性大型动物园、综合性中型动物园、特色性动物园、小型动物园等。

（2）专类动物园

该类动物园大多数位于城市的近郊,用地面积较小,一般在 5～20 hm²。大多数以展出具有地方或类型特点的动物为主要内容。

（3）人工自然动物园

该类动物园大多数位于城市的远郊区,用地面积较大,一般在上百公顷左右。动物的展出种类不多,通常为几十余种。一般模拟动物在自然界的生存环境群养或散养,富于自然情趣和真实感。

（4）自然动物园

该类动物园大多数位于自然环境优美,野生动物资源丰富的森林、风景区及自然保护区。用地面积大,动物以自然状态生存。游客可以在自然状态下观赏野生动物,富有野趣。

3）动物园的组成部分

（1）科普、科研活动区

该区是全园科普、科研活动中心,主要分布有动物科普馆,一般布置在出入口地段,有足够的活动场地,并有方便的交通联系。

（2）展览区

该区用地面积较大,由各种动物的兽舍及活动场地组成,并给游客留出足够的参观活动的空间。

（3）服务、休息设施

服务、休息设施包括亭廊、花架、接待室、餐厅、小卖部、服务点等,应均匀地分布在全园内,便于游客使用并靠近展览区。

（4）管理区

该区包括行政管理处、办公楼、兽医所、检疫站、饲料站等,可设在单独地区,并与其地区有绿化隔离和隐蔽,但同时要有方便的交通联系。可设专用出入口。

（5）生活区

该区应考虑避免干扰和卫生防疫,不宜设在园内,一般设在园外集中的地段上或园中单独的地段,并有专用出入口。

4）动物园的规划设计

（1）动物园的用地选择

①以城市园林绿地系统规划确定的位置为原则,设置在城市的近郊,并与市区有方便的交通联系。

②动物园应设置在城市的下游及下风方向的地段,动物园要与居民区有适当的距离。

③动物园要远离垃圾场、屠宰场、动物加工厂、畜牧场、动物埋葬地等。同时也要远离工业区。

④动物园的游客量比较大，应在园内外留有足够的场地，设置集散广场和各种车辆的停车场。

⑤由于动物在自然界各有不同的生态环境，园中应选择复杂的地形地势和良好的植被条件，仿造自然景观，展览动物。

⑥动物园用地范围内，应有充足的水源，良好的地基及便于供电的条件。

（2）动物园的规划设计要点

①要有明确的功能分区，各区之间既要适当隔离，又应有方便的联系，以便游客参观休息。

②展览区的动物兽舍要与动物的室外活动场地同时布置，以及游客参观的路线、园路的设置及游客的活动空间等，要使参观者顺利进行参观休息。

③动物笼舍的安排要集中与分散相结合，建筑设计要注意与地形结合，因地制宜，建筑风格应统一协调，使游客有身临其境，融于大自然之中的感觉。

④动物园内不宜设置俱乐部、剧院、音乐厅等喧闹的文娱设施，尤其夜间要保证动物安静休息。

⑤保证安全，动物园的兽舍必须牢固，并设防护带、隔离沟、安全网等。

⑥动物园的绿化设计，要遵循动物展览的要求。仿造动物的自然生态环境，对兽舍背景的衬托设计等，形成一个具有特色的动物、植物相互和谐的自然群体。为了便于游客参观，要注意遮阴及观赏视线问题，一般可在安全栏内外种植乔木或搭花架棚。

⑦动物园中，在适当地段布置儿童游戏场，并结合其特点，设置一些园林小品、雕塑、游戏器械及绿化，以增进儿童的兴趣。

10.2.3 儿童公园

儿童公园是为学龄前后的儿童创造以户外活动为主的良好环境，满足儿童游戏、娱乐、体育活动的需要，并使儿童从中获得文化科学知识的城市专类公园，从而锻炼了身体，增长了知识，培养了优良的道德风尚。

1）儿童公园的类型

（1）综合性儿童公园

这类公园有市属和区属两种。综合性儿童公园内容设施比较丰富、全面，功能多，能满足儿童多样活动的要求，如设置各种球场、游戏场、小游泳池、电动游戏、露天剧场、少年科技活动中心等。例如，杭州儿童公园、湛江市儿童公园为市属，西安建国儿童公园为区属。

（2）特色性儿童公园

这类公园突出某一活动内容，且比较系统、完整，如哈尔滨儿童公园。

（3）一般性儿童公园

这类公园主要为一定区域的少年儿童服务，活动内容不求全面，可根据具体条件而有所侧重,但主要内容仍然是体育和娱乐方面。

（4）儿童乐园

儿童乐园的作用与儿童公园相似,但占地面积较小,设施简易,数量也少,通常设在综合性公园内,如上海杨浦公园的儿童乐园。

2）儿童公园的规划设计

（1）儿童公园的功能分区

根据不同年龄儿童的生理、心理特点和活动要求,功能分区一般可分为:学龄前儿童区、学龄儿童区、青少年活动区、体育活动区、文化娱乐区、自然景观区、办公管理区。

（2）儿童公园规划设计要点

①儿童公园的用地应选择在日照、通风、排水良好的地方,或创造良好的自然环境。

②儿童公园的绿化用地应占 50% 以上,绿化覆盖率宜占全园的 70% 以上。

③儿童公园的园路网宜简单明确,便于儿童辨别方向,寻找活动场所。

④学龄前儿童区最好靠近大门出入口,以便幼儿寻找和童车的推行。

⑤儿童公园的建筑与设施、雕塑、园林小品等要形象生动,色彩鲜艳丰富,可运用儿童易接受的童话寓言、民间故事等为主题,作为宣传教育和儿童活动之用。

⑥儿童公园的观赏水景,可给儿童公园带来极其生动的景象和活动内容。

⑦各分区活动场地附近应设置座椅、座凳、休息亭廊等,供带领、陪同儿童来园的成人使用。

⑧儿童玩具、游戏器械是儿童公园的重要内容,要组织好这些活动场地及设施的配置,同时可用不同的活动方式将其组合起来。

（3）儿童公园的绿化配置

为了创造良好的自然环境,公园周围需栽植浓密乔、灌木以作屏障,园内各区应有绿化适当分隔,尤其是幼儿活动区要保证安全。注意园内庇荫,适当种植行道树和庭荫树。

儿童公园绿化种植要忌用:

①有毒植物,凡花、叶、果等有毒植物均不宜选用,如凌霄、夹竹桃等。

②有刺植物,易刺伤儿童皮肤和刺破儿童衣服的植物,如刺槐、蔷薇等。

③有刺激性和有奇臭的植物,会引起儿童的过敏性反应,如漆树等。

④易生病虫害及结浆果的植物,如柿树、桑树等。

10.2.4　体育公园规划设计

1）体育公园的概念

体育公园是指以体育运动为主题的公园。各种体育运动场地和设施为主要组成内容,设有停车场及各类附属建筑,有着良好绿色环境的公园。它是城市居民锻炼身体和进行各种体育比赛的运动场所。

2）用地选择

①符合城市总体规划和文化体育设施的布局要求,位置合理,便于城市居民的使用,与城市交通有着方便的联系,应至少有一面或两面邻近城市干道,以便于交通集散。

②用地较为完整、便于设置各种体育活动场地和设施。

③有方便的市政管线,如上、下水、供热、供电、煤气等基础设施。

④应有良好的环境,远离污染源、高压线路、易燃易爆品场所。

⑤考虑结合城市绿化自然现状和水面,创造较好的自然环境,并为水上活动项目奠定良好的基础。

⑥用地选择应满足体育运动对朝向、地形等方面的特殊要求。

⑦满足体育场地和设施对用地面积的要求,一般要求在 10 hm² 以上。

3）设计原则

①有全面规划,远、近期分阶段实施,为改建和扩建留有余地。

②功能分区明确,布局紧凑,功能分区要考虑不同的运动性质和动静关系。

③人流量大的运动场地和设施应尽量靠近城市,并设有足够大的人流集散场地,便于人流集散。

④停车场的设置,其面积指标应符合有关规定和停车场设计要求。

⑤要有合理的交通组织,方便的市政管线配套,便利的管理维修。

⑥满足有关体育设施和内容在朝向、光线、风向、风速、安全、防护、照明等方面的要求。

⑦充分利用自然地形和天然资源,如山体、水面、森林、绿地等;设置人们喜爱的体育游乐项目,如攀岩、跳伞、蹦极、骑马、游泳、垂钓等活动。

⑧出入口和道路应满足安全和消防的需要。主出入口不应少于两个,并以不同方向通向城市道路,观众出口的有效宽度不应小于 5 m。满足消防通行要求,道路净宽不小于 3.5 m。

⑨设置相应的服务设施,如餐厅、体育用品商店、游客休息场所。

⑩停车场地应与绿化相结合,保证绿化覆盖率。

4）绿化设计要点

①注意四季景观,特别是人们使用室外活动场地较长的季节。

②树种大小的选择应与运动场地的尺度相协调。

③植物的种植应注意人们夏季对遮阴、冬季对阳光的需要。在人们需要阳光的季节,活动区域内不应有常绿树的阴影。

④树种选择应以本地区观赏效果较好的乡土树种为主,便于管理。

⑤树种应少污染,如落果和飞絮。落叶整齐,易于清扫。

⑥露天比赛场地的观众视线范围内,不应有妨碍视线的植物,观众席铺栽草坪应选用耐践踏的品种。

10.2.5　纪念性公园规划设计

1）纪念性公园的性质和任务

纪念性公园是人类利用技术与物质的手段,通过形象思维而创造的一种精神意境,从而激发人们思想情感的专类公园绿地,如革命圣地、烈士陵园、历史名人活动旧址及墓地等。其主要功能是供人们瞻仰、凭吊、开展纪念性活动和游览、休息、赏景等。

2）规划原则

①总体规划应采用规划式布局手法,不论地形高低起伏或平坦,都要形成明显的主轴线干道。主体建筑、纪念碑、雕塑等应布置在主轴线上及其制高点上或视线的交点上,以便突出主景。其他附属性建筑物,一般也受主轴线控制,对称布置在主轴线两侧。

②用纪念性建筑物、雕塑、纪念碑等来体现公园的主体,表现英雄人物的性格、作风等主题。

③以纪念性活动和游览休息等不同功能活动来划分不同的分区和空间。

3）功能分区及其设施

①纪念区:该区由纪念馆、纪念碑、塑像、墓地等组成。不论是主体建筑组群,还是纪念碑、雕塑等在平面构图上均用对称的布置手法,其本身也多采用对称均衡的构图手法来表现主体形象,创造肃穆的纪念性意境,为群众开展纪念性活动服务。

②园林区:该区主要是为游客创造良好的游览、观赏景观,为游客休息和开展游乐活动服务。全区地形处理、平面布置都要因地制宜,自然布置。亭、廊等建筑小品造型均采取不对称的构图手法,营造活泼、自然的游乐气氛。

4）绿化种植设计

纪念性公园的植物配植,应与其公园特色相适应,既有严肃的纪念性活动区,又有活泼的园林休息活动区。种植设计要与各区的功能特性相适应。

①出入口:要集散大量游客,需要视野开阔,多用水泥、草坪铺装广场。而出入口广场中心的雕塑或纪念碑周围,可用花坛来衬托主体。主干道两旁多用排列整齐的常绿乔木、灌木配置,营造庄严肃穆的绿色环境气氛。

②纪念碑、墓园的环境:多用常绿的松、柏等作为背景树林,象征烈士的爱国主义精神万古长青,前面点缀红叶树或红色的花卉,寓意今天的幸福生活是用烈士鲜血换来的,激发后人奋发图强的爱国主义精神。

③纪念馆:多用庭院绿化形式进行布置,应与纪念性建筑主题思想协调一致。以常绿植物为主,结合花坛、树坛、草坪点缀花灌木。

④园林区:以绿化为主,因地制宜地采用自然式布置。树木花草种类应丰富多样。色彩要有对比和季相变化;在层次上要分明。

复习思考题

1. 简述公园的类型。
2. 简述综合性公园的功能分区。
3. 简述植物园的选址要求。
4. 简述动物园的绿化设计要点。
5. 简述儿童公园的设计要求。
6. 简述体育公园用地选择要求。

【项目实训】

实训6　公园的规划设计

1）实训目的

通过对城市景观绿地的设计训练,进一步提高综合运用所学知识对城市园林景观绿地的规划形式、景观要素进行合理布置的设计技能,并能达到实用性、科学性与艺术性的完美结合。培养学生的规划设计、艺术创新能力和理论知识的综合运用能力,掌握城市景观绿地规划设计的基本程序、方法和要求,为从事专业技术工作奠定坚实的基础。

2）实训要求

到当地园林城建部门或园林规划设计单位,搜集城市景观绿地规划设计的图纸资料。结合相关的实地考察,对某市街头绿地或滨河绿地进行园林景观设计,学生要将使用者的行为习惯、文化底蕴、思想感情等考虑到设计中去。设计要求如下:

①设计项目现状图一幅:比例为1：200～1：500。

②道路园林景观设计平面图一幅:表现规划用地范围内各种造园要素(如园林建筑小品、山石、水体、园林植物等)总体平面布局图样。要求环境幽雅、布局合理、植物的配置季相分明,具有人性化、科学性、艺术性。

③透视或鸟瞰图一幅:表示园林中各个景点、各种造园要素及地貌等在高程上的高低变化和协调统一的效果图样。

④园林植物种植设计图:表示设计植物的种类、数量、规格、种植位置及要求的平面图样,可与总平面设计图结合在一起。

⑤不少于400字的简要文字说明。

⑥表现手法不拘。

⑦图纸大小A2。

⑧设计方案要与实地相符,体现人性化与艺术性,达到美观、实用、经济的效果。

3）实训评价

①根据景观绿地的性质、功能、场地形状和大小,提出规划设计的原则,因地制宜地确定其构图形式、内容和设施。

②总体规划阶段。因地制宜地进行地形设计,以及出入口、园路广场的规划布局,合理地进行功能分区,布置适当的园林建筑和种植规划。

③要立意新颖,格调高雅,既体现民族文化特色,又具有时代气息。

④地形设计适当处理,要进行竖向设计,标注相关部位的高程。

⑤道路广场要有系统性,注意道路、广场与山水地形的结合。道路、广场、园林建筑要进行竖向设计,标注高程。

⑥以植物绿化造景为主,适当利用其他造景要素。植物的选择配置应乔灌花草结合,常绿树种与落叶树种结合。以乡土树种为主,注意季相景观变化。全园有统一的基调树种,各功能区有特色树种。植物种类数量适当,能正确运用种植类型,符合构图规律,造景手法丰富,色彩层次有变化,植物与地形、道路、建筑相协调,空间效果较好。

⑦图面要求。图面构图合理,清洁美观;线条流畅,墨色均匀;图例、比例、指北针、图标栏、图幅等要素齐全,且符合制图规范。

4)设计成果

①总体规划图。比例 1 : 500 ~ 1 : 1 000,1 号或 2 号图纸。图中显示山水、地形地貌、出入口、园路、广场、园林建筑及绿化用地。

②竖向设计图。在总体规划图的基础上进行高程设计,标注各相关部位的高程。图中显示原高程(等高线)和设计高程(等高线),确定填挖深度和区域,计算土方等工程量。

③种植规划图。在总体规划图的基础上进行种植规划。

④绘制某一景点的透视图或鸟瞰图(钢笔淡彩)。上列图纸也可提供 CAD 设计图。

⑤设计说明书,包括园名、景名、功能分区及种植景观特征描述。

⑥提供植物名录及其他材料统计表,造价概算表。

第 11 章　屋顶花园规划设计

【知识目标】

1. 了解屋顶花园的概念及国内外屋顶花园的历史与发展。

2. 理解屋顶花园的作用与特点。

3. 掌握屋顶花园的类型、设计原则与内容。

4. 理解屋顶花园的防水与荷载。

【技能目标】

1. 学会对屋顶花园进行布局与造景。

2. 能够配制满足需要的种植土,并选择合适的植物种类。

3. 达到独立完成屋顶花园设计项目的目的。

【学习内容】

为了尽可能增加工作与生活区的绿化面积,满足城市居民对绿地的需求,提高工作效率,改善生活环境,可以利用屋顶、阳台或其他空间进行绿化。本章主要学习屋顶花园的规划设计。

11.1　屋顶花园概述

11.1.1　屋顶花园的概念

屋顶花园是指在各类建筑物的顶部(包括屋顶、楼顶、露台或阳台)栽植花草树木,建造各种园林小品所形成的绿地。

①屋顶花园必须考虑建筑屋顶的承重能力。在荷载设计时应考虑的荷载包括屋顶自身结构层的质量、屋顶自身构造层的质量、屋顶活荷载、屋顶园林工程增加的荷载等。

②屋顶上的自然环境相对恶劣。由于屋顶上的日晒、风力等自然条件不同于地面,加上种植土层比较薄,所以选择植物的生态习性一定要与场地的环境相适应,通过分析环境合理规划屋顶各个部分的位置。

③屋顶花园需要考虑防水层和快速排水。因为植物根系具有很强的穿透能力,如果不采用技术手段阻止植物根系破坏建筑屋面和防水层,就有可能造成防水层受损从而影响其使用寿命,甚至造成屋顶漏水。同样,如果屋面长期积水,轻则会造成植物烂根死亡,重则会导致屋面漏水。

④屋顶花园完成后的日常维护保养。屋顶花园不同于地面庭院,由于是建在数层高的房顶之上,所以其后期的维护保养更为精心和严格。

总之,屋顶花园的设计不仅要比地面上的景观设计更加关注场地的环境条件、减轻荷载,改良种植土、植物的选择与植物配植等问题,还要结合各种环境的特殊性、使用功能及艺术效果综合考虑,充分地把地方文化融入屋顶花园的设计之中。

11.1.2 国外屋顶花园的历史与发展

1)古代屋顶花园

早在公元前 2000 年左右,在古代幼发拉底河下游地区(即现在的伊拉克)的古代苏美尔人最古老的名城之一——乌尔城,曾经建造了雄伟的亚述古庙塔(图 11.1),又称"大庙塔",此塔被后人称为屋顶花园的发源地。亚述古庙塔沿着塔外阶梯状的平台上,栽植了一些树木和灌木丛,用以缓解人们攀爬神庙的劳累,同时有助于驱走酷热。

类似这种阶梯状的平台花园在新巴比伦的"空中花园"里也有采用。根据古希腊历史学家狄奥多罗斯·西库勒斯(Diodorus Siculus)描写,花园长宽各 100 ft(1 ft=0.304 8 m),在阶梯状平台上栽种植物,平台逐层增高,下方以拱顶支撑,最高的拱顶可达 70 ft(图 11.2)。有的文献还认为此园为金字塔形多层露台,在露台四周种植花木,整体外观恰似悬空,故称"Hanging Garden"。

利用盆栽植物进行屋顶绿化的古希腊阿多尼斯花园、U 形平台上种植花草树木的庞培神秘别墅,进一步丰富了古代屋顶花园的内容。

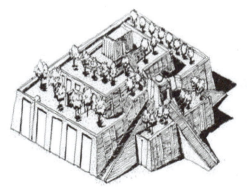

图 11.1 亚述古庙塔　　　　图 11.2 新巴比伦的"空中花园"

2)中世纪和文艺复兴时期的屋顶花园

这个时期的屋顶花园有的已经被破坏。为人们所熟知的有法国的圣米歇尔山(图11.3)、意大利皮恩扎的皮科洛米尼宫、卢卡的橡树塔等。

3)1600—1875 年的屋顶花园

这一时期,德国的屋顶花园技术迅速发展,如柏林的拉比兹屋顶花园。为了解决屋顶花园所面临的"以严冬和终年持续雨水著称"的自然条件,拉比兹在屋顶上运用了自己独创的一种硬化水泥,这一技术被认为是防水材料方面的突破。

17 世纪,克里姆林宫修建了一个大型的双层空中花园,上层的花园占地面积为 10 英亩,与宫殿的宅邸位于同一层,同时还有两个附属平台向下延伸。这两个屋顶花园修建在拱形柱廊之上,顶层花园为石墙所环绕,有一个 93 m^2 的水池,中设喷泉,水池中的水从莫斯科河提升而来。低层的屋顶花园于 1681 年建造于紧靠莫斯科河的石结构建筑的屋顶之上,面积为 600 m^2,也有一个水池。

另外,由于挪威特有的自然天气情况,草皮屋顶(图 11.4)被广泛应用并产生了极大的发展。随着取暖设施的发展,草皮屋顶逐渐减少。

图 11.3　法国的圣米歇尔山　　　　图 11.4　草皮屋顶

4)20 世纪初到第二次世界大战前的屋顶花园

19 世纪初美国主要城市的屋顶花园其夏季娱乐功能十分普遍。1893 年开始了真正的屋顶剧场的应用。纽约的冬季花园和麦迪逊广场就是其中的代表。这一时期的屋顶花园开始向公众游憩、营利性方向转化,因此,屋顶剧场、高级宾馆的屋顶花园逐渐兴起。

5)第二次世界大战后的屋顶花园

尽管战前的屋顶花园在当时颇具影响力,但随着经济萧条以及随后的第二次世界大战,导致了公共建筑兴建计划的停止。直到 20 世纪 50 年代末,才重新开始设计并建造新的大规模的公共和私人屋顶花园。这一时期兴建的屋顶花园有奥克兰的帝国中心(图 11.5)、奥克兰博物馆、旧金山的圣玛丽亚广场和朴次茅斯广场(图 11.6)等。

图 11.5　奥克兰的帝国中心屋顶花园　　　　图 11.6　朴次茅斯广场

11.1.3　我国屋顶花园的发展

我国古代建筑材料一般为全木结构,且多为尖形屋顶,在承重和保水上都不利于屋顶花园的营造,因而尚未发现有关这方面的资料,但在我国长城上曾栽植过树木,如在山海关上种有成排的松树,嘉峪关长城上种过其他树木,这可能是我国最早的类似于屋顶花园的记载了。

11.2　屋顶花园的作用与特点

11.2.1　屋顶花园的作用

1)改善城市生态环境,增加城市绿化面积

屋顶绿化后室内温度可降低 2.6 ℃左右,且绿色植物的遮阳作用,使得绿色屋顶面的净辐射热量比未绿化屋顶少 4~5 倍。同时,绿色屋顶因为植物的蒸腾作用和潮湿的土壤蒸发作用所消耗的潜热明显比未绿化的屋面要大,使得绿色屋顶的贮热量以及地气的热交换量大大减少,从而使得绿化屋顶空气获得的热量少,热效应降低,减弱了城市的"热岛"效应。屋顶花园中的植物与地面上的植物具有同样的功能,此外,屋顶上的植物由于生长的地势较高,能在城市空间多层次地净化空气,起地面绿化所起不到的作用。

2)对建筑构造层的保护

建筑屋顶构造的损坏,大多数是由于迅速地温度变化造成的。由于温度的变化,导致屋顶构造的膨胀和收缩,建筑材料受到很大的负荷,其强度降低,进而造成建筑物出现裂缝,导致寿命缩短。而具有不同覆土厚度的绿化屋面其隔热、防渗性能比架空薄板隔热屋面要好,良好的降温隔热与保温作用使屋面结构的年温差及板顶、板底最大温差均较一般架空薄板屋面小得多(表 11.1),从而避免了屋面因温度的剧烈变化而引起的裂缝。

表 11.1　覆土植草与架空薄板屋面各项最大温差

屋面隔热层	冬季昼夜最大温差/℃		夏季昼夜最大温差/℃		年最大温差/℃		板顶、板底最大温差/℃	
	板顶	板底	板顶	板底	板顶	板底	冬季	夏季
覆土植草	0.45	0.90	1.65	1.10	31.95	29.80	2.45	1.70
架空薄板	2.60	2.43	10.1	8.10	37.25	34.35	2.83	10.90

3)塑造城市立体景观

无论是在高架桥上,还是在高层建筑之上,又或乘坐飞机之时,俯瞰城市,整个城市尽收眼底。传统建筑的屋顶表面材料常为水泥砖和黑色沥青等防水材料,在强烈的阳光之下,反射出刺眼的炫光。屋顶花园代替了灰色混凝土、黑色沥青的屋顶,使身处高层或登高远眺的

人们感受到置身于绿化环抱的自然美景中,充实了城市绿色景观体系。

11.2.2 屋顶花园的特点

组成园林景观的素材主要是自然山水、各种建筑物和动植物,这些素材按照园林美的基本法则构成美丽的景观。

屋顶花园同样也是由上述各种素材组成的,但因其受特殊条件的制约,又不完全等同于地面的园林,因此有其特殊性。

(1)地形、地貌和水体方面

屋顶上营造花园,一切造园要素均要受建筑物顶层承重的制约,其顶层的负荷是有限的。一般土壤容重要在 $1\ 500\sim2\ 000\ \mathrm{kg/m^3}$,而水体的容重为 $1\ 000\ \mathrm{kg/m^3}$,山石就更大了,因此,在屋顶上利用人工方法堆山理水,营造大规模的自然山水是不可能的。在地面上造园的内容放在屋顶花园上必然受到制约。因此,屋顶花园上一般不能设置过大的山景,在地形处理上以平地为主,可以设置一些小巧的山石,但要注意必须安置在支撑柱的顶端,同时,还要考虑承重范围。在屋顶花园上的水池一般为形状简单的浅水池,水的深度在 30 cm 左右为宜,面积虽小,但可以利用喷泉来丰富水景。

(2)建筑物、构筑物和道路广场

园林建筑物、构筑物和道路广场等是根据人们的实用要求出发,完全由人工创造的,在地面上的建筑物其大小是根据功能需要及景观要求建造的,不受地面条件制约,而在屋顶花园上这些建筑物的大小必然受到花园的面积及楼体承重的制约。因为楼顶本身的面积有限,多数在数百平方米,大的不过上千平方米,因此,如果完全按照地面上所建造的尺寸来安排,势必会造成比例失调,另外,一些园林建筑(如石桥)远远超过楼体的承重能力,因此,在楼顶上建造是不现实的。

根据上述分析,是否可以认为在屋顶花园中就不能建造这些建筑了呢?并非如此,在屋顶花园上建造的建筑必须遵循如下原则:一是从园内的景观和功能考虑是否需要建筑;二是建筑本身的尺寸必须与地面上尺寸有较大的区别;三是建造这些建筑从材料来看可以选择那些轻型材料;四是选择在支撑柱的位置建造。例如,建造花架,在地面上通常用的材料是钢筋混凝土,而在屋顶花园建造中,则可以选择木质、竹质或钢材建造,这样同样可以满足使用要求。

另外,要求园内的建筑应相对少些,一般有 1~3 个即可,否则将显得拥挤。

(3)园内植物分布

园内植物分布主要特点表现在以下几个方面:

①园内空气通畅,污染较少,屋顶空气湿度比地面低,同时,风力通常要比地面大得多,使植物本身的蒸发量加大,而且由于屋顶花园内种植土较薄,很容易使树木倒伏。

②屋顶花园的位置高,很少受周围建筑物遮挡,因此接受日照时间长,有利于植物的生长发育。另外,阳光强度的增加势必使植物的蒸发量增加,在管理上必须保证水的供应,所以在屋顶花园上选择植物应尽可能地选择那些阳性、耐旱、蒸发量较小的(一般为叶面光滑、叶面具有蜡质结构的树种,如南方的茶花、枸骨,北方的松柏、鸡爪槭等)植物为主。在种植层有限

的前提下,可以选择浅根系树种,或以灌木为主,如需选择乔木,为防止被风吹倒,可采取加固措施有利于乔木生存。

③屋顶花园的温度与地面也有很大的差别。一般在夏季,白天屋顶花园内的温度比地面高出 3～5 ℃,夜间则低于地面 3～5 ℃,温差大对植物进行光合作用是十分有利的。在冬季,北方一些城市的屋顶花园温度要比地面低于 6～7 ℃,致使植物在春季发芽晚、秋季落叶早、观赏期变短。因此,要求在选择植物时必须注意植物的适应性,应尽可能地选择绿期长、抗寒性强的植物种类。

④植物在抗旱、抗病虫害方面也与地面不同。由于屋顶花园内植物所生存的土壤较薄,一般草坪为 15～25 cm,小灌木为 30～40 cm,大灌木为 45～55 cm,乔木(浅根)为 60～80 cm。这样使得植物在土壤中吸收养分受到限制,如果每年不及时为植物补充营养,必然会使植物的生长势变弱。同时,一般在屋顶花园上的种植土为人工合成轻质土,其容重较小,土壤空隙较大,保水性差,土壤中的含水量与蒸发量受风力和光照的影响很大,如果管理跟不上,很容易使植物因缺水而生长不良,生长势弱,必然使植物的抗病能力降低,一旦发生病虫害,轻则影响植物观赏价值,重则可使植物死亡。因此,在屋顶花园上选择植物时必须选择抗病虫害、耐瘠薄、抗性强的树种。

由于屋顶花园面积小,在植物种类上应尽可能地选择观赏价值高、没有污染(不飞毛、落果少)的植物,要做到小而精,矮而观赏价值高,只有这样才能建造出精巧的花园来。

11.2.3　屋顶花园类型

1)按功能要求分

(1)公共休憩型屋顶花园

公共休憩型屋顶花园为国内外主要形式之一。该类屋顶花园多建在居住区、商业区及其他一些公共建筑的屋顶之上或者内部的公共平台上,除了具有绿化环境作用之外,还是一种集活动、游乐、休闲于一体的公共休憩场所,所以在设计上要先考虑其公共性,满足人们在屋顶上活动、休息等多种需要。应以草坪、小灌木和花卉为主,设置少量座椅及园林小品点缀,园路宜宽,便于人们活动。

(2)盈利型屋顶花园

盈利型屋顶花园大多建于宾馆、饭店、酒店等商业场所,可以在屋顶花园中开办露天歌舞会、晚宴、茶座等,以此达到盈利的目的。此类屋顶花园中的植物小品等均以小巧精致为胜,保证有较大的活动空间,设计风格要与其建筑形式相统一。由于盈利型屋顶花园也是一个提供夜生活的场所,所以在植物配植上应选择一些夜间开花的芳香品种,照明灯也应精美、适用、安全。商业空间的花园设计,一方面满足了人们向往自然的渴望;另一方面也创造了可观的商业利润。

(3)家庭型屋顶花园

随着经济的发展,人们的居住条件越来越好,特别是多层式、阶梯式住宅的出现,使得这类屋顶小花园走入了家庭。家庭型屋顶花园多用于阶梯式住宅和别墅式居住场所,此类屋顶花园通常面积小、荷载小、人流量小，并具有一定的私密性。所以在设计时应考虑轻型、简洁、安静，以植物配植为主，一般不设置或设置少量的园林小品，可利用墙面进行垂直绿化设计。另一类家庭式屋顶花园为公司写字楼的楼顶，这类花园主要作为接待个人、洽谈业务、员工休息的场所，这类花园应种植一些名贵的花卉，布置一些精美的小品，还可根据实际情况制作反映公司精神的微型雕塑、小型壁画等。

（4）科研生产性屋顶花园

科研生产性屋顶花园以科学生产、研究为主要目的。可以设置小型温室，用于培育新型花卉品种以及观赏植物、盆栽瓜果的培育等，也可进行常规的农副业生产，使绿化和生产相结合，既有绿化效益，又有较高的经济收入。这类花园的设置，一般应有必要的设施，种植池和人行道规则布局，形成闭合的、地毯式的种植区。

例如，日本早稻田大学的大隈花园礼堂。在这个建筑屋顶中，采用了该大学开发的屋顶绿化施工方法的实验区，所开发的施工技术受到社会的广泛关注。学校教授与建筑公司共同研究开发的"水凝胶绿化施工方法"保水性能比一般土壤高 3~5 倍，实验数据表明：如果土壤厚度达到 12 cm 以上，绿化植物只需靠雨水就能生长。

2）按植物材料分

（1）地毯式

地毯式花园中，种植的植物绝大部分为草本，包括草坪和草花，因植株低矮，在屋顶形成一种类似于绿色的地毯效果。由于草本植物所需的种植土层厚度较薄，一般土层厚度为 10~20 cm，因此，它对屋顶所加的荷重较小，一般能上人，在北方营建这种屋顶花园时要注意其观赏期的问题，而在我国南方地区，由于气温适当，降水量较多，植物全年均能保持正常的生长，可以大面积推广。

（2）花坛式

这种形式实际属于规则式种植中的一种常见形式，主要特点是在花园内分散布置一些规则式的种植池，植物以观花为主，同时一些观叶植物在园中也常应用，在外观上类似于地面的花坛，花卉可以随时更换，观赏价值较高，但在管理工作量上相对较大，常用一些草本植物代替草花可以延长观赏期，还可用一些低矮的、花期较长的草本花卉种植其中，效果十分好。这种形式往往不单独在屋顶花园中出现，可与其他形式结合，丰富花园的色彩，效果更为突出。

（3）花境式

花境在中国园林绿地中十分常见，因几乎所有的园林植物均可以作为花境的材料，选材容易，使花境的整体色彩丰富，美化效果十分突出。这种形式在屋顶花园中经常出现，园内所选用的植物种类可以是乔灌木或草本，种植的外形轮廓为规则的，植物种植形式是自然的，在屋顶花园的花园周边布置花境是最恰当的，一般可以绿色植物组成的树墙为背景，在前方配以花灌木，使游客的行走路线沿花境边缘方向前进，以便游客观赏。

3）按规划形式分

屋顶花园必须以足够的绿地面积作保证，绿色植物在园内的种植方式是不同的，通常有以下几种形式：

（1）规则式

由于屋顶的形状多为几何形且面积相对较小，为了使屋顶花园的布局形式与场地取得协调，通常采用规则式布局，特别是种植池多为几何形，以矩形、正方形、正六边形、圆形等为主，有时也做适当变换或为几种形状的组合。

①周边规则式。在花园中植物主要种植在周边，形成绿色边框，这种种植形式给人一种整齐美。

②分散规则式。这种形式多采用几个规则式种植池分散地布置于园内，而种植池内的植物可为草本、灌木或草本与乔木的组合，这种种植方式形成一种类似花坛式的块状绿地，例如，兰州园林局屋顶花园的种植多为此种类型。

③模纹图案式。这种形式的绿地一般成片栽植，绿地面积较大，在绿地内布置一些具有一定意义的图案，给人一种整齐美丽的景观，特别是在低层的屋顶花园内布置，从高处俯视，其效果更佳。

④苗圃式。这种布置方式主要见于我国南方一些城市，居民常把种植的果树、花卉等用盆栽植，按行列式的形式摆放于屋顶，这种场所一般摆放花盆的密度较大，以经济效益为主。

（2）自然式

中国园林的特点是以自然形式为主，主要特征表现在能够反映自然界的山水与植物群落，以体现自然美为主。这种形式的花园布局要体现自然美，植物采用乔灌草混合方式，创造出有强烈层次感的立面效果。

（3）混合式

这种形式的花园具有以上两种形式的特色，主要特点是植物采用自然式种植，而种植池的形状是规则的，此种类型在屋顶花园属最常见的形式。

4）按建筑结构与屋顶形式分

（1）开敞式屋顶花园

开敞式屋顶花园是指在单体建筑的屋顶上建造屋顶花园，屋顶四周不与其他建筑相连，为一座独立的空中花园。开敞式屋顶花园的特点是视野开阔，通风好，日照充足等。一般情况下，多层住宅、办公楼、地下车库以及地下广场上的屋顶花园多属于此种类型。

（2）半开敞式屋顶花园

半开敞式屋顶花园是指一面或多面被建筑物的墙体或门窗包围的屋顶花园。从建筑形式上看，建筑的裙房、出挑的平台或阶梯式建筑的层层退台上建造的屋顶花园多属于此类，这类屋顶花园多用于为宾馆、医院或为私家服务的空中花园。半开敞式屋顶花园有助于改善室内环境，可以为同层房屋的室内提供很好的室外景观效果。

（3）封闭式屋顶花园

封闭式屋顶花园是指屋顶花园四周被高于它的建筑包围，形成向心形的花园，一般难以接受自然光照，因而需要人工光，多选择阴生植物。这种花园主要是为四周建筑服务，设计时需要结合四周的建筑形式和功能。

11.2.4 屋顶花园的设计原则与内容

1)屋顶花园的设计原则

屋顶花园的设计在满足其使用功能、绿化效益、园林美化的前提下,必须注意其安全和经济方面的要求。同时在其规划过程中应与建筑规划同步进行,这样不但有利于屋顶花园的建造,而且也更有利于建筑技术为屋顶花园的营造创造一些必要的条件。

(1)实用性原则

建造屋顶花园的目的就是要在有限的空间内进行绿化,增加城市绿地面积,改善城市生态环境,同时,为人们提供一个良好的生活与工作场所和优美的环境,但是不同的单位其营造的目的是不同的。对一般宾馆饭店,其使用目的主要是为宾客提供一个优雅的休息场所;对一个小区,其目的是从居民生活与休息来考虑的;对一个科研单位,其最终目的是以科研、试验为主。因此,要求不同性质的花园应有不同的设计内容,包括园内植物、建筑、相应的服务设施。但不管什么性质的花园,其绿化应放在首位,因为屋顶花园面积本身就很小,如果植物绿化覆盖率又很低,则达不到建园的真正目的。一般屋顶花园的绿化(包括草本、灌木、乔木)覆盖率最好在60%以上,只有这样才能真正发挥绿化的生态效应。其植物种类不一定很多,但要求必须有相应的面积指标作保证,缺少足够绿色植物的花园不能称为真正意义上的花园。

(2)精美性原则

园林美是生活、艺术与自然美的综合产物,在生活美方面主要体现在园林为人们的生活提供了休息与娱乐的场所。植物的自然美决定于植物本身的色彩、形态与生长势,是构成园林美的重要素材,而园林的艺术美主要体现在园内各种构成要素的有机结合上,也就是园林的艺术布局。

屋顶花园是为人们提供一个优美的休息娱乐场所,这种场所的面积是有限的,如何利用有限的空间创造出精美的景观,这是屋顶花园不同于一般园林绿地的区别所在。在设计屋顶花园时,其景物的设计、植物的选择均应以"精美"为主,各种小品的尺度和位置都要仔细推敲,同时还要注意使小尺度的小品与体形巨大的建筑协调。另外,由于一般的建筑在色彩上相对单一,因此在屋顶花园的建造中还要注意用丰富的植物色彩来淡化这种单一,突出其特色,通常以绿色为主,适当增加其他色彩明快的花卉品种,这样通过对比突出其景观效果。

另外,在植物配植时,还应注意植物的季相景观问题,在春季应以绿草和鲜花为主;夏季以浓浓的绿色为主;秋季应注意叶色的变化和果实的观赏。北方地区冬季应适当增加常绿树种的数量,南方可以选择一些开花植物。

(3)安全性原则

在地面建园,可以不考虑其质量问题,但屋顶花园是把地面的绿地搬到建筑的顶部,且其距地面有一定的高度,因此必须注意其安全指标,这种安全来自两个方面的因素:一是屋顶本身的承重;二是来自游客在游园时的人身安全。

首先是楼顶本身的承重问题,这是能否建造屋顶花园的先决条件。如果屋顶花园的附加质量超过楼顶本身的负荷,就会影响整个楼体的安全,在这种情况下就无法造园。所以在建屋顶花园之前,必须对建筑的一些相关指标和技术资料做全面调查,认真核算。同时在核算过程中除考虑园林附属设施及造园材料的质量之外,还必须对游客的数量进行认真计算,既不能把屋顶花园做成只能"远观"不能"近赏"的"海市蜃楼"式的花园,也不能不考虑楼顶的承重量而无限制地增加游客数量。因此,屋顶花园来自这方面的安全要求在设计中必须加以准确核算,同时必须有一定的安全系数作保障,在安排游客游览线路的同时,要考虑四周的安全防护围栏的设置,防止游客在游园时人和物掉落,围栏的高度应在 1 m 以上为宜,且必须牢固。一般情况下为使游客能够有良好通透的视野,最好不用墙体做围栏。

从顶层的结构上看,由于楼顶的防水层一般在表面,即使有种植层的保护,在建造过程中,有可能由于施工人员的工作而使其被破坏,如果不能及时修补也会对楼体的防水产生不利影响,使屋顶漏水,造成较大的经济损失,特别是在建造一些建筑小品时更是如此,这一点应引起设计与施工人员的足够重视,否则会对屋顶花园的营造工作带来负面影响。

(4)经济性原则

评价一个设计方案的优劣不仅仅是看营造的景观效果如何,还要看是否现实,是否有足够的经济作保障。一般情况下,建造同样的花园在屋顶上要比在地面上的投资高出很多。因此,这就要求设计者必须结合实际情况,做出全面考虑,同时,屋顶花园的后期养护也应做到"养护管理方便,节约施工与养护管理的人力物力",在经济条件允许的前提下建造出"适用、精美、安全"并有所创新的优秀花园来。

2)屋顶花园的设计内容

(1)屋顶层的结构设计

一般屋顶花园屋面面层结构从上到下依次是:

①植被:是屋顶花园的主要功能层,生态、经济、社会效益都体现在这一层中。植物的选择要遵循适地适树原则,景点设置要注意荷载不能超过建筑结构的承重能力,同时还要满足艺术要求。

②轻质培养土层:为使植物生长良好,同时尽量减轻屋顶的附加荷重,种植基质一般不直接用地面的自然土壤(主要是因为土壤太重),而是选用既含各种植物生长所需元素又较轻的人工基质,如蛭石、珍珠岩、泥炭及其与轻质土的混合物等。

③过滤层:为防止种植土中的小颗粒及养料随水流失,堵塞排水管道,采用在种植基质层下铺设过滤层的方法,常用过滤层的材料有粗沙(50 mm 厚)、玻璃纤维布、稻草(30 mm 厚)。所要达到的质量要求是既可通畅排灌又可防止颗粒渗漏。

④排水层:设在防水层之上,过滤层之下。其作用是排除上层积水和过滤水,但又储存部分水分供植物生长之用。主要材料有陶粒、碎石、轻质骨料厚200~100 mm 或200 mm 厚砾石或 50 mm 焦渣层。

⑤防水层:采用柔性(油毡卷材)防水层、刚性防水层或新材料,但目前使用最多的是柔性防水层。

⑥隔热层:对建筑具有稳定良好的保温隔热作用,可节省建筑能耗,研究表明,绿化屋顶顶板全天热通量值变化极其微弱,对建筑屋面顶板的保温、隔热作用明显。绿化屋顶夏季室温平均比未绿化屋顶室温低 1.3~1.9 ℃;冬季室温比未绿化屋顶室温平均高 1.0~1.1 ℃。是有效缓解城市热岛效应的重要途径。

(2)种植设计

①植物对土层厚度的最低限度。在屋顶花园上的土层厚度与植物生长的要求是相矛盾的。人们只能根据不同植物生存所必需的土层厚度,在屋顶花园上尽可能地满足植物生长的基本需要,因此,在设计屋顶花园时,应注意多选草本和小灌木,而大乔木特别是深根系的要少用甚至不用,只要能起到同样的效果,最好不用深根系乔木。各类植物生存及生育的最低土壤厚度(图 11.7)。

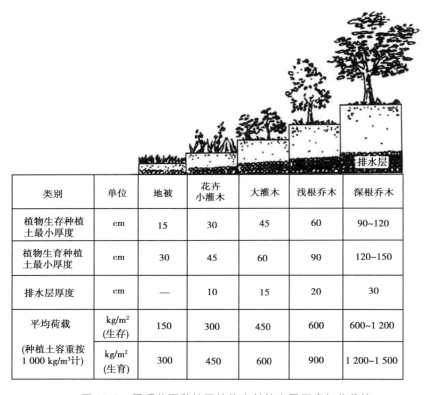

类别	单位	地被	花卉 小灌木	大灌木	浅根乔木	深根乔木
植物生存种植 土最小厚度	cm	15	30	45	60	90~120
植物生育种植 土最小厚度	cm	30	45	60	90	120~150
排水层厚度	cm	—	10	15	20	30
平均荷载	kg/m² (生存)	150	300	450	600	600~1 200
(种植土容重按 1 000 kg/m³计)	kg/m² (生育)	300	450	600	900	1 200~1 500

图 11.7　屋顶花园种植区植物生长的土层厚度与荷载值

②种植土的配置。一般屋顶花园的种植土均为人工合成的轻质土,这样不但可以大大减轻楼顶的荷重,还可根据各类植物生长的需要配制养分充足、酸碱性适中的种植土,在屋顶花园设计时,要结合种植区的地形变化和植物本身的大小及不同植物的需要来确定种植区不同位置的土层厚度,以满足各类植物生长发育的需求。

人工配制种植土的主要成分有蛭石、泥炭、沙土、腐殖土和有机肥、珍珠岩、煤渣、发酵木屑等材料,但必须保证其容重在 700~1 500 kg/m³,容重过小不利于固定树木根系,过大又会对楼顶承重产生影响。日本采用自然土与轻质骨料的比为 3:1 的合成土,其容重在 1 400 kg/m³,北京长城饭店采用的合成土配制比例为 7 份草炭+2 份蛭石+1 份沙土,容重为 780 kg/m³。

以上容重均为土壤的干容重,如果土壤充分吸收水分后,其容重可增大 20% ~ 50% ,因此,在配置过程中应按照湿容重来考虑,尽可能地降低容重。另外,在土壤配置好后,还必须适当添加一些有机肥,其比例可根据不同植物的生长发育需要而定,本着"草本少施,木本多施,观叶少施,观花多施"的原则。

③常见的种植方法。

a.孤植:又称孤赏树,这类树种与地面相比,要求树体本身不能巨大,以优美的树姿、艳丽的花朵或累累硕果为观赏目标,例如,桧柏、龙柏、南洋杉、龙爪槐、叶子花、紫叶李等均可作为孤赏树。

b.丛植:属自然式种植方式的一种,它是通过树木的组合创造出富于变化的植物景观。在配植树木时,要注意树种的大小、姿态及相互距离。

c.绿篱:在屋顶花园中,可用绿篱来分隔空间,组织游览线路,同时在规则式种植中,绿篱是必不可少的镶边植物。北方可用大叶黄杨、小叶黄杨、桧柏等做绿篱,南方则可用九里香、珊瑚树、黄杨等做绿篱。

d.花池(花坛、花台)、花境:屋顶花园中除了乔、灌木的栽植外,花卉也是不可缺少的部分,起到烘托和渲染气氛的作用,色彩鲜明艳丽的花卉,同乔、灌、草共同创造出繁花似锦、绿草如茵、景色宜人的园林景观和意境。

e.草坪、地被:在屋顶花园结构的设计与施工方面,草坪、地被可与乔、灌、花卉形成多层次的绿色布置,犹如园林的底色,对树木、花卉起衬托作用。屋顶花园的草坪或地被应选择耐瘠薄、抗热、抗寒、抗病虫害,适应不良环境能力强且观赏价值高的品种。

④植物品种的选择。假山、亭、廊、水体等园林建筑或小品虽然是屋顶园林造景的重要部分,但屋顶花园的主体是绿色植物,各类树木、花卉、草坪所占的比例应为 50% ~ 70% 及以上。屋顶花园比较高,风力较大、土层薄、光照时间长、昼夜温差大、湿度小、水分少,植物品种的选择应具备以下特性:根系较浅,具有抵抗极端气候的能力,能忍受干燥、潮湿积水,抗屋顶大风、易移植成活,耐修剪,生长缓慢,抗污染且观赏价值高。如使用高大有主根的乔木应种植在承重柱和主墙所在的位置上。屋顶花园常用的植物种类有:

a.花灌木:梅花、杜鹃、山茶、牡丹、榆叶梅、火棘、连翘、垂丝海棠、月季、云南黄馨、迎春。

b.常绿灌木:福建茶、黄心梅、黄金榕、变叶木、鹅掌楸等。

c.地被植物:美女樱、太阳花、蟛蜞菊、吊竹梅等。草坪草南方用马尼拉草、凤尾草、马蹄蕨、天鹅绒等;北方用结缕草、野牛草、狗牙根等。镶边用葱兰、韭兰、红绿草、麦冬、小叶女贞等。

d.蔓性植物:葡萄、炮仗花、爬山虎、紫藤、凌霄、常春藤、金银花、油麻藤、牵牛花、茑萝、落葵等。

e.绿篱:瓜子黄杨、冬青、小檗、枸骨、黄刺梅、女贞、珍珠梅、木槿。

f.抗污染的树种:无花果、桑树、合欢、木槿、茉莉、桂花、棕榈等。

(3)园林工程与建筑小品设计

①水景工程:屋顶花园的水景较在地面上的水景有很大区别,主要体现在水景的类型及尺寸上。地面上的水景可以是浩瀚的湖面、收放自如的河流小溪、气势雄伟的喷泉,而在屋顶

花园上这些水景由于受楼体承重的影响和花园面积的限制,在内容上发生了变化。

a. 水池。屋顶花园的水池由于受场地和承重的影响,一般多为几何形状,水体的深度在 30～50 cm,建造水池的材料一般为钢筋混凝土结构,为提高其观赏价值,在水池的外壁可用各种饰面砖装饰,同时,可用蓝色的饰面砖镶于池壁内侧和池底部,利用视觉效果来增加其深度。

在我国北方地区,由于冬季寒冷,水池极易冻裂,因此,在冬季应清除池内的积水,同时可用一些保温材料覆盖在池中。南方冬季气候温暖,可终年不断水,有水的保护,池壁不会产生裂缝。

另外,在施工中必须做好防止上屋漏水的工作,其做法可以在楼顶防水层之上再附加一层防水处理,还要注意水池位置的选择。池中的水必须保持洁净,可以采用循环水。

对于一些自然形状的水池,可以用一些小型毛石置于池壁处,在池中可以用盆栽的方式种植一些水生植物,例如,荷花、睡莲、水葱等,增加其自然山水特色,更具有观赏价值。

b. 喷泉。喷泉的水资丰富,富于变化,在屋顶花园中一般可安排在规则的水池之内,管网布置成独立的系统,便于维修,对水的深度要求较低,特别是一些临时性喷泉的做法很适合放在屋顶花园中。

②假山置石:屋顶花园上的假山一般只能观赏不能游览,所以花园内的置石假山必须注意其形态上的观赏性及位置上的选择。除了将其布置在楼体承重柱、梁之上外,还可利用人工塑石的方法来建造,这种方法营造的假山质量轻,外观可塑性强,观赏价值也较高。

③屋顶花园的园路铺装:园路在屋顶花园中占较大的比重,它不但可以联系各景物,而且也可成为花园中的一景。

园路在铺装时,要求不能破坏屋顶的隔热保温层与防水层。另外,园路应有较好的装饰性且与周围的建筑、植物、小品等相协调,路面所选用的材料应具有柔和的光线色彩,具有良好的防滑性,常用的材料有水泥砖、彩色水泥砖、大理石、花岗岩等,有的地方还可用卵石拼成一定的图案。

另外,园路在屋顶花园中常被作为屋顶排水的通道,因此,要特别注意其坡度的变化,在设计时要防止路面积水。路面宽度可根据实际需要而定,但不宜过厚,以减小楼体的负荷。

④园亭:屋顶花园可建造少量小型的亭廊建筑。园亭的设计要与周围环境相协调,在造型上能够形成独立的构图中心。在构造上应简单,也可采用中国传统建筑的风格,这样可以使其与现代建筑形成明显的对比,突出其观赏价值。建亭所用的材料可以是竹木结构,如我国南方一些地区,常用南方特有的竹子作为建亭的材料,很有地方特色。

⑤花架:屋顶花园上建造的花架可为独立型也可为连续型,具体选用哪种形式可根据花园的空间情况来定。植物种类以适应性强、观赏价值高、能与花架相协调为主。小尺寸的花架可以选用五叶地锦、常春藤等,大尺寸的可选用紫藤、葛藤等。

花架所用的建筑材料应以质轻、牢固、安全为原则,可用钢材焊接而成,也可为竹木结构。如果用钢筋混凝土结构要注意其尺寸和位置选择。

⑥其他:在花园内除了以上小品外,还可在适宜的地方放置少量人物、动物或其他物体形象的雕塑,在尺寸、色彩及背景方面要注意其空间环境,不可形成孤立之感。屋顶花园还应考

虑夜晚的使用功能,特别是那些以盈利为主的花园,在园内设置照明设施是十分必要的,园灯在满足照明用途的前提下,还应注意其装饰性和安全性,特别是在线路布置上,要采取防水、防漏电措施。园灯的尺寸以小巧为宜,结合环境可将其装饰在种植池的池壁上。

复习思考题

1. 简述屋顶花园的功能。
2. 简述屋顶花园规划设计的原则。
3. 简述屋顶花园植物材料的选择要求。
4. 简述屋顶花园的构造。
5. 简述屋顶花园的荷载。

【项目实训】

实训 7　屋顶花园规划设计

1)项目实训条件

了解屋顶花园的概念、特征及发展趋势,掌握屋顶花园设计遵循的原则及方法,掌握屋顶花园的构造和要求,掌握屋顶花园的植物种植设计。

2)实训教学设备及消耗材料

①测量仪器:全站仪、激光测距仪和地质罗盘仪。

②绘图工具:1 号图板、900 mm 丁字尺、45°及 60°三角板、量角器、曲线板、模板、圆规、分规、比例尺、绘图铅笔、鸭嘴笔和针管笔等。

③计算机辅助设计:高配置计算机及相关绘图软件。

④其他:数码照相机、打印机、拷贝桌等各类辅助工具。

⑤图纸:采用国际通用的 A 系列幅面规格的图纸,以 A2 图幅为准,绘制平面效果图。

⑥现有的图纸及文字材料。

3)实训内容步骤

①以本校的办公楼或图书馆楼顶为设计对象进行屋顶绿化设计。

②以小组为单位,每组 3～5 人进行设计,查阅相关资料,每人提出各自的设计方案。

③对每人提出的设计方案进行小组内的讨论总结,写出最后的设计方案。确定屋顶花园的绿化形式。以植物种植设计为主,绘制办公楼或图书馆屋顶绿化平面图。并写出设计说明,附植物名录。

④绘制该屋顶花园的结构层次剖面图。

⑤写出实训报告。

4)任务评价

①实训报告。

②设计图纸一套。

要求：

a. 符合屋顶绿地的性质及设计的原则和要求，充分考虑与周边环境的关系，有独到的设计理念，风格独特、特点鲜明，布局合理。

b. 种植设计树种选择正确，能因地制宜地运用造景方法，与道路、建筑小品等结合好。

c. 层次结构合理，安全性高。通过单独的剖面图纸表现。

d. 图面表现能力强，图面效果好，设计图种类齐全，设计深度能满足施工的需要。线条流畅，清洁美观，图例、文字标注、图幅等符合制图规范。

③设计说明书一份。

a. 语言流畅，言简意赅，能对图纸准确地补充说明，体现设计意图。

b. 绿化材料统计基本准确，有一定的可行性。

第 12 章　农业观光园规划设计

【知识目标】

1. 理解农业观光园的概念及特点。

2. 掌握农业观光园规划设计的原则、方法及步骤。

3. 能够进行农业观光园的规划设计。

【技能目标】

1. 熟练掌握农业园观光规划设计的原则、方法及步骤以及农业观光园的功能、特点等理论知识。

2. 规划设计在充分了解农业园观光的特点的基础上进行规划设计。

【学习内容】

农业观光园是一种新型的产业,是我国农业转型升级加快农业现代化和城乡园林化并与国际接轨的必然趋势。本章学习农业观光园的特点、类型、规划设计原则、规划设计步骤。

12.1　农业观光园概述

农业观光园是一种新型的产业形态,农业观光园是我国农业转型升级,加快农业现代化和城乡园林化并与国际接轨的必然选择。农业观光园是一种以农业和农村为载体的新型旅游业,有狭义和广义两种含义。

狭义的农业观光园仅指用来满足旅游者观光需求的农业。

广义的农业观光园应涵盖"休闲农业""观赏农业""农村旅游"等不同概念,是指在充分利用现有农村空间、农业自然资源和农村人文资源的基础上,通过以旅游内涵为主题的规划、设计与施工,把农业建设、科学管理、农艺展示、农产品加工、农村空间出让及旅游者的广泛参与融为一体,使旅游者充分领略现代新型农业艺术及生态农业的大自然情趣的新型旅游业。

12.2　农业观光园的特点

农业观光园除了具有农业的一般特点外,还应具有以下特点和要求:

1)农业科技含量高

当前的农业观光园项目建设越来越注重其科技含量,它包括生物工程、组织培养室、先进的农业生产设施、旅游设施等。让人们在游览的过程中领略现代高科技农业的魅力。

2)经济回报好

农业观光园除了发展基础农业外,还可能带动交通、运输、饮食、邮电、加工业、旅游业等相关产业的发展,因此,经济回报好。

3)内容具有广博性

农业的劳作形式、传统的或现代的农用器具、农村的生活习俗、农事节气、民居村寨、民族歌舞、神话传说、庙会集市及茶艺、竹艺、绘画、雕刻、蚕桑史话等都是农村旅游活动的重要组成部分,也是农业观光园可以挖掘的丰富资源和内容。

4)活动具有季节性

除了少数自控温室生产经营活动外,绝大多数农业旅游活动都具有明显的季节性。

5)形式具有地域性

由于不同地域自然条件、农事习俗和文化传统的差异,使得农业观光园具有较强的地域性。

6)活动内容强调参与性

农事活动较强的可参与性,正迎合了广大游客在旅游活动中的需求,在农业观光园区的规划设计中应尽可能地设置一些参与性强的项目。例如,自摘果园、五月采茶游、撒网捕鱼、喂牛挤奶等。

7)景观表达艺术性

农业观光园利用景观美学的对比、均衡、韵律、统一、调和等手法对农业空间、农业景点进行园林化的布局和规划,整个农业景观环境都要求符合美学原理,在空间布局、形式表现、内容安排等多个方面都具有园林艺术性的特点。

8)农林产品绿色性

农业观光园要求用生态学的原理来指导农业生产,农产品要求符合绿色食品和无公害食品的要求。

9)融观光、休闲、购物于一体

农业旅游活动既能让游客观赏到优美的田园风光,又能满足参与的欲望,最后还能购得自己的劳动成果。使游客玩得开心,购物满意。

10)经济社会综合效益高

农业观光园可以用现有的农业资源,略加整修、管理,就可以较好地满足旅游者的需求;并且农业旅游的经济收益也较其他旅游形式多了一个收入层次,即有来自农产品本身的收入。旅游消费也带动了农村第三产业的发展,解决了社会就业等方面的问题,具有较高的综合效益。

12.3　农业观光园的类型

农业观光是把观光旅游与农业结合在一起的一种旅游活动,其形式和类型很多。常见的分类方法有以下两种:

1)国际上常用的分类形式

(1)观光农园

观光农园一般是指在城市近郊或风景区附近开辟特色果园、菜园、茶园、花圃等,让游客入内摘果、拔菜、赏花、采茶,享受田园乐趣。这是国外农业观光园最普遍也是最初的一种形式。

(2)农业公园

农业公园是按照公园的经营思路,将农业生产场所、农产品消费场所和休闲旅游场所结合为一体。例如,日本有一个葡萄园公园,将葡萄园景观的观赏、葡萄的采摘、葡萄制品的品尝及与葡萄有关的品评、绘画、写作、摄影等活动融为一体。目前大多数的农业公园是综合性的,内部包括服务区、景观区、草原区、森林区、水果区、花卉区及活动区等。

(3)教育农园

教育农园是兼顾农业生产与科普教育功能的农业经营形态,即利用农园中所栽植的作物,饲养的动物以及配备的设施,如特色植物、热带植物、水耕设施、传统农具展示等,进行农业科技示范、生态农业示范,传授游客农业知识。代表性的有法国的教育农场,日本的学童农园,中国台湾的自然生态教室等。

(4)民俗观光村

民俗观光村是在具有地方或民族特色的农村地域,利用其特有的文化或民俗风情,提供可供夜宿的农舍或乡村旅店之类的游憩场所,让游客充分享受浓郁的乡土风情以及别具一格的民间文化和地方习俗。

2)按照现阶段规划和开发观光农业园的功能定位分类

发展观光农业园,明确功能定位对合理确定投资取向和规模以及配置科学管理方式和生产经营战术至关重要。按照现阶段规划和开发观光农业园的功能定位可将其分为以下 5 种类型:

(1)多元综合型

在功能上集农业研究开发、农产品生产示范、农技培训推广、农业旅游观光和休闲度假为一体。

(2)科技示范型

以农业技术开发和示范推广为主要功能,兼具旅游观光功能,如陕西杨凌农科城(国家级农业高新技术产业示范区)、广东顺德的新世纪农业园等。

（3）高效生产型

以先进技术支撑的农产品综合生产经营为主要功能，兼具旅游观光功能，如江苏邳州的银杏风光农业观光园区、宁夏银川葡萄大观园、广东番禺化龙镇农业大观园和上海马桥园艺场等。

（4）休闲度假型

具有农林景观和乡村风情特色，以休闲度假为主要功能，如广东东莞的"绿色世界"、北京顺义的"家庭农场"、成都郫都区农科村的"农家乐景区"、深圳的"光明农场"等。

（5）游览观光型

以优美又富有特色的农林牧业为基础资源，以强化游览观光功能为主要经营方向的农游活动，如山东淄博淄川区的旅游农业观光园线、重庆万盛区的农业采摘游、山东长岛的"渔家乐"旅游、山东枣庄的万亩石榴园风情游等。

12.4 农业观光园设计的原则

1）因地制宜，营造特色景观

总体规划与资源（包括人文资源与自然资源）利用相结合因地制宜，充分发挥当地的区域优势，尽量展示当地独特的农业景观。

规划时要熟悉用地范围内的地形地貌和原有道路水系情况，本着因地制宜、节省投资的原则，以现有的区内道路和基本水系为规划基准点，根据现代都市农业园区体系构架、现代农业生产经营和旅游服务的客观需求及生态化建设要求和项目设置情况，科学规划园区路网、水利和绿化系统，并进行合理的项目与功能分区。

2）远、近期效益相结合，注重综合效益

将当前效益与长远效益相结合，以可持续发展理论和生态经济学原理来经营，提高经济效益。另外，还应充分重视农业观光园所带来的其他效应。

3）尊重自然，以人为本

在充分考虑园区适宜开发度、自然承载能力的前提下，把人的行为心理、环境心理的需要落实在规划设计中，在设计过程中，去发现人的需求、满足人的需求，从而营造一个人与自然的和谐共处环境。

4）整体规划协调统一，项目设置特色分明

注意综合开发与特色项目相结合，在农业旅游资源开发的同时，既突出特色又注重整体协调。

5）传统与现代相结合，满足游客多层次的需求

展示乡土气息与营造时代气息相结合，历史传统与时代创新相结合，满足游客的多层次

需求。注重对传统民间风俗活动与有时代特色的项目,特别是与农业活动及地方特色相关的旅游服务活动项目的开发和乡村环境的展示。

6)注重"参与式"项目的设置,激发游客兴趣

强调对游客"参与性"活动项目的开发建设,农业观光园的最大特色是,通过游客作为劳动(活动)的主体来体验和感受劳动的艰辛与快乐,并成为园区一景。

7)以植物造景为主

生态优先,以植物造景为主,根据生态学原理,充分利用绿色植物对环境的调节功能,模拟园区所在区域的自然植被的群落结构,打破植物群落的单一性,运用多种植物造景,体现生物多样性,结合美学中艺术构图原则,创造一个体现人与自然双重美的环境。

在尽量不破坏原基地植被及地形的前提下,谨慎选择和设计植物景观,以充分保留自然风景,表现田园风光和森林景观。

12.5　农业观光园常见的布局形式

农业观光园的布局形式一般根据观光农业园中的非农业用地,也就是核心区在整个园区所处的位置来划分,常见的布局形式有以下5种:

1)围合式

在农业园规划平面图上,非农业用地呈块状、方形、圆形、不等边三角形设置在整个园区中心,四周被农业用地所包围,如江苏昆山的丹桂园。

2)中心式

非农业用地位于靠近入口处的中心部位,这种形式方便游客和管理人员使用,如苏州的西山高科技农业观光园。

3)放射式

非农业用地位于整个园区的一角,农业用地部分是整个园区的重心,如泰州的农林高科技示范园的总体布局。

4)制高式

非农业用地一般位于整个园区地势较高处,也就是制高点上,如江苏的江浦帅旗农庄和江宁七仙山玫瑰园。

5)因地式

与制高式布局形式相互配合,结合园区基地的实际情况进行非农业用地的布局摆放。

12.6　农业观光园的分区规划

农业观光园以农业为载体,属风景园林、旅游、农业等多行业相交叉的综合体,农业观光园的规划理论也借鉴于各学科中的相应理论。因我国的农业资源丰富,在进行农业观光园的规划时要有所偏重、有所取舍,做到因地制宜、区别对待。

1)分区规划的原则

①根据农业观光园的建设与发展定位,按照服从科学性、弘扬生态性、讲求艺术性及具有可能性的可行性分区原则。

②根据项目类别和用地性质,示范类作物按类别分置在不同区域且集中连片,既便于生产管理,又可产生不同的季相和特色景观。

③科技展示性、观赏性和游览性强且需相应设施或基础投资较大的其他种植业项目均可相对集中布局在主入口和核心服务区附近,既便于建设,又利于汇聚人气。

④经营管理、休闲服务配套建筑用地集中置于主入口处,与主干道相通,便于土地的集中利用、基础设施的有效配置和建设管理的有效进行。

2)分区规划的类型

典型农业观光园一般可分为生产区、示范区、观光区、管理服务区、休闲配套区。

(1)生产区

生产区是指在农业观光园中主要供农作物生产、花卉园艺生产、畜牧养殖、森林经营、渔业生产之处,其占地面积大。

位置选择要求:土壤、地形、气候条件较好且有灌溉、排水设施的地段,此区一般因游客密度较小,可布置在远离出入口的地方,但因与管理区内有车道相通,内部可设生产性道路,便于生产和运输。

(2)示范区

示范区是农业观光园中因农业科技示范、生态农业示范、科普示范、新品种新技术的生产示范的需要而设置的区域,此区内可包括管理站、仓库、苗圃苗木等。

位置选择要求:与城市街道相通,最好设置专用出入口,以便于运输。

(3)观光区

观光区是农业观光园中的闹区,是人流较为集中的地方。一般设有观赏型农田、瓜果、珍稀动物饲养、花卉苗圃等,园内景观建筑通常设置在这个区内。

位置选择要求:可选在地形多变、周围自然环境较好的地方,使游客身临其境,感受田园风光和自然生机。由于观光区内的群众性观光娱乐活动人流比较集中,因此,必须合理组织空间,要有足够的道路、广场和生活服务设施。

(4)管理服务区

管理服务区是因农业观光园经营管理而设置的内部专用地区,此区内可包括管理、经营、培训、咨询、会议、车库、产品处理厂、生活用房等。

位置选择要求：要求与园区外主干道相通，一般位于大门入口附近，以便于运输和消防。

（5）休闲配套区

休闲配套区主要满足游客的一些休闲、娱乐活动。在农业观光园中，为了满足游客休闲需要，有必要在园区中单独划出休闲配套区。

位置选择要求：休闲配套区一般应靠近观光区和出入口，并与其他区用地有分隔，保持一定的独立性。此区内可包括餐饮、垂钓、游乐等，以营造一个使游客深入其中的乡村生活空间、参与体验、实现交流。

目前农业观光园分区规划中常见的分区和布局方案，见表 12.1。

表 12.1 常见的分区和布局方案

分 区	占规划面积	用地要求	主要内容	功能导向
生产区	40% ~ 50%	土壤、气候条件较好，有灌溉、排水设施	农作物生产；果树、蔬菜、花卉园艺生产；畜牧区；森林经营区；渔业生产区	让游客认识农业生产的全过程，参与农事活动，体验农业生产的乐趣
示范区	15% ~ 25%	土壤、气候条件较好，有灌溉、排水设施	农业科技示范；生态农业示范；科普示范	以浓缩的典型农业或高科技模式，传授系统的农业知识，增长效益
观光区	30% ~ 40%	地形多变	观赏型农田、瓜果；珍稀动物饲养；花卉苗圃	身临其境感受田园风光和自然生机
管理服务区	5% ~ 10%	临园区外主干道	乡村集市；采摘、直销；民间工艺作坊	让游客体验劳动过程，并以亲切的交易方式回报乡村经济
休闲配套区	10% ~ 15%	临园区外主干道	农村居所；乡村活动场所	营造使游客深入其中的乡村生活空间，参与体验，实现交流

12.7　农业观光园设计要点

1）农业观光园功能区

（1）健身、休闲、娱乐功能

这是农业观光园区别于一般农业的一个最显著特点。农业观光园能为游客提供游憩、疗养的空间和休闲场所，游客通过观光、休闲、娱乐活动，可以减轻工作及生活上的压力，达到舒畅身心、强健体魄的目的。

（2）文化教育功能

农业文明、农村风俗人情、农业科技知识及农业优秀传统是人类精神文明的有机组成部分。农业观光园注重农业的教育功能，通过农业观光园的开发将这些精神文明得以继承和发展。

（3）生态功能

农业观光园比一般农业更强调农业的生态性，为招揽游客。农业观光园区须改善卫生状况，提高环境质量，维护自然生态平衡。

（4）社会功能

农业观光园的社会功能主要体现在两个方面：一是农业发展的新形式，经济效益好，对农业生产有示范作用，有利于稳定农业生产；二是能够增进城乡接触，缩小差距，有利于提高农民生活质量，推进城乡一体化进程。

（5）经济功能

农业观光园获利潜力大，可扩大农村经营范围，增加农村就业机会，提高农民收入，壮大农村经济实力。

2）地形水景规划设计

（1）农业观光园地形设计

①选择符合国土规划、区域规划、城市绿地系统规划和现代农业规划中确定的性质及规模，选择交通便利，有利于人流、物流畅通的城市近郊地段。

②选择宜做工程建设及农业生产的地段，地形起伏变化不大的平坦地，作为农业观光园建设。

③利用原有的名胜古迹、人文历史或现代化农村等地点建设农业观光园，展示农林古老的历史文化或崭新的现代社会主义新农村景观风貌。

④选择自然风景条件较好及植被丰富的风景区周围的地段，还可在农场、林地或苗圃的基础上加以改造，可减少投资、见效快。

⑤园址的选择应结合地域经济技术水平，规划相应的园区，水平条件不同，园区类型也不同，并且要规划用地，留出适当的发展备用地。

（2）农业观光园水系规划设计

水系也是农业观光园中的一个重要组成因素，规划设计时应做到以下3点：

①水系景观的空间结构要完整。

②水系的设计应做到自然引导，畅通有序，以体现景观的秩序性和通达性。

③在一些农业历史文化展示的景观模式中，水系景观应尽可能地保留历史文化痕迹。

3）道路系统规划设计

道路规划设计包括对外交通、入内交通、内部交通等方面。

（1）对外交通

对外交通是指由其他地区向园区主要入口处集中的外部交通，通常包括公路、桥梁的建造和汽车站点的设置等。

（2）入内交通

入内交通是指园区主要入口处向园区接待中心集中的交通。

（3）内部交通

内部交通主要包括车行道、步行道等园区的一般内部交通道，根据其宽度和在园区中的导游作用分为以下几种类型：

①主要道路：连接园区中主要区域及景点，在平面上构成园路系统的骨架。路宽一般为 8 m，道路纵坡一般不超过 8%。

②次要道路：主要分布在各景区内部，连接景区内的主要景点。路宽为 6 m，道路可以有一些起伏，坡度大时可做平台、踏步等处理形式。

③游憩道路：为各景区内的游玩、散步小路。布置比较自由，形式多样，对丰富园区内的景观起着重要作用。

农业观光园在进行内部道路规划时，不仅要考虑它对景观序列的组织作用，还要考虑其生态功能，如廊道效应。特别是农田群落系统往往比较脆弱，稳定性不强，在规划时应注意其廊道的分隔、连接功能，应考虑其高位与低位的不同。

4）建筑与设施小品规划设计

①既具有实用功能性，又具有艺术性。

②与自然环境融为一体，给游客以亲近和感受大自然的机会。

③建筑设施景观的体量和风格应视其所处的周围环境而定，宜得体于自然，不能喧宾夺主，既要考虑单体造型，又要考虑群体的空间组合。

5）生产种植规划设计

农业观光园内的绿化环境景观规划可以说是农业观光园总体景观的一个有力补充。不同景区的绿化风格、用材和布局特色应与该区模式环境特点一致。如对农业综合园区模式，在规划时首先应考虑温室内外的蔬菜、花卉、林果的生产，因而对光照有较高的要求，在树种选择上可选用一些具有经济价值的林果、花灌木等。在一些农业园内，可选用一些乡土树种，衬托出自然的农林感。

12.8　农业观光园规划的手法

1）艺术表达遵循科技原理

农业观光园内的景观具有科技应用和美学、艺术的双重作用，但它们的双重作用表现是不平衡的；在进行规划设计时，首要是体现科学原理，艺术处理处于从属地位。因此，在进行园区规划时，景观设计应在体现科技原理指导的前提下，与艺术表达有机结合。例如，在建造一座高科技农业示范区内的智能温室时，首先应在遵循科技原理的规划思路下，才可以考虑它的造型、色彩、质材的艺术特色。

2）主观造景服从功能实用

在对农业观光园进行规划时，必须首先考虑园内景观要素的功能实用性，其次才是它的造景效果。

3）布局有序调控时空变化

基于旅游农业产业的本质,农业园的景观排列和空间组合应先讲求具有序列性和科学性。如农业观光园内可以随着地势的高低及地貌特征安排不同种类、不同色彩的农作物,形成空间上布局优美、错落有序的景观风貌;从入口到园内,可以安排成熟期由早到晚的农作物,以及一些茬口的合理安排,形成时间上变化有序的景观特色。

4）动态参与强化视觉愉悦

农业观光园的规划既要达到视觉愉悦的效果,又要具有动态参与的可能性。除了考虑景观的静态效果外,还要强调它的动态景象,即机械化劳作或游客在采摘、收获果实等活动过程中所形成的动态景观。

5）心灵满足融进增知益智

心灵满足与增知益智相结合,也就是游客在参与劳作的过程中,心灵得到满足的同时,又学到了知识。如游客在参与采茶、制茶的过程中,了解到不同地区、不同民族的茶叶生产、加工,以及泡茶、饮茶的习俗。

6）结合自然营造人景亲和

规划时要充分考虑人造景观构成素材应与周围的自然环境景观相融合,也就是结构相融的寓意。如在一片茶园内,竹制的凉亭就比钢筋混凝土的亭子自然得多,使游客充分体会到"天人合一"的深远意境。

7）人工美与自然美的和谐

在进行农业观光园(区)的规划时,要充分考虑园区内人造景观与自然景观相和谐。如在观光果园门区营造一扇瓜果造型的大门。

8）主体色彩突出农林氛围

在进行农业观光园(区)规划时,景致是以绿色为主色调,因为绿色是与整个农林产业氛围最协调一致的色彩。

9）人文特征反映乡土特色

人文特征是指运用乡土植被、人文历史、民俗风情、农业文化等以展现地方景观特色的景观要素,使设计切合这种手法在农业庄园景观模式的规划中采取较多。当地的自然条件反映当地的景观特色。通俗地讲,就是要体现农业、农村、农民、农家的氛围和特色人文性的景观创新特点。

12.9　农业观光园的规划设计步骤

农业观光园的规划设计步骤如图 12.1 所示。

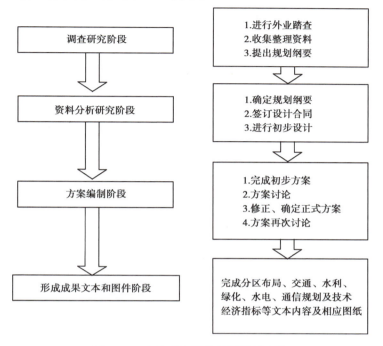

图 12.1　农业观光园的规划设计步骤

1)调查研究阶段

①进行外业踏查,了解农业园的用地情况、区位特点、规划范围等。

②收集整理资料,进行综合分析。收集与基地有关的自然、历史和农业背景资料,对整个基地与环境状况进行综合分析。

③提出规划纲要。充分与甲方交换意见,在了解业主的具体要求、愿望的基础上,提出规划纲要,特别是主题定位、功能表达、项目类型、时间期限和经济匡算等。

2)资料分析研究阶段

(1)确定规划纲要

通过与甲方深入地交换意见,确定规划框架,最终确定规划纲要。

(2)签订设计合同

待规划纲要确定后,业主和规划(设计)方签订正式的合同或协议,明确规划内容、工作程序、完成时间和成果内容。

(3)进行初步设计

规划(设计)方再次考察所要规划的项目区,并初步勾画出整个园区的用地规划布置,确保功能合理。

3）方案编制阶段

（1）完成初步方案

规划（设计）方完成方案图件初稿和方案文字稿，形成初步方案。

（2）方案论证

业主和规划（设计）方及受邀的其他专家进行讨论、论证。

（3）修改、确定正式方案

规划（设计）方根据论证意见修改完善初稿后形成正稿。

（4）方案再次论证

再次讨论、论证，主要以业主和规划（设计）两方为主，并邀请行政主管部门或专家参与。

4）形成成果文本和图件阶段

完成包括规划框架、规划风格、分区布局、交通规划、水利规划、绿化规划、水电规划、通信规划及技术经济指标等文本内容及相应图纸。

复习思考题

1. 农业观光园的特征。
2. 农业观光园的类型。
3. 农业观光园的规划设计原则。
4. 农业观光园的设计手法。
5. 农业观光园的规划设计步骤。

【实训项目】

实训8　某农业观光园规划设计

1. 实训目的

通过实战演练，使学习者对农业观光园规划设计的技能得到充分练习，在练习中，理论和实践相结合，达到对知识内容的掌握目的。

2. 设计条件

选择参与者所在地的农业观光园做设计，或者选择一处已建好的农业观光园进行测绘、分析，提出相应的改建方案。

①图纸：现状图、规划设计范围及外围保护地带图、总体布局图、总体规划图或绿地设计图。

②设计说明书。

3. 设计步骤

①现场勘测，了解情况。到设计现场实地踏查，熟悉设计环境，并对农业观光园的性质、

功能、规模及其对规划设计的要求等情况,作为规划设计的指导和依据。

②搜集基础图纸资料。注重搜集建设单位提供的各种图纸。若无现状图,可进行实地测绘。

③整理、绘制设计原状图。

④进行规划设计,绘制设计图,书写设计说明,征求意见,修改定稿。

⑤按制图规范,完成墨线图,做预算方案,作为设计成果,评定成绩。

4.设计实训评价

①农业观光园的规划设计要符合当地实际,能突出主要功能,体现多种功能,在实际应用中有一定的实效性。

②图纸表现应清晰明了,图纸种类齐全,图面构图合理,清洁美观,线条流畅,墨色均匀,绘图符合制图规范。

第13章　优秀案例赏析

案例一　街旁绿地规划设计

图 13.1、图 13.2 是邛崃市凤凰大道街旁绿地规划区域平面图,该地段是新城区建设后的城市街道中轴线视觉中心,同时担负着疏导商业街人流,提供市民游览、休憩的功能。市委、市政府现决定对堤、路、景、绿地进行综合规划,进一步完善沿街及南河临水地段绿化,建成沿河绿带和小游园性质的绿化景区,力图建设成一个融生态环境、城市文化展示、景观游览体系、水上观光于一体的开放式滨河城市公共环境。

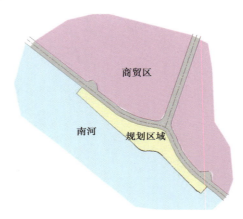

图 13.1　邛崃市凤凰大道街旁绿地区位图　　图 13.2　邛崃市凤凰大道街旁绿地规划区域平面图

一、调查研究阶段

1）自然环境

邛崃市位于四川省中部,成都平原西南,气候温和,雨量充沛,四季分明,年降水量 1 117.3 mm,年均气温 16.3 ℃。市区面貌林木葱郁,生态优良,青山连绵,江流萦绕,是该城市的真实写照。设计地段范围大、地势平坦、开阔,略有起伏,因毗邻南河,可用绿化植物种类丰富。

2）社会环境

邛崃是巴蜀最早的栽桑养蚕、生产丝绸的地方之一,也是我国古代远通西亚、南亚各国的南方丝绸之路的起点,市区内气候温凉,盛产茶叶,还享有“万担茶乡”的美誉。国家重点风景名胜区天台山以“山奇、石怪、水美、林幽、云媚”而闻名于世。邛崃正着力构建特色引力强、市场优势大、经济效益佳的“川西旅游强市”。

3）设计条件或绿地现状的调查

设计地段位于城市一级主干道凤凰大道与玉带街交会处，南河东北岸，玉带街是正在发展中的商业街，该绿地既担负着疏散商业街人流，提供休憩环境，同时又起到美化新城区面貌，彰显绿色生态环境的作用。现场原有植物种类单调、数量较少，种植位置散乱，因多年无养护管理，无景观性可言，玉带街视线端部有棵大树需要保留。现有园路均为自然形成的步石铺路，原有路线可保留，但是铺装需重新设计。规划范围共计 4.8 hm²。

二、编制设计任务书阶段

根据调查研究的实际情况，结合甲方的设计要求和相关设计规范，编制设计任务书如下：

1）绿地规划设计目标

为了加强城市美化建设，合理利用河岸绿地，对邛崃市的经济和社会发展起着推动作用。市委、市政府决定对该区域经行系统的绿地规划设计。要求绿地应具有时代特色，体现地方精神，集商业、休闲娱乐、生态保护和历史文化教育于一体的开放式城市景观。以生态景观为主，通过园林小品表现城市文化，并在合适位置设置一处规则式水景。结合场地情况及功能需求，项目名称定为"邛崃同心广场"。

2）绿地规划设计内容

该处街旁绿地应结合周边环境情况统一规划，通过艺术化的绿化建设和生态修复，打造出集时尚、现代、品位于一体的生态环境，为市民提供更多的亲水环境和活动空间，成为新城区的标志性绿地。具体设计内容如下：

（1）总体规划设计

根据已掌握的资料进行现状分析及评价，进行概念性设计。根据总体规划设计原则及规划构思，结合周边环境、不同年龄人群的要求，划分功能分区，划出不同的空间，使空间与区域满足不同的功能要求，使功能与形式一致。

（2）景观规划设计

确定主、次出入口、位置和形式，道路、广场的位置，道路网络系统的布局，交代景观规划结构，进行景观视线分析，明确各功能区的景观内容。以生态景观为主，通过园林小品景观展示城市文化内涵，点缀新颖、人性化的休息设施，打造时尚、品位、绿色的生态景观。

（3）植物种植设计

以生态文化为主线，以安全为基点，体现安全性和健康性、优美性、生态性与环保性之间的统一，有毒、有刺、有毛、花臭引蝇的植物尽量少种。强化环境绿化景观中不同植物品种配植的艺术性，使整个景区的绿化环境更贴近自然。

3）规划设计原则

（1）生态原则
尊重场所特有的自然特征，协调人与自然的关系。

（2）场地性原则

尊重城市自身的历史文化,规划设计要体现地方特色。

（3）功能性原则

增强广场的使用性质,满足市民购物、休闲等多样需求。

（4）经济原则

在规划中考虑广场开发建设的可行性,全面考虑广场建设和经营过程中的经济效益问题,通过多种渠道降低维护运营成本。

4）设计构思来源

设计力求塑造以绿地为主,兼有商业、文化、休闲、娱乐功能的城市广场。

①滨临南河,历史悠远——以浪漫的形式造景,以文化的故事点题。

②规划与城市肌理相互斑驳交融的绿地空间。为周边居民、残疾人提供开展各项活动的空间,并成为维护生态的示范场所。

③开发内、外部沟通空间。完成室内与室外、广场与城市、文化与商业的交流融合。

④挖掘汉代千古爱情故事,提炼出"同心同德"的东方传统文化观和爱情观。从另一个层面实现党中央提出的建设和谐社会的目标。

⑤作为功能转换空间,注重与交通的衔接,疏导商业人群,缓解地面交通压力。

三、总体规划设计阶段

根据任务书中明确的规划设计目标、内容、原则、构思来源等具体要求,着手进行总体规划设计。主要有以下 5 个方面的工作:

1）现状分析

首先通过现场调查的环境情况,对规划场地进行分析,如图 13.3 所示。

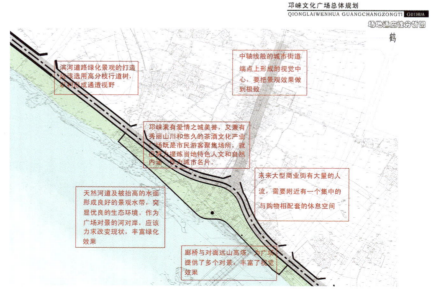

图 13.3　邛崃同心广场现状分析

通过现场调查发现,邛崃市一年四季都有大量的游客,结合周边的居民、游客情况按年龄分为四类并逐一分析相应的功能需求:

①老年人:休憩、观赏、饮食。

②中年人:观赏、饮食、聚会、游玩。

③青年人:游玩、观赏、聚会、学习、饮食。

④儿童:游玩、学习、饮食。

2)功能分区

街头绿地没有固定的分区模式,要结合绿地的功能、性质及服务人群的需求进行划分。下面分析满足服务人群需求的具体项目。

①观赏:观赏历史文化雕塑、憧憬梦幻爱情、赏析高雅贡茶文化、聆听千古美酒传奇、观赏开阔水面、远眺古塔、欣赏廊桥美景、赏月、观赏夜间烟花、银杏林荫广场、赏灯。

②聚会:文化活动、写生大会、烟花大会、唱歌跳舞、等候见面等。

③游玩:亲子活动、孩子尽情奔跑、和小狗玩耍、儿童广场、行车练习、乐器演奏、玩遥控玩具。

④休憩:在草坪上午睡、在长椅读书、悠然散步、下班途中坐在树荫下小憩、沐浴风和阳光。

通过对具体项目的分析结合该绿地的场地现状将其划分为 9 个功能区,如图 13.4 所示,每个功能区具体满足的要求如下:

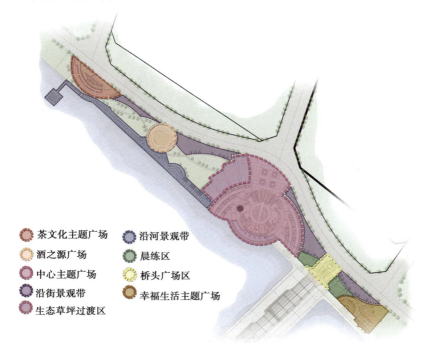

图 13.4 邛崃同心广场分区平面图

①茶文化主题广场:观赏、学习、聚会;

②酒之源广场:观赏、聚会;

③中心主题广场：观赏、聚会、游玩；

④沿街景观带：观赏、游玩；

⑤生态草坪过渡区：休憩、学习；

⑥沿河景观带：观赏、休憩、游玩；

⑦晨练区：休憩、学习；

⑧桥头广场：观赏、聚会；

⑨幸福生活主题广场：聚会、饮食。

3)道路系统设计

绿地中所有出入口都与沿街道路相连,其中,将未来商业街玉带街的端点定为主要入口,根据功能区的具体位置确定次要入口。沿街景观确定一条滨河游道,增加亲水空间,满足游客亲水心理。四大主题景区通过广场、流线型步行道有机结合,主题景区间的过渡带以地形变化及植物景观设计衔接,如图13.5所示。

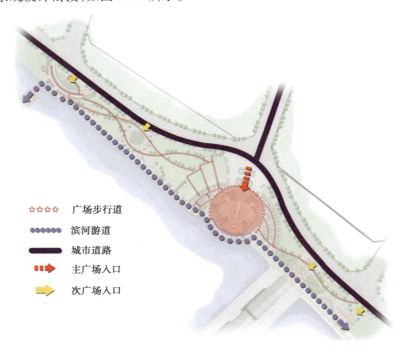

图 13.5　邛崃同心广场道路系统规划图

4)景观规划

广场由丰富的元素构成,绿地、硬地、水面等构成了复合广场。通过花坛、喷泉、浮雕墙、树阵、雕塑等丰富的元素,构成多元化的文化空间,同时要达到协调统一。广场铺装主要以花岗岩和渗水砖为主,黑白灰的色调,体现水墨精神,广场以景观灯柱和地面点光源和线型光源为主,形成夜景照明的良好效果,如图13.6所示。

根据总体布局、功能分区、街头绿地及滨河绿地的特点,结合规划设计理念,形成以下景观规划设计的总体构思,如图13.7所示。

图 13.6　邛崃同心广场夜景图

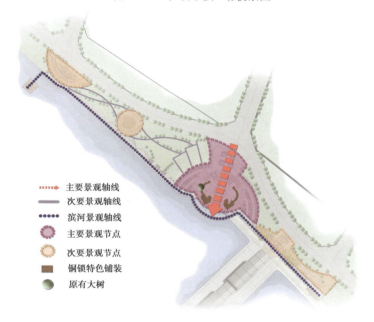

图 13.7　邛崃同心广场景观结构分析图

（1）一个景观中轴

同心广场采用均衡式规划布局，由一条市政道路延伸的景观中轴线控制不规则的长条形用地，庄重而不失灵动。主轴线上设置广场主景观——喷泉、文化浮雕墙、诗歌大道、爱情主题雕塑、铺装广场及景观灯、环形树阵，形成收放有序的大景观主轴线。

中心广场采用环形构图，形成对中心广场的向心凝聚力。其中，文化浮雕墙和喷泉虚实对比，构成广场主入口的玄关，形成中轴序列的缘起，为后面的主题雕塑作铺垫，在恢宏奔放的雕塑之后是亲水木栈道环绕的喷泉背景，此处是进入中轴景观的尾声。

（2）一条景观水系

贯穿邛崃的南河，经筑坝抬升水位，形成宽阔平静的水面，对古色古香的邛崃市景色，起到了非常出色的衬托作用。为了观赏水景和远眺周边风景，沿南河边，设置了多处景观亲水平台和沿河景观步道。其中,沿河景观步道高低错落,在河面和堤岸之间分合有致。实现对南河、廊桥、对岸古塔等城市周边景观的多点聚焦。完成广场与整个城市的互动,使广场与城市一体化。

(3)两条文化景观轴线

分别从主入口广场两边辐射出去,引来两条文化景观轴线。向右是酒、茶文化景观展示,向左是市民、游客体验邛崃民俗民风的休闲区。其中,不同主题之间由草地、树林绿色景观分隔,形成自然亲切的文化氛围。

(4)四个主题景区

同心广场、酒之源景区、贡茶花语景区、临邛印象休闲广场。

同心广场作为一个景观中轴,自然是本绿地中的视觉焦点,位于玉带街端头,要设计成开阔广场空间,留出主要视线通道,强化滨水景观。沿街景观带自然构成滨水视觉通道,各主题广场中的道路系统构成次要视觉通道,过渡绿地及次出入口作为随即视觉通道,如图13.8所示。

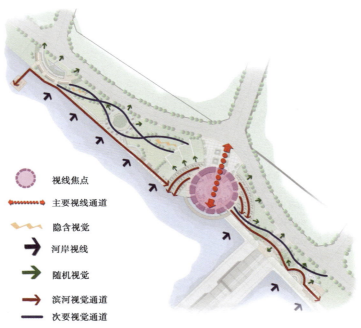

图13.8　邛崃同心广场景观视线分析图

整体设计呈开放空间形式,在联系空间及过渡空间处适当设计私密空间,以提供休憩、学习之用,如图13.9所示。

5)植物规划

考虑植物的物质特性,如色、香、形及在自然和光线作用下显现的不同感观气质来展现与主要景点主题氛围相符的植物造景效果,并达到四季观景三季赏花,力求四季分明,色彩和谐,疏密有秩,合理的图案构图强化软质景观的造景效果,增添灵气,突出景区形象风貌的个性。注重常绿树种与落叶树种的搭配,以及色叶树的运用,形成色彩缤纷的水面倒影。充分体现出"含蓄而明快、优雅而大方"个性特色的园林绿化空间结构,如图13.10—图13.12所示。

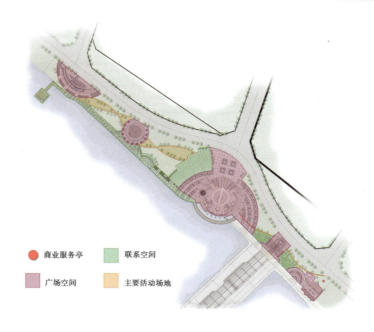

　　● 商业服务亭　　　■ 联系空间

　　■ 广场空间　　　　■ 主要活动场地

图 13.9　邛崃同心广场开放空间分析图

图 13.10　生态环境展示区玉带小径

图 13.11　生态环境展示区紫藤花架

图 13.12　绿地中的软质景观

四、局部详细设计阶段

根据确定后的总体规划设计方案,对各绿地局部进行详细设计。局部详细设计工作主要包括以下内容:

1)各功能区绿地规划设计

根据各功能区提供的功能及展示内容将整体区域分为 3 个展示区:人文环境展示区、自然环境展示区、幸福生活展示区,如图 13.13 所示。

（1）人文环境展示区

通过司马相如和卓文君爱情故事的浮雕和著名的爱情诗歌题刻,以及同心锁抽象图案来

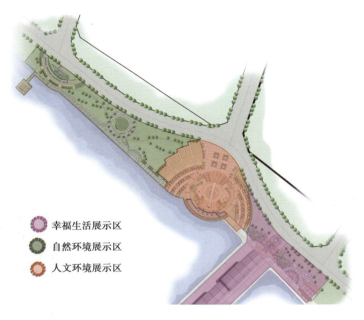

图 13.13 邛崃同心广场功能区图

表现邛崃爱情之都的历史渊源。同时用立意更高的主题雕塑,来表现当前邛崃人民同心同德建设美好生活的新境界。

同心广场(图 13.14—图 13.15)的几层含义:

①象征千古绝唱的司马相如和卓文君的爱情故事,让来邛崃的情侣、恋人到此处见证爱情、锁定情缘、誓言同心。

②象征党政同心、军民一心的和谐社会。

③象征邛崃人民同心同德,共同建设美好家园的精神面貌。

古代玉是等级、权力的象征,以神话的花鸟、人物居多,如龙、凤等。自古以来,玉便与中华文化结下不解之缘。在中国人心中,玉是吉祥的象征,故中国人喜以玉护身、保平安等,如图 13.16 所示。

图 13.14 同心广场平面图

图 13.15　同心广场效果图

同心锁是将一对相爱的恋人的名字刻在锁上,寓意将两个人的心紧紧地"锁"在一起,使他们的爱情永恒不变,如图 13.17 所示。

图 13.16　玉佩　　　　　　　　图 13.17　同心锁

（2）自然环境展示区

因为茶叶和酒的品质取决于当地生态环境的好坏。通过对邛崃著名的贡茶和文君茶,以及全国最大的源酒基地的具象表现,向市民和游客道出了邛崃所具有的优良生态环境。

①贡茶花语广场。突出邛崃茶文化的悠久历史和"天下第一圃"的茶叶产业品质。设计以半圆形长廊为主景,在古色古香的长廊里,通过康熙御赐牌匾,历代文人对邛崃茶叶的赞美题诗等手法,尽显邛崃花楸贡茶"此茶一出凡品空"的极高品质。

长廊前是一把茶壶,涓涓流出的清流,沿迂回的小溪流入长廊前的喷泉池中,象征邛崃茶产业的源远流长和欣欣向荣,如图 13.18、图 13.19 所示。

②酒之源广场。把同心圆的绿色部分设计成波浪形草坡,象征邛崃原酒滴滴浓香,像波浪一样,辐射全国,是全国的酒之源泉。凸显邛崃酒业的至尊地位。绿色波浪外围,是同心圆的地面铺装,如图 13.20、图 13.21 所示。

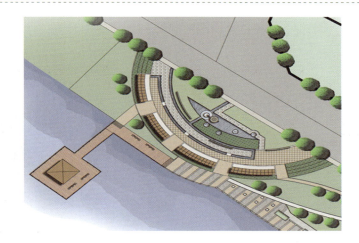

图 13.18 贡茶花语广场平面图

图 13.19 贡茶花语广场效果图

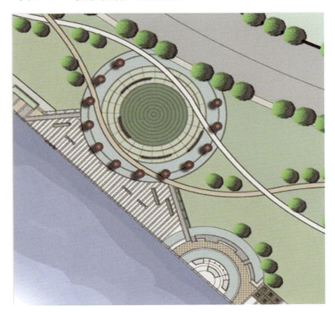

图 13.20 酒之源广场平面图

图 13.21　酒之源广场效果图

（3）幸福生活展示区

在优美的环境中，设置露天咖啡吧、茶艺吧和廊桥特色餐饮，以及休闲健身处等公共设施，为市民和游客提供一个享受生活的好去处。

临邛印象：水边高低错落的休闲平台，可以是露天咖啡吧、读书台、特色小吃馆等。高低处的墙面，可以是展示邛崃地方文化特色的浮雕景墙，路边的行道树，将休闲处围绕，面向水、面向对面的远山，将盛世桃源般的邛崃印象深刻留在游客心中。亲水木平台紧贴水面，是游船的码头，也是戏水拍照的好去处，如图 13.22、图 13.23 所示。

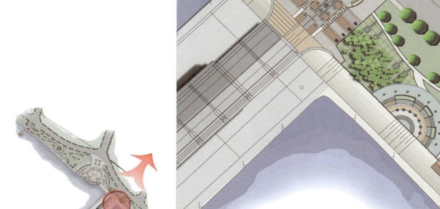

图 13.22　临邛印象平面图

图 13.23 临邛印象效果图

2）植物景观

①针阔叶混交林以水杉、雪柳为主体树种，主要分布在各景点周围及其他用以分隔空间的区域内。

②沿街观景林带以桂花为主体树，挺拔不失娇媚。

③行道树以黄檗、臭椿为主体树，结合道路所在地区景观进行布置。

④广场庭荫树以黄檗为主体，遮阴和观赏性相结合。

⑤滨水植物以柳树为主体（乔木），配以观赏性湿生、水生植物，如千屈菜、鸢尾、荷花、睡莲等。

季节性景观树种主要采用樱桃、栾树、法国梧桐、银杏、蜡梅、雪松，如图 13.24 所示。

图 13.24 四季景观

五、完成图纸绘制

根据街旁绿地规划设计的相关知识和设计要求，完成邛崃市凤凰大道街旁绿地规划设计,设计图纸应包括以下内容。

1)设计平面图

设计平面图中应包括所有设计范围内的绿化设计,要求能够准确地表达设计思想,图面整洁、图例使用规范,如图 13.25 所示。平面图主要表达功能区划、道路广场规划、景点景观布局、植物种植设计等平面设计。

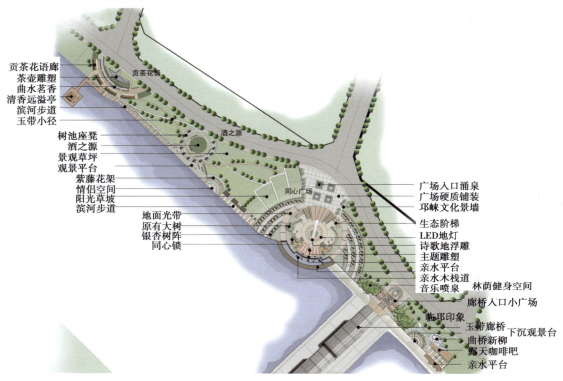

贡茶花语廊
茶壶雕塑
曲水茗香
清香远溢亭
滨河步道
玉带小径

树池座凳
酒之源
景观草坪
观景平台

紫藤花架
情侣空间
阳光草坡
滨河步道

地面光带
原有大树
银杏树阵
同心锁

广场入口涌泉
广场硬质铺装
邛崃文化景墙

生态阶梯
LED地灯
诗歌地浮雕
主题雕塑
亲水平台
亲水木栈道
音乐喷泉
林荫健身空间

廊桥入口小广场
临邛印象
玉带廊桥
下沉观景台
曲桥新柳
露天咖啡吧
亲水平台

图 13.25　总体规划平面图

2)剖、立面图

为了更好地展示滨河绿地的竖向设计、绿带景观、节点处主要观赏景观,需要在具有景观代表处绘制的相应的剖、立面图,在绘制剖、立面图时应严格按照比例表现硬质景观、植物及两者之间的相互关系,植物景观按照成年后最佳观赏效果来表现,如图 13.26—图 13.30所示。

图 13.26　同心广场剖面图

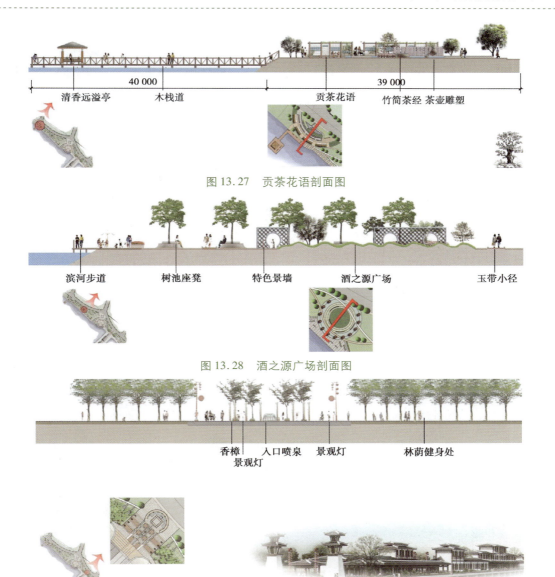

图 13.27 贡茶花语剖面图

图 13.28 酒之源广场剖面图

图 13.29 廊桥入口广场剖面图

3)效果图

效果图是为了能够更直观地体现规划理念和设计主题而绘制的,一般分为全局的鸟瞰图和局部景观效果图,如图 13.31、图 13.32 所示。

4)其他示意图

用于明确绿地内的服务设施位置、形式,园林小品的分布、形式,夜景示意图等。以说明设计的人性化、景观化等特征,如图 13.33、图 13.34 所示。

5)植物设施表

植物设施表以图表的形式列出所用植物材料、建筑设施的名称、图例、规格、数量及备注说明等。

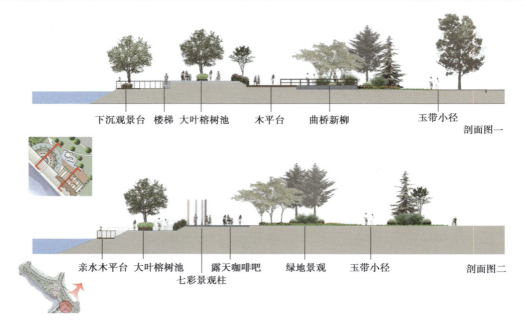

下沉观景台　楼梯　大叶榕树池　　木平台　　曲桥新柳　　　　玉带小径

剖面图一

亲水木平台　大叶榕树池　　　露天咖啡吧　　绿地景观　　玉带小径　　剖面图二

七彩景观柱

图 13.30　临邛印象剖面图

图 13.31　同心广场鸟瞰图

图 13.32　中心广场效果图

图 13.33　座凳示意图

图 13.34　夜景示意图

6）设计说明书

设计说明书（文本）主要包括项目概况、规划设计依据、设计原则、设计理念、景观设计、植物配植等内容，以及补充说明图纸无法表现的相关内容。

案例二　城市广场绿地规划设计

图 13.35 是南京火车站站前广场平面图，南京火车站是津浦、沪宁、宁芜三条铁路交会

点,系办理客货运的一等站。以办理途经京沪、宁铜、皖赣铁路的旅客及行包运输业务为主,是我国华东铁路枢纽的主要客运站之一,素有江苏省和南京市陆上大门和"窗口"之称。为了方便旅客、货物的交通运输,相关部门已对南京站进行扩建。南京火车站在不同时空背景下角色是一致的,展示南京的过去、现在和未来,体现城市的经济、科技、城市的整体发展水平。因此,要求根据南京火车站现状和相关绿地设计规范等要求,在充分满足功能要求、安全要求和景观要求的前提下完成站前广场景观规划设计。

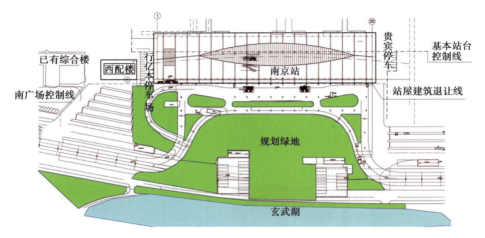

图 13.35　南京火车站站前广场绿地规划平面图

一、调查研究阶段

1）自然环境

南京站位于金陵古城城北,地处浩浩长江畔、巍巍紫金山下,前临玄武湖,后枕小红山,地理位置优越,景观环境优美。历年平均气温 14.4 ℃,年均最高气温 20.4 ℃,平均最低气温 11.6 ℃,极端最高气温 43 ℃,极端最低气温-14 ℃。主导风向为东北西南向,夏季以东南风为主。全年无霜期达 200～300 天。自然景观资源丰富。

2）社会环境

南京是江苏省省会,是"中国四大古都"之一,有"六朝古都"之称。位于长江下游沿岸,是长江下游地区重要的产业城市和经济中心,中国重要的文化教育中心之一。城市发展已定位于江滨港口城市,目前已成为中国东部地区以电子、汽车、化工为主导产业的综合性工业基地,重要的交通枢纽和通信中心。南京火车站是我国铁路枢纽主要客运站之一,同时也是南京市的主要变通集散地。

3）设计条件或绿地现状的调查

主站房设计造型新颖,建筑风格简洁、明快,东西长 270 m,南北宽 54 m 的屋顶主要由特制的玻璃构成,四周高、中间低,加上每 15 m 一跨的 18 根银白色斜拉索,远看像一艘配有根根桅杆的巨大帆船。内部候车室面积近 20 000 m²,同时可容纳 10 000 名旅客。站房与南京地铁一号线与建于铁路站场之下地铁站厅和铁路出站大厅同层,广场下的地下停车库与它们相连,交通方便,疏导快速。火车站站前广场占地110 000 m²,投资规模7.2亿元,景观建设是其中的一个重要组成部分。广场中原有植被种类单一,景观性较差,不列为绿地保留内容。

二、编制设计任务书阶段

根据调查研究的实际情况,结合甲方的设计要求和相关设计规范,编制设计任务书如下:

1)绿地规划设计目标

南京火车站站前广场应作为一个集景观、人车流集散及便捷的过境交通三重功能,对内连接铁路南京站房与地铁站空间,对外连接玄武湖滨水带,景观环境、地面广场与地下空间相互交融的综合性枢纽广场。客流集散方式以地铁、公交为主,以出租车、小汽车、旅游客车为辅。采用立体交通的方式有序组织各类交通。本次景观设计内容,是由南京火车站主体建筑前广场与玄武湖景观结合而设计的整体广场,广场两侧滨水之景观带也为其中部分。因此将设计目标定位为:

①设计出一个真正把火车站与玄武湖融合的广场,希望能"无缝"连接火车站新站房及玄武湖,快捷地连接城市交通,共同组成南京市一个新的标志,一个人流汇集的城市之门,营造最佳景观环境。

②这个新城市之门必须具前瞻性和新鲜感,必须展现南京的历史、现在和未来,必须真实地反映出南京形象,提升城市品位。

③立意人性化设计,为市民及旅客提供一个身心都产生关系的环境,适应旅客活动多层次需求。

2)绿地规划设计内容

火车站站前广场设计必须结合站房建筑风格、人流交通及火车站与外界交通转换统一规划,全面设计,形成和谐统一的整体,满足多种功能的需要。具体设计内容如下:

(1)总体规划设计

根据总体规划设计原则,依据新站房的布局、人流分析、客流集散交通方式分析和功能要求,确定合理的功能分区。根据不同分区的具体功能和特点,结合实际场地情况进行详细规划,以满足各空间和区域的功能要求。

(2)景观规划设计

在整体规划的前提下,进行景观空间序列的规划,确定不同的景观内容,以硬质景观设计为主,结合合理的绿化设计,以形成气势洒脱、方便实用、亲和自然的站前空间环境,并结合具体的寓意设计各功能区景观特征。

(3)植物种植设计

植物配植与功能布局有机结合,重视植物对空间的塑造功能,利用植物引导视线,并注重大型乔木在景观节点、视觉焦点的点景功能。

空间上层次丰富,采取多种配置形式、按植物群落结构进行科学配置,扩大绿地复层结构比例,形成较大的叶面积系数和绿量。

注重各种植物之间常绿与落叶、高矮、大小,以及花期的衔接、季相的变化,追求四季常绿与色彩缤纷,力求达到最佳的景观效果。

3)规划设计理念

火车站广场设计概念基于对火车站抽象与具体的新旧城市联系这一概念的强化与提升。人文、历史是现在城市的都市印象,所以用一些综合的概念来支持、强化设计。

(1)文脉

为体现南京之古都文化,选择举世闻名的南京大报恩寺琉璃拱门券,作为广场主题雕塑展示六朝古都的悠久历史,也暗喻火车站是"南京之门"之意。

(2)水脉

南京是沿江城市,以展示玄武湖之风采,传承水脉,将广场与滨湖有机相连,强调广场之亲水性。

(3)绿脉

南京城绿化全国闻名,传承这一盛名,广场形成多处树阵浓荫,使人一窥南京绿城之特色。

以上三脉形成景观设计的灵魂。

4)规划设计原则

本方案的工作重点集中在人车流集散、便捷的交通、改善景观品质、带动城市旅游 4 个方面。因此方案的指导原则定为:

(1)环境交融

站前广场的功能定位、合理的交通组织、环境气氛的营造、广场空间的开发利用,将建筑形态、特色融景观于一体。即景观环境及地面广场,与地下空间相互交融。既能满足功能要求,又具特色性。

(2)文化交融

运用动态和静态的设计,实现新旧时空的转变。实现历史文化与现代文化的交融。将历史、人文与景观有机融合,体现科技观、人文观、历史观的取向;科技元素、人文元素、历史元素在设计手法中交相呼应地运用,因此,在设计中始终贯彻这一原则来完成"开放、活力、个性"的角色形象塑造。

(3)空间转换

空间转换是集散与休闲的转换。火车站前以集散为主,通过引导将候车人流疏散至湖边休闲公共开放绿地。

(4)车站与城市风光的转换

沿湖边体现玄武湖特色的亲水平台,游船码头,连接玄武湖景区。将火车站广场与著名的旅游景区相互贯通,将原有远处的资源线性地引入广场视野。

三、总体规划设计阶段

根据任务书中明确的规划设计目标、内容、理念、原则等的具体要求，着手进行总体规划设计。该设计阶段主要有以下 4 个方面的工作：

1）现状分析

原站前广场硬质景观极差，绿化树种单一，群落搭配不合理，绿化面积相对过少；滨水景观没有被充分利用，由于滨水景观性差，目前湖边景观破坏严重；广场前道路较窄，车辆停靠集中，噪声污染及景观视觉污染严重，交通运输集散性已不能满足客流需求，如图 13.36 所示。站前广场的总体规划在满足功能要求的前提下，应结合以下指导思想进行：

图 13.36　南京火车站广场现状分析图

（1）美学

为了与主站房新颖的造型相协调，绿地设计应遵循简约、流畅，采用现代设计美学手法，追求线条美与时尚感，呈现一个功能卓著、富含高科技、新材料的崭新火车站形象。

（2）广场

应作出明确的分区，例如，可分为入口和外候车区；观光巴士停靠处售货亭和衔接亲水水岸；观景台和玄武湖滨公园 3 个分明的基础区域，这是基于诸如火车站广场的步行距离、区域形态及周边地区的特征因素而加以区别的。广场中的铺装总体色调保持丰富多样但处理精妙，能够反映出材料的本性，同时给人合理的尺度感。生动鲜明具有戏剧性的地铺图案可应用于特色空间，但避免哗众取宠、喧宾夺主。

（3）亲湖

玄武湖风景区是南京多个景观节点的聚焦,依傍玄武湖的南京新客站,便拥有了创造历史与文化的重要意义的契机,未来的该区域建设应以"文化"为主题。建立玄武湖北部水上运动休闲娱乐区域,新客站广场向玄武湖岸边伸展,为弥补其缺乏景观焦点及强烈的地域特征创造了绝佳的良机。

（4）绿化

植物应体现出本土特色的一种文化标识。

2）交通分析

设计区需要满足现在与未来高强度发展的城市规划要求。大多数出站的旅客将被分流至地铁或广场,如图 13.37 所示,进站的旅客分流至地下停靠站与二楼候车室,而人流将在三层空间流动。广场作为客流集散地,必须满足和维持人流有序集中和高效分流的基本功能。新客站利用高架引桥和大型停车场来疏散交通,以确保龙蟠路的交通顺畅,如图 13.38 所示。因此,道路周边和前方的环境设计应提供清晰的分流转换指示,以便驾驶员判断并创造一种即达火车站的感觉。树屏和沿途绿化的配置力求赏心悦目,又能保证行车安全。沿途绿化考虑车行速度、屏蔽噪声和缓解疲劳、有利非机动车停放。为了与环境融合,增加高点视觉的美感,采用生态半下沉式。

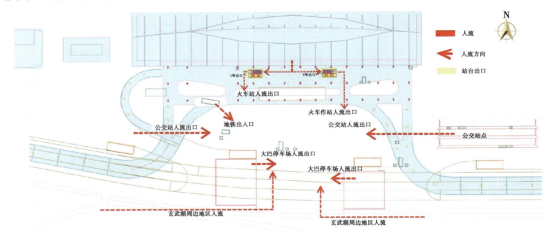

图 13.37 南京火车站广场人流分析图

3）功能分区

根据整体规划设计理念,结合现状分析及交通分析结果,以概念设计为指导思想给南京火车站站前广场做区域划分,如图 13.39 所示。

根据概念分析,我们的设计思想是,以一条主景观轴为基本结构,配合主站层建筑设计,对称中加以变化,利用渐进及导入式的手法提供了"城市走廊"——过渡性引导广场,使站前集散的主广场、湖滨亲水广场"无缝"连接主站房及玄武湖,辅以一条生态景观渗透带,凸现站前广场从"人工"到"自然",从"动"到"静"的基本格局,如图 13.40 所示。站前广场以站前集散的主广场为基本景观格局,在风格上,配合主站房建筑,以简洁、明快的现代风格为基调,通过湖滨亲水广场向玄武湖生态景观区渗透。

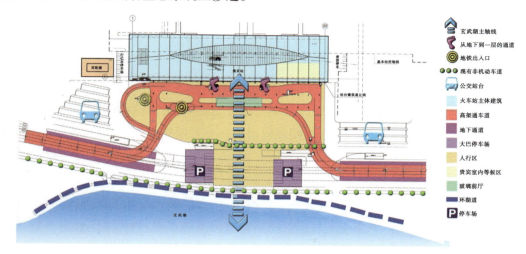

图 13.38 南京火车站广场规划交通分布图

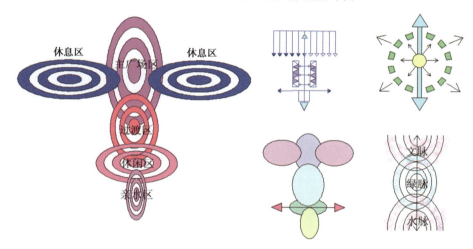

图 13.39 概念分析图

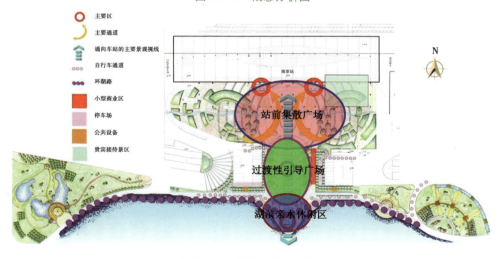

图 13.40 功能分区平面图

（1）站前集散的主广场区

面积约 20 000 m²，广场轴线明确，构图对称，为站前广场最主要的集散广场，直接连接主站房、地铁出入口，与各停车场连接。设计中突出"大气""实用"，以大面积铺地为主，简洁明快，轴线两侧适当栽植大树。

（2）过渡性引导广场区

地下停车库的通气孔结合地面铺装、景观树也可对称布置，出地面部分的造型配合景观效果统一处理，强化中轴线对称效果，两侧伴以市树——雪松树阵，中间绿地作下沉处理，硬质景观造景。

（3）湖滨亲水休闲区

湖滨亲水广场作为火车站与玄武湖连接的枢纽，站前广场主要强调景观轴线在此结束，但在空间上仍向城市延伸，亲水木平台通过跌落台阶向水面过渡，凸显出广场亲水特性。有时间的旅客在此拾级临水而坐，开阔的水面及玄武湖美景一览无余，远处城市剪影闪烁。跨水栈桥顺着木平台的弧线伸出，原木铺面，一方面是构图要素，一方面可将人流向湖面引导。同时可与湖岸形成规则与自然的景观对比，形成一定的视觉冲击力。

4）景观规划

我们的设计目标是营造一个集景观环境、交通转换、地域特色、历史文化于一体的现代化火车站广场。因此，设计中应表现出古城、新貌、时尚，独具特色的滨湖火车站的个性；打造南京是一个经济重地、科技大城、现代都市的窗口；流露出环境的感染力、包容性，展示南京人的大度与活力。

根据总体布局、功能分区、站前广场特点等实际因素，并结合设计理念和原则，形成以下景观规划设计的总体构思，如图 13.41 所示。

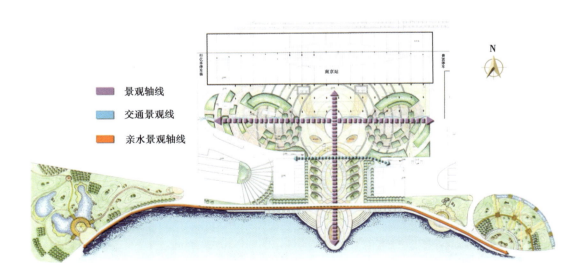

图 13.41　站前广场景观规划图

①景观轴:一横一纵,通过道路、广场、绿地等形成景观轴线。

②景观视线:整体呈放射状分布,出入口形成的对视,以及由广场向绿地、通道形成的透景线。

③景观节点:琉璃门、树阵、张拉膜、售货亭、景墙等景观。

5)植物规划

站前广场植物景观设计主要以景观树阵和风景林为主体,包括湿地植物景观、水岸植物景观、道路绿化景观、花灌木景观。树种选择广场中间落叶,周边常绿,市树、市花体现南京特色。

(1)植物景观

中轴线上以景观树阵配合主站房及广场简洁、明快的风格,用栾树、市树雪松等常绿树树阵强化空间边界,用色叶树榉树树阵衬托城市之门,紫叶李树阵伴随雪松树阵及通向城市之门的流水,高架桥下配植整齐的棕榈树阵,公交停车场外围以常绿的香樟、乐昌含笑围台,中间分隔绿带则以色叶树银杏配植夹竹桃、茶梅。

(2)水岸湿地植物景观

沿河面岸线,自然丛植亲水乔、灌木及水生、湿地植物,以丰富自然水景。本次设计主要水岸植物有垂柳、碧桃、乌桕、池杉、水杉、棣棠、石楠、迎春、荷花、莲花、鸢尾、菖蒲、芦苇等。

(3)道路绿化景观

沿环湖路两侧,三五株一组不等距栽植,选用树干挺直,定干高度较高的乔木喜树、马褂树等,构成环湖的绿化骨架。

(4)花灌木景观

小乔木、花灌木是绿化景观中最具观赏性的部分,可以增加植物层次、增加绿化色彩,还可以观花、观叶、观果、闻香。本次设计主要有紫玉兰、紫叶李、紫薇、紫荆、夹竹桃、火棘、月季、红枫、木槿、绣线菊等。

四、局部详细设计阶段

根据确定后的总体规划设计方案,对各绿地局部进行详细设计。局部详细设计工作主要包括以下内容:

1)各功能区绿地设计

(1)站前集散广场区

该区域以开阔的中轴对称景观为主,为方便人流集散,不宜于做大量的绿化及园林景观。由于火车站的现代特点,最难之处是传统中国建筑元素硬标志性的文化内涵。我们尊重周边环境并保持其内在联系。创建涵盖本土文化与大文化的文化呼应。因此,在这里作了琉璃门,用于展现南京历史悠久的标志性主题雕塑。通过诸如信息牌、地标、雕塑、材料、图案、色彩、地面铺装等成为展示文化的载体,如图 13.42、图 13.43 所示。高架成为该广场立面中的一个重要组成部分,在设计中必须充分利用这一从高俯瞰广场的特色。

图 13.42　琉璃门效果图

图 13.43　站前广场效果图

(2)过渡性引导广场区

　　该区域以对称布置的景观树阵为主要景观,充分展示了植物的姿态美,通过享受树阵的庇荫效果,让人们感受到南京的绿城景观。广场中间作绿地下沉处理,用硬质景观造景。广场的地面处理被设计为耐用耐磨型,材料的选择、形式、空间处理适用于节假日高峰时,大量人流与行李的集中。此设计简洁、明快、时代感强,如图 13.44 所示。

图 13.44　过渡广场树阵景观效果图

（3）滨水亲水休闲区

该区域的主题突出"优雅、现代、自然"，漫步湖畔，怡情养性，尽享明镜平湖的景色。针对玄武湖的整体规划，亲水木平台和生态绿化的设计，与火车站的群山背景轮廓互相呼应，相映成趣。生态绿化作为特色景观植于木栈平台，感受生态价值。同时用张拉膜景观呼应站房造型设计，有利于调和生态型的水体景观与时代感的广场区的融合，如图 13.45、图 13.46 所示。

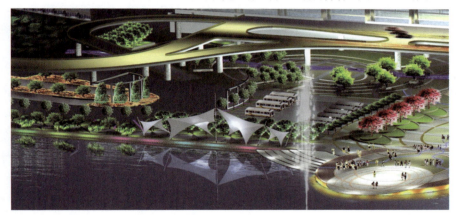

图 13.45　滨水亲水休闲区景观效果图

图 13.46　亲水木平台效果图

2) 植物种植设计

植物配植与功能布局有机结合,通过植物的空间塑造,引导视线,并在重要节点布置高大乔木,起到视觉焦点的点景功能。注重各种植物的常绿与落叶、乔木与灌木、季相变化的结合,力求达到较好的景观效果。并注重在人流集中的地方配植常绿的林荫树,方便人们庇荫。详细设计如图13.47所示。

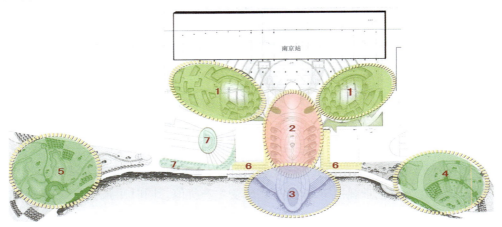

图 13.47　绿化概念设计图

①乔木:雪松、梅花。

灌木:紫叶李、紫薇、海桐、金叶女贞。

地被:矮生百慕达、白三叶。

②乔木:榉树、栾树。

灌木:樱花、毛鹃。

地被:菲百竹。

③乔木:金丝垂柳、碧桃。

灌木:五角枫。

地被:结缕草。

④乔木:南京小叶杨、紫楠、二乔玉兰。

灌木:红枫、木槿、火棘、金丝桃。

地被:狗牙根、吉祥草、葱兰。

⑤乔木:南京椴、垂柳、木瓜、合欢。

灌木:垂丝海棠、月季、小蜡、黄杨。

地被:狭叶麦冬、紫花酢浆草。

⑥乔木:喜树、马褂树。

灌木:红花檵木。

地被:高羊茅。

⑦乔木:银杏、栾树。

灌木:紫荆、绣线菊、凤尾兰。

地被:高羊茅。

五、完成图纸绘制

根据站前广场绿地规划设计的相关知识和设计要求,完成南京火车站站前广场绿化设计,设计图纸应包括如下内容。

1)设计平面图

设计平面图中应包括所有设计范围内的绿化设计,要求能够准确地表达设计思想,图面整洁、图例使用规范,如图 13.48、图 13.49 所示。平面图的主要表达功能区划、道路广场规划、景点景观布局、植物种植设计、灯光设施等平面设计。

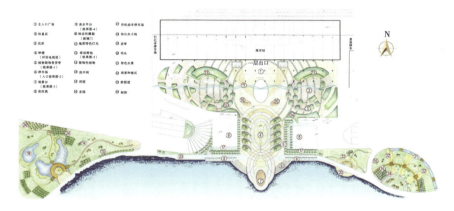

图 13.48 总体规划平面图

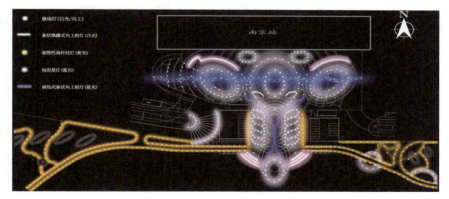

图 13.49 灯光概念设计图

2)立面图

为了更好地表达设计思想,在广场绿地规划设计中要求绘制出主要景观、主要观赏面的立面图,在绘制立面图时应严格按照比例表现园林各要素间的相互关系。立面图主要表达地形、建筑物、构筑物、植物等立面设计,如图 13.50—图 13.52 所示。

3)效果图

为了更直观地体现广场的规划理念和设计主题需要绘制效果图,一般分为全局鸟瞰图和局部景观效果图,如图 13.53—图 13.55 所示。

旅游大巴停车场	1 m的花坛/常绿树	小型购货区	小型售货亭	斜坡表层不锈钢花槽	表层不锈钢树池	规整草坪	广场中心

图 13.50　广场入口立面图

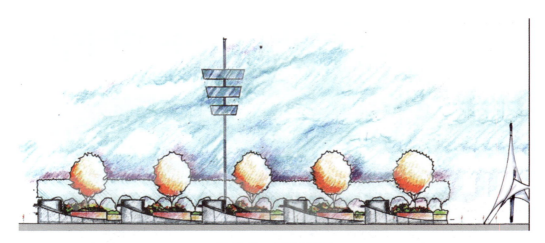

图 13.51　树阵立面图

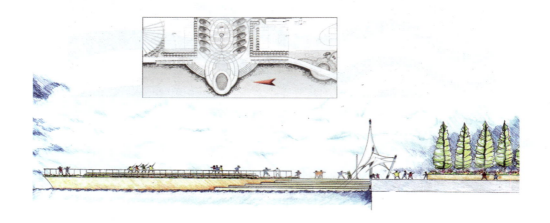

图 13.52　湖滨亲水景观区侧立面图

图 13.53　南京火车站站前广场鸟瞰图

图 13.54　停车场入口广场效果图

图 13.55　休息区可移动树池效果图

4）植物设施表

植物设施表以图表的形式列出所用植物材料、建筑设施的名称、图例、规格、数量及备注说明等。

5）设计说明书

设计说明书主要包括项目概况、规划设计依据、设计原则、艺术理念、景观设计、植物配植等内容，以及补充说明图纸无法表现的相关内容。

案例三 城市道路绿地规划设计

图 13.56 是双流县（现改为"双流区"）新城区中心大道平面图，拟规划路段担负着城市疏散交通的重要功能，为了加强城市景观建设，搞好道路绿化美化，完善城市空间环境，满足市民休息、娱乐等需要，决定对该路段绿地进行整体规划设计。现要求根据该路段绿地现状和相关绿地设计规范等要求，在充分满足功能要求、安全要求和景观要求的前提下完成道路绿地规划设计。

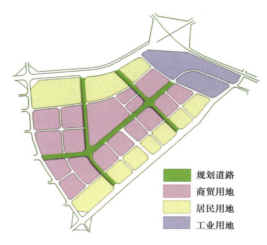

图 13.56 双流县新城区规划道路平面图

一、调查研究阶段

1）自然环境

双流县位于"天府之国"——成都平原的腹地。县境属亚热带湿润季风气候区，年平均气温为 16.2 ℃，降雨 921 mm，气候温和，适宜多种植物生长。县境河流域属岷江水系，河流总长 186 km，水量充沛。

2）社会环境

双流县是我国四大空港之一，也是西南最大的国际空港——成都双流国际机场，区位优势十分明显。因此,该县将分别承担成都部分金融、商贸、交通枢纽等功能。中心大道两侧的商贸用地主要是为物流、商业购物、汽车 Mall、中高档商住等产业服务,其发展目标是以"一流的投资环境、一流的规划、一流的投资服务"来倾力打造西部一流的现代都市商贸区。本次所设计的中心大道及两条连接线是双流县现代商贸集中发展区道路系统的重要组成部分,也是双流县商贸区的交通干线。

3)设计条件或绿地现状的调查

通过现场调查,明确规划设计范围、收集设计资料、掌握绿地现状、绘制相关现状图等内容。本规划中心大道主轴线路宽 50 m,总长 1 800 m,一号线路宽 30 m,总长 1 200 m,二号线路宽 30 m,总长 1 000 m,如图 13.57 所示。道路两侧各有 8 m 宽的绿化带可继续保留,道路绿化现状十分匮乏,景观性极差,需要进行整体性绿地规划。

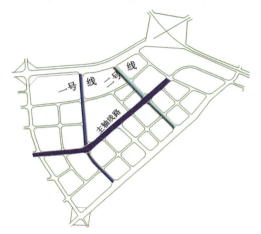

图 13.57 双流县规划路段情况

二、编制设计任务书阶段

根据调查研究的实际情况,结合甲方的设计要求和相关设计规范,编制设计任务书如下:

1)绿地规划设计目标

双流县该段规划道路位于以物流为主的经济商贸区,周围建筑用地多以大型仓库和商品交易市场为主,因此,在设计时强调道路两侧绿化用地的设计风格应该是流畅、简约、现代、大气、体现出现代商贸集中发展区的高效和高速的特点。中心大道作为主轴线路,不仅承载交通功能,同时也是一条贯穿新城区的景观轴,是一条观赏都市景观的发展轴,空港城市发展的景观主轴和城市景观的重要展示带,因此设计时要体现有地标特征的中心景观,设计成三板四带式的道路断面形式。一号线路及二号线路应体现出有效节约能源,设计成改善城市生态环境的绿色景观,在车流量较大的交叉路口可以考虑设计交通岛。

2)绿地规划设计内容

该段道路应结合城市规划进行全面设计,形成和谐统一的整体,满足多种功能的需要。

具体设计内容如下:

（1）总体规划设计

根据总体规划设计原则,依据城市各类用地布局、周边环境和功能要求,确定合理的道路布局结构。根据各段道路的功能及特点,依据道路绿地实际大小,规划设计不同的绿地形式。

（2）景观规划设计

中心大道即城市功能的延伸,也是空港城市提供综合服务的集中功能区域,紧凑的开发模式所创造的浓郁都市氛围,使中心大道形成了一个经济、社会、生活功能的核心,为未来城市中心提供了一个成熟的开发环境。中心大道作为公共性的开敞空间,使各类主要公共活动在轴地带产生交会和聚集,设计中应体现城市生活创造出人性化空间的可能性。整体设计以植物造景为主,体现可持续发展的绿色生态环境。

（3）植物种植设计

以耐贫瘠、耐干旱的乡土树种为主,注意景观树种的适当运用。通过展现植物的姿态美及植物的特殊寓意,享受植物的文化内涵。设计中通过丛植、林植、篱植等种植形式的景观效果,展现丰富多变的林缘线和林冠线,以形式美原则作为指导,营造城市道路景观的艺术气息。

3）规划指导方针

我们制订了"1234"指导方针:

①"1"即"生态保护第一"指导方针:在整体生态环境保护优化的前提下,实施双流现代商贸区的全面开发。

②"2"即"二可"方针:设计方案具有可操作性和可持续性。

③"3"即"三大"方针:社会效益、经济效益、生态效益和谐发展。

④"4"即"四高"方针:高起点、高标准、高品位、高效益。

4）规划设计原则

（1）人文、生境、画境、意境

模仿自然植被群落,融入文化理念和创意,营造生机勃勃的生态环境、诗情画意的人文环境和情景交融的联想意境。

（2）开敞空间与维和空间结合

利用植物、山石、水体、园林小品等造园要素,设计创造出实现开阔的俊朗空间和轻松休闲的私密空间。

（3）乡土植物和造材合理应用

乡土植物和造材的使用能体现地域性、经济性和时效性。

（4）社会、经济协调生态效益

通过改善城市绿化环境,美化城市形象,树立城市品牌,促进城市经济增长,而城市的加速发展是确保良性可持续发展的必要条件。

三、总体规划设计阶段

1)景观规划

由于在建中的双流现代商贸集中发展区主要以汽车Mall、物流、商业购物、中高档商住四大产业为支柱,旨在构建一现代都市服务产业为主,服务成都、面向西部的一流现代化商贸发展区。因而其道路的周边绿化景观效果要跟上整个现代商贸区的发展,体现现代化、高效率,彰显都市的商业繁荣。形成"一横两纵四节点"的总体设计构思,如图13.58所示。

①"一横"即中心大道主要景观轴线,贯穿整个新城区。

②"二纵"即图13.58中所示的一号路线和二号路线,由中心大街放射到周围的商贸区中。

③"四节点"即一号路线、二号路线与中心大街的两个交叉口,以及与双楠大道的两个交叉口的衔接。

由于内环线、一号和二号连接线是双流商贸区的主要干道,因而在设计上要保证道路视野开阔通透,通过地形与种植形成的带状维和空间及节点处交通岛,合理组织空间序列,实现科学的人车分流。

1.节点一
2.节点二
3.节点三
4.节点四

一横两纵四节点

图13.58 双流县中心大道景观规划图

2)植物规划

植物景观模仿自然生态群落,通过人化自然的乔灌草营造层次丰富、生境良好的生态环境,美化洁净商贸区,减少噪声及粉尘,促进人的身心健康,主要植物配植见表13.1。

表 13.1　主要植物配植一览表

道路名称	中央分隔带	行道树	道路两旁绿化地带			
			背景树	乔木	灌木	草坪
内环线	海棠 紫薇 线型灌木	紫薇 黄葛树	银杏 水杉 杨树	桂花 天竺桂 黄花槐 红花檵木 贴梗海棠 垂丝海棠 乐昌含笑 红绸玉兰	杜鹃 山茶 美人蕉 十大功劳 金叶女贞 紫叶小檗	麦冬
一号线	无	天竺桂 乐昌含笑	水杉	红枫 天竺桂 红花檵木 乐昌含笑 黄花决明 醉香含笑	苏铁 杜鹃 山茶 海桐 八角金盘	马蹄筋
二号连接线	无	天竺桂 红豆木	杨树	红枫 棕竹 杜英 香樟 红叶梅 罗汉松	苏铁 杜鹃 栀子花 萼炬花 金叶女贞 紫叶小檗	三叶草

四、局部详细设计阶段

1)道路绿地设计

(1)一横:内环线景观设计

内环线(中心大道)作为贯穿新城区的景观主轴线路,承载全区的交通功能,采用三板四带式的道路断面形式。分车带各宽 2.5 m,人行道各宽 3.5 m,两侧绿化带各宽 15 m,以象征吉祥如意的祥云图案作为灌木构图,体现出这是一个"凝瑞气"的商业宝地。该路线的特色是以海棠为主,形成海棠一条街,植物配植采用乔灌草搭配,充分发挥生态功能,同时注重色彩、季相变化,满足视觉观赏效果,如图 13.59、图 13.60 所示。

图 13.59　内环线景观设计图

图 13.60　内环线景观设计剖面图

（2）一纵：一号连接线景观设计

该线路采用一板二带式的断面形式，人行道各宽 6 m，两侧绿化带各宽 15 m，该绿化带植物配植模仿自然植被群落，采用混合配植，以银杏作为背景树，以自然式的手法将罗汉松、桂花、醉香含笑、丁香及红花檵木、红绸玉兰等乔木群落群植或孤植，营造一个仿自然的人工生态群落，如图 13.61、图 13.62 所示。

图 13.61　一号连接线景观设计图

图 13.62　一号连接线景观剖面图

（3）二纵：二号连接线景观设计

二号连接线同样采用一板二带式的断面形式，人行道各宽 6 m，两侧绿化带各宽 15 m，该绿化不使用精心修剪成模纹样式的灌木带，树木或群植或孤植，旨在营造自然界植物四季变化的景观，如图 13.63、图 13.64 所示。

（4）节点一：一号连接与内环线节点

该节点以一个同心圆构图表达"快乐物流"圆满、祥和之意。植物配植以四川地区乡土树种为主，配以观花观叶灌木，实现"三季有花，四季有景"的景观效果，并辅以卵石步道，供行人穿梭游憩，如图 13.65、图 13.66 所示。

图 13.63　二号连接线景观设计图

图 13.64　二号连接线景观剖面图

图 13.65　节点一景观设计图

图13.66 节点一局部效果图

①左上街角:椭圆形走廊表达"系统化"的含义;

②右上街角:"L"形廊架,取物流英文单词的首字母,显现该环境高效率主题;

③左下街角:设计3组由小到大的废物雕塑传达"低成本高效率"的含义;

④右下街角:通过1组左右对称的曲线汇聚于中心的4个椭圆来表达物流的一个重要特征——整合集中的意思。

(5)节点二:二号连接与内环线节点

该节点位于整个商贸区的交通枢纽和形象窗口,集人流通行、景观形象、生态净化功能为一体,整体设计风格简约、活泼、现代、大气,如图13.67、图13.68所示。设计构思源自商业物流的4个环节:生产、销售、传输、回收。该节点的每个部分分别表示一个商业物流环节的含义,且四者统一于园中。生产用由小到大的雕塑表现生产线的加工和原始积累,以辐射状灌木带表示销售的逐渐扩展和销售量的增加,动感、流畅的水系与输出的快捷通畅有异曲同工之效。回收以"3R"思想强调互补、利用、共生、可持续发展构图,植物主要选取银杏、桂花、红绸玉兰、天竺桂、醉香含笑、紫薇、丁香、紫叶李、女贞、茶花。

该节点处物流公司集中,仓储较多,因此设计一处直径为40 m的交通岛提高通行能力,由中心处12 m的圆形绿篱向四周射出具导向性的流线型模纹。也寓意着货物由该物流基地发往全国甚至世界各地。立面上采取中高四低的形式,以开敞空间为主,无碍交通视线,且能很好地展现植物的姿态美。主要植物有高开丫茶花、丁香、菊花、一串红、绿皱椒草,十一期间景观效果最佳。

图 13.67 节点二景观设计图

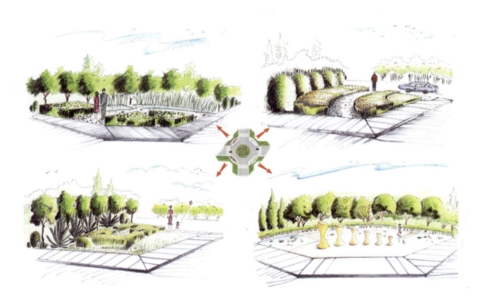

图 13.68 节点二手绘局部景观效果图

（6）节点三、四：一号连接线、二号连接线与双楠大道节点的衔接

一号连接线与双南大道的节点以"四季花开"为主题，以海棠花作为城市标识。平面构图采用中心到四周的发散式构图，节点的两排背景树和前面的小乔灌都延续"四季花开"的发散构图，逐渐过渡到连接线的自然式布局，立面间植一些彩叶植物和花卉呼应"四季花开"。二号连接线与双楠大道相连的节点也采用相同的过渡方式，由规则逐渐过渡到自然，如图 13.69 所示。

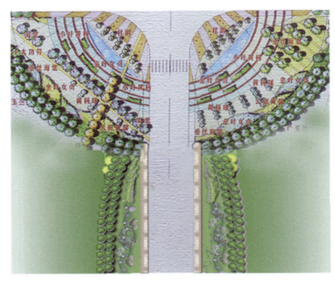

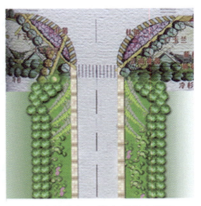

二号连接线与双楠大道节点衔接

一号连接线与双楠大道节点衔接

图 13.69　节点三、四景观设计图

2）植物种植设计

优秀的植物景观应同时具备科学性、文化性、艺术性和实用性。

（1）科学性

适地适树和选用乡土植物是科学性的基础。因地制宜地选择适合当地自然生态条件的乡土植物不仅有助于植物存活，降低植物成本，还能充分显示城市地域特色。

（2）文化性

利用植物的特殊寓意，通过人对植物的观色、闻香、感知，体会每种植物独特的气质，同时享受由不同文化内涵植物营造出的氛围。

（3）艺术性

一般的艺术规律同样可以用在植物景观设计中。例如，"多样统一"的原则、"强调和对比"的原则、"均衡"的原则、"韵律和节奏"的原则等。

（4）实用性

充分发挥植物景观的社会效益、经济效益和生态效益，考虑植物的视觉观赏性和经济实用性。

五、完成图纸绘制

根据道路绿地规划设计的相关知识和设计要求，完成双流县中心大道区段道路绿化设计，设计图纸应包括以下内容。

1）设计平面图

设计平面图中应包括所有设计范围内的绿化设计，要求能够准确地表达设计思想，图面整洁、图例使用规范,如图 13.70—图 13.74 所示。平面图主要表达道路绿地规划、景点景观布局、植物种植设计等平面设计。

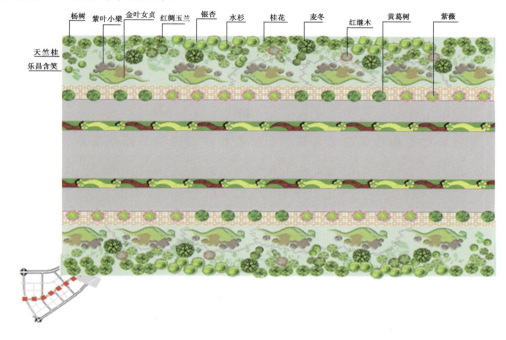

图 13.70 内环线绿化平面图

图 13.71 节点一绿化平面图

图 13.72　一号连接线绿化平面图

图 13.73　二号连接线绿化平面图

2)剖面图

为了更好地表达道路的断面形式、绿带景观、节点处主要观赏景观,需要在具有景观代表处绘制相应的剖面图,在绘制剖面图时,应严格按照比例表现硬质景观、植物以及两者之间的相互关系,植物景观按照成年后最佳观赏效果时期来表现。

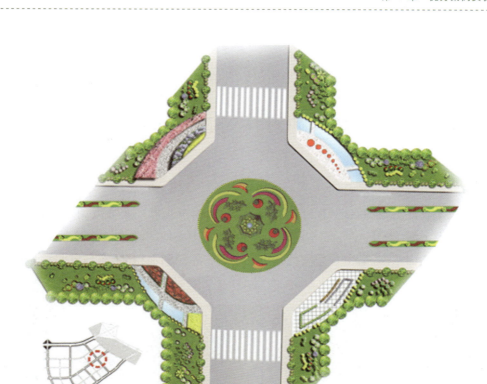

图 13.74　节点二绿化平面图

3）效果图

为了更直观地表达设计意图，设计中各景点、景物的景观形象，通过钢笔画、铅笔画、钢笔淡彩、水彩画、水粉画、中国画或其他绘画形式表现。主要有手绘效果图、电脑效果图两种，注意效果图"近大远小、近清楚远模糊、近写实远写意"的特征。效果图制作要点如下：

①要求效果图在尺度、比例上尽可能准确地反映景物的形象。

②效果图除表现规划地段外，还要表现周围环境。

③效果图应注意"近大远小，近清楚远模糊，近写实远写意"。

④效果图表现植物应以表现 15～20 年树龄的树木效果为准。

4）植物设施表

植物设施表以图表的形式列出所用植物材料、建筑设施的名称、图例、规格、数量及备注说明等。

5）设计说明书

总体设计方案除了图纸外，还要求一份文字说明，全面介绍设计者的构思、设计要点等内容，具体如下：

①规划地段的位置、现状和面积。

②规划地段的工程性质、设计原则。

③设计主要内容(地形、空间围合,道路系统、种植规划、园林小品等)。

案例四 无锡鹅湖白米荡农业观光园的规划设计

一、项目概况

锡山区位于长江三角洲腹地,在江苏省东南部,无锡东北部。南临太湖,北通长江,东接苏州、常熟,东至上海 128 km,西至南京 177 km,为苏南中心地区,如图 13.75 所示。

鹅湖镇位于锡山东南部,由甘露和荡口组成。因右靠鹅湖而得名,东与苏州相城区接壤,北与常熟交界。

图 13.75 无锡鹅湖白米荡农业观光园的区位分析

白米荡全村区域范围 4.95 km²,耕地面积 3 709 亩,鱼荡面积 1 062 亩,米荡水面 500 多亩,是著名水产品"甘露牌"青鱼的主要产地,如图 13.76 所示。

二、规划条件分析

(1)项目规划优势(可利用的条件)(图 13.77)

①整个白米荡区充分的水资源,水位稳定,可基本保证水质。

②荡口古镇游和上游的开发有利于凝聚品牌效益。

③原先基本无历史河流,因而工程设计限制少。

④可利用原有的零星鱼塘,既减少了挖方工程量,又使水位线曲折多变显得自然。

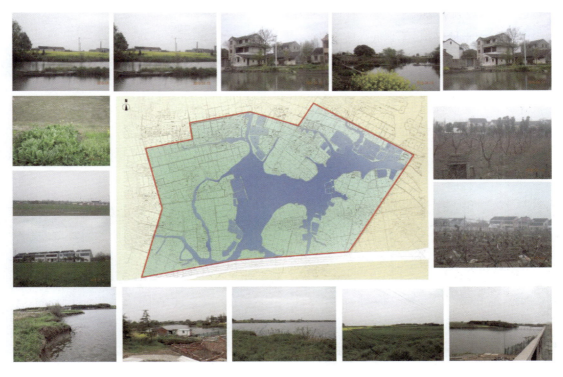

图 13.76 无锡鹅湖白米荡农业观光园的场地分析

图 13.77 无锡鹅湖白米荡农业观光园的规划优势

（2）项目规划劣势（制约因素）（图13.78）

①湖周围土地平坦，无高低丘陵变化。

②规划区域水体形态呈"H"字形，整个水面不显开阔，水位无高差变化，不利于形成有落差的水体景观。

③现有植物品种较少，景观视觉价值弱。生态效益和旅游价值欠缺。

④拟规划区域历史沉淀和文化较薄弱，设计需从别处移植文化创意。

图13.78　无锡鹅湖白米荡农业观光园规划优势

三、农业观光园规划

在总体规划设计中，主要借鉴了苏州树山生态村的"小流域综合治理、高效经济林果生产、生态环境保护、旅游观光"四位一体开发模式；北京顺义"神农卉康蜂情园"的"蜂"文化的专业园区成功经验，针对普通生态旅游推出特色园区的设计理念，如图13.79所示。

1）功能分区

将全园划分为六大功能分区：植物园区、田园风光区、高级会所区、高档餐饮区、采摘生态区、水产养殖区。

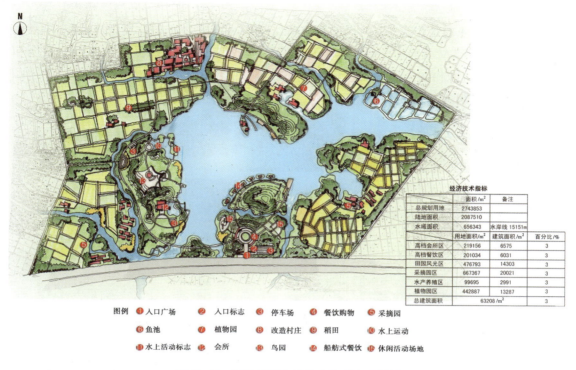

经济技术指标

	面积 /m²	备注
总规划用地	2743853	
陆地面积	2087510	
水域面积	656343	水岸线 15151m

	用地面积/m²	建筑面积 /m²	百分比 /%
高档会所区	219156	6575	3
高档餐饮区	201034	6031	3
田园风光区	476793	14303	3
采摘园区	667367	20021	3
水产养殖区	99695	2991	3
植物园区	442887	13287	3
总建筑面积		63208 /m²	3

图例　① 入口广场　　② 入口标志　　③ 停车场　　④ 餐饮购物　　⑤ 采摘园

⑥ 鱼池　　⑦ 植物园　　⑧ 改造村庄　　⑨ 稻田　　⑩ 水上运动

⑪ 水上活动标志　⑫ 会所　　⑬ 鸟园　　⑭ 船舫式餐饮　⑮ 休闲活动场地

图 13.79　无锡鹅湖白米荡农业观光园规划

（1）植物园区

植物园区主要应用现代科学技术和方法引种栽培药用植物，研究开发和综合利用；为国内中药材研究提供技术资料和种子、种苗；建立药用植物标本园，如图 13.80 所示。

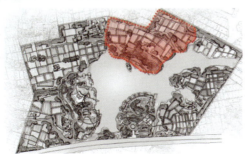

图 13.80　无锡鹅湖白米荡农业观光园植物园区

（2）田园风光区

田园风光区主要是改造原有村民的住房条件，以满足游客要求的住宿设施，建在风景优美的乡间，以村落为背景面向度假游客。设计了儿童乐园、教育乐园、农耕乐园、观光田园和乡村运动场地，如图13.81所示。

图 13.81　无锡鹅湖白米荡农业观光园田园风光区

（3）高级会所区

高级会所区有3个分区：鸟园、会所建筑和水上运动区域，如图13.82—图13.84所示。

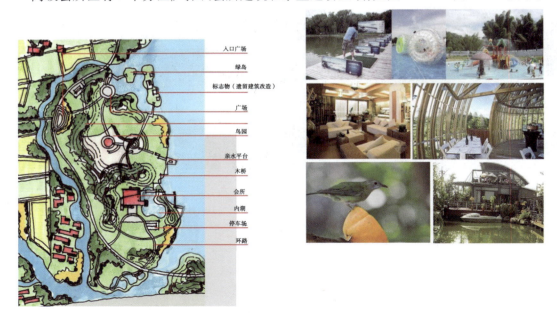

图 13.82　无锡鹅湖白米荡农业观光园高级会所区

图 13.83　无锡鹅湖白米荡农业观光园高级会所效果图

图 13.84　无锡鹅湖白米荡农业观光园高级会所效果图

（4）高档餐饮区

利用原有水系整合场地，使靠近湖边的地段独立成岛屿，岛屿上再挖上小岛形成"岛中岛"的效果。高档餐饮区位于小岛上，形式采用船舫或完全生态的方式，最大限度地享受沿湖风光，如图 13.85 所示。

（5）采摘生态区

果蔬采摘园内种植番茄、黄瓜、玉米、萝卜等蔬菜；还有樱桃、葡萄、枣、桃等水果。游客可以亲自采摘,体验收获的乐趣,如图 13.86 所示。

(6)水产养殖区

以鱼文化为特色设置了渔港风情、渔家生活等。游客可以垂钓和参与加工烹制。

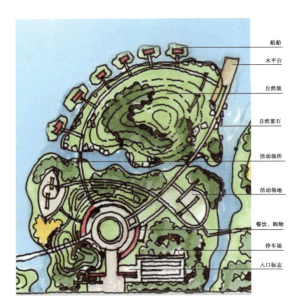
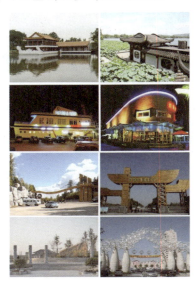

船舶
木平台
自然坡
自然置石
活动场所
活动场地
餐饮、购物
停车场
入口标志

图 13.85　无锡鹅湖白米荡农业观光园高档餐饮区

● 利用农庄内的水塘开发垂钓活动,为游客提供鲜鱼加工烹制服务,还可举行垂钓比赛。
● 以渔文化为特色,适当建一些附属用房,以渔港风情、渔家生活为构架开展特色体验之旅。
● 作为水产区的高级项目可可考虑增设观赏鱼类的养殖。

图 13.86　无锡鹅湖白米荡农业观光园水产养殖区

2)地形设计

原有地形平坦基本无高差变化,不利于景观空间的形成,通过地形改造设计后充分体现了山环水绕的立体景观格局,追求多层次的景观效果,创造了具有曲线美、动态美的景观,最终形成"三山半落青天外,二水中分栖羽洲"的大山水格局,如图 13.87 所示。

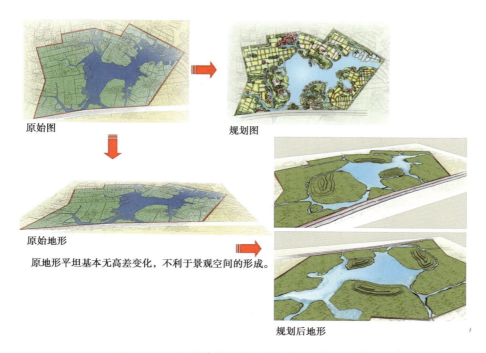

图 13.87　无锡鹅湖白米荡农业观光园地形设计

3)水系设计

规划区域水体形态呈"H"字形,整个水面不显开阔,水位无高差变化,不利于形成有落差的水体景观。水系的设计应做到自然引导,畅通有序,以体现景观的秩序性和通达性,如图 13.88 所示。

4)道路交通规划

①因地制宜,既着眼长远,又兼顾现状,确定主次出入口。

②以科学、有效、便捷为准则,既便于集散人流、物流,又利于生产经营的规范园区内路网。

③园区内循环有序,流向合理,通达各功能分区。

④道路成网规范,功能配套,合理分隔各大小项目区,如图 13.89 所示。

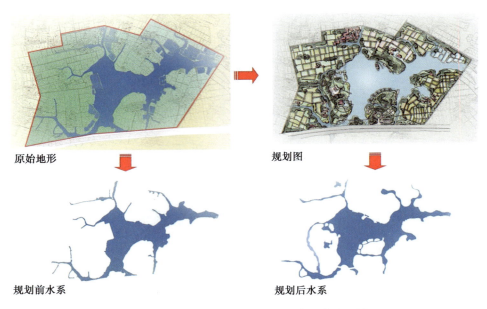

图 13.88　无锡鹅湖白米荡农业观光园水系设计

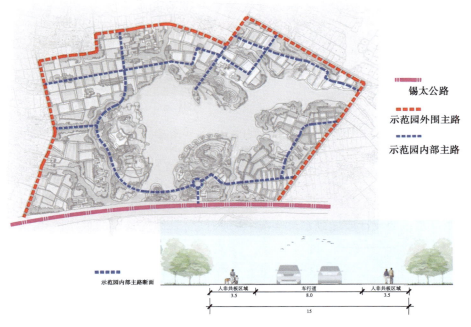

图 13.89　无锡鹅湖白米荡农业观光园道路交通图

参考文献

［1］杨赉丽.城市园林绿地规划［M］.北京:中国林业出版社,1995.

［2］赵建民.园林规划设计［M］.2版.北京:中国农业出版社,2010.

［3］胡长龙.园林规划设计［M］.北京:中国农业出版社,1995.

［4］宁妍妍.园林规划设计学［M］.沈阳:白山出版社,2003.

［5］北京市园林局.北京优秀园林设计集锦［M］.3版.北京:中国建筑工业出版社,1996.

［6］刘丽和.校园园林绿地设计［M］.北京:中国林业出版社,2001.

［7］梁永基,王莲清.医院疗养院园林绿地设计［M］.北京:中国林业出版社,2002.

［8］杨守国.工矿企业园林绿地设计［M］.北京:中国林业出版社,2001.

［9］梁永基,王莲清.机关单位园林绿地设计［M］.北京:中国林业出版社,2002.

［10］韩敬祖,张彦广.度假村与酒店绿化美化［M］.北京:中国林业出版社,2003.

［11］黄东兵.园林规划设计［M］.北京:中国科学技术出版社,2003.

［12］刘少宗.中国优秀园林设计集［M］.天津:天津大学出版社,1999.

［13］黄晓鸾.园林绿地与建筑小品［M］.北京:中国建筑工业出版社,1996.

［14］赵建民.园林规划设计［M］.北京:中国农业出版社,2001.

［15］张敏.南京屋顶花园的营造与设计［D］.南京:南京林业大学,2010.

［16］卫江峰,卢培杰,曹宇光.关于屋顶花园的规划设计［J］.科技风,2009(22):83.

［17］陈璟.园林规划设计［M］.北京:化学工业出版社,2009.

［18］周初梅.园林规划设计［M］.重庆:重庆大学出版社,2006.

［19］胡先祥,肖创伟.园林规划设计［M］.北京:机械工业出版社,2007.

［20］宁妍妍,刘军.园林规划设计［M］.郑州:黄河水利出版社,2010.

［21］赵彦杰.园林规划设计［M］.北京:中国农业大学出版社,2007.

［22］宋会访.园林规划设计［M］.2版.北京:化学工业出版社,2011.

［23］刘新燕.园林规划设计［M］.北京:中国劳动社会保障出版社,2009.

［24］王绍增.城市绿地规划［M］.北京:中国农业出版社,2005.

［25］叶振启,许大为.园林设计［M］.哈尔滨:东北林业大学出版社,2000.

［26］董晓华.园林规划设计［M］.北京:高等教育出版社,2011.

［27］曹仁勇,章广明.园林规划设计［M］.北京:中国农业出版社,2010.

［28］王秀娟.城市园林绿地规划［M］.北京:化学工业出版社,2009.

［29］徐峰. 城市园林绿地设计与施工［M］. 北京：化学工业出版社，2002.

［30］王汝诚. 园林规划设计［M］. 北京：中国建筑工业出版社，1999.

［31］房世宝. 园林规划设计［M］. 北京：化学工业出版社，2007.